# 生物・農学系のための
# 統計学

## 大学での基礎学修から研究論文まで

平田 昌彦［編著］
宇田津 徹朗・河原 聡・榊原 啓之［著］

朝倉書店

## 著者一覧

| | |
|---|---|
| 平田昌彦* | 宮崎大学農学部畜産草地科学科 |
| 宇田津徹朗 | 宮崎大学農学部附属農業博物館 |
| 河原　聡 | 宮崎大学農学部応用生物科学科 |
| 榊原啓之 | 宮崎大学農学部応用生物科学科 |

*は編著者　　（執筆順）

# まえがき

本書は，生物・農学系の大学生が教養科目あるいは基礎科日として1年次生のときに学ぶ統計学の教科書として企画された．その後，「大学での学修において，より長く使えるように」との著者らの意図から，高学年における実験レポートの取りまとめや最終学年における卒業論文の作成などに利用できる統計解析の参考書としての役割も果たせるように，内容についての検討が進められた．さらに，作成の過程で，「ゴールをより遠くへ設定し，大学院や職場などでも使って欲しい」との希望から，取り扱う統計手法を追加していった．本書の書名は以上の経緯の結果を反映するものである．

本書は以下の4部で構成されている．

・第Ⅰ部　統計の基礎知識（第1章～第4章）
・第Ⅱ部　基本的統計解析手法（第5章～第7章）
・第Ⅲ部　発展的統計解析手法（第8章～第10章）
・第Ⅳ部　統計データの表示手法（第11章～第12章）

第Ⅰ部および第Ⅱ部は，統計学の教科書に当たる部分である．ここでは，統計学を初めて学ぶことを意識し，できる限り丁寧な解説を心がけた．このため，あえて同じ記述や表現を繰り返している箇所がある．また，ほとんどの章で，計算例を設け，計算の具体例を示すことにより，計算の実際について理解できるようにした．さらに，練習問題を提示することで自学自習に配慮した（解答は朝倉書店ホームページ http://www.asakura.co.jp/books/isbn/978-4-254-12223-7/ に掲載）．

第Ⅲ部は，統計解析の参考書に当たる部分である．ここでも，制約が許す限り，計算例を取り入れた詳細な解説を試みたが，「どんな手法があるのか」を紹介することにも重点を置いたため，最小限の説明にとどまっている手法もある．「調査・

実験の目的に合っている」,「使えるかもしれない」と思ったら，詳細は他の専門書などで調べて欲しい．

計算例や練習問題では，生物・農学系に関連したトピックを取り上げた．また，計算例や練習問題における計算は電卓の使用を想定したものであるが，考え方と手順を理解してしまえば，統計計算はコンピュータソフトウェアを用いて行うのが便利である．統計計算に特化した統計ソフトを用いないのであれば，広く利用できる表計算ソフトであるエクセル（Excel）が利用できる．このことから，第Ⅰ部～第Ⅲ部のほとんどの章では，それぞれの章に関連するエクセル関数を章末に一括して示した．

第Ⅳ部は，レポート，論文，講演などのプレゼンテーションを意識した部分である．「どんな表示方法があるのか」を紹介することに重点を置いているが，グラフについては，エクセルなどのコンピュータソフトウェアで実際に作成してみることができるように，グラフの元となるデータも示した．情報・数量スキルなどの教養または基礎科目で扱われる「コンピュータソフトウェアによるグラフ作成」の参考になることも意識している．

巻末には実験計画や統計解析に必要な種々の数値表に加え，限られたスペースではあるが，重要な統計用語の日英対照表を付けた．これも「より遠くのゴール」に配慮してのことである．

私の編集作業の遅れから，本書の完成にはかなりの時間を要してしまった．朝倉書店編集部の方々には長期間にわたり辛抱強く支えていただいた．心より感謝申し上げる．

2017年3月

著者を代表して　平田昌彦

# 目　　次

ギリシャ文字一覧

| 大文字 | 小文字 | 読み | 英語表記 |
| --- | --- | --- | --- |
| Α | α | アルファ | alpha |
| Β | β | ベータ | beta |
| Γ | γ | ガンマ | gamma |
| Δ | δ | デルタ | delta |
| Ε | ε | イプシロン，エプシロン | epsilon |
| Ζ | ζ | ゼータ | zeta |
| Η | η | イータ，エータ | eta |
| Θ | θ | シータ，セータ，テータ | theta |
| Ι | ι | イオタ | iota |
| Κ | κ | カッパ | kappa |
| Λ | λ | ラムダ | lambda |
| Μ | μ | ミュー | mu |
| Ν | ν | ニュー | nu |
| Ξ | ξ | クシー，クサイ，グザイ | xi |
| Ο | ο | オミクロン | omicron |
| Π | π | パイ | pi |
| Ρ | ρ | ロー | rho |
| Σ | σ | シグマ | sigma |
| Τ | τ | タウ | tau |
| Υ | υ | ユプシロン，ウプシロン | upsilon |
| Φ | ϕ，φ | ファイ | phi |
| Χ | χ | カイ | chi |
| Ψ | ψ | プシー，プサイ | psi |
| Ω | ω | オメガ | omega |

## 第１章

# 統計調査の方法

統計調査は，ある圃場に生育する作物，ある地域で飼われている家畜，ある薬を服用した患者など，対象とする集団（母集団）について，その特性を定量的に把握するためのデータ収集に関わる手法であり，データの要約（第３章）および解析（第５～10 章）の基盤となるものである．統計調査には，母集団を構成する要素のすべてを調査する全数調査と，母集団の構成要素の一部を標本として抽出（サンプリング）して調査する標本調査がある（図 1-1）．例えば，宮崎大学農学部の学生 1256 人（2021 年５月１日現在）を母集団とするとき，学生全員を調査するのが全数調査，全学生から一部の学生を選び出して調査するのが標本調査である．

全数調査では，母集団の全構成要素を調査するため，得られたデータから計算される統計量は母集団の特性そのもの，すなわち母数とみなせる．例えば，平均

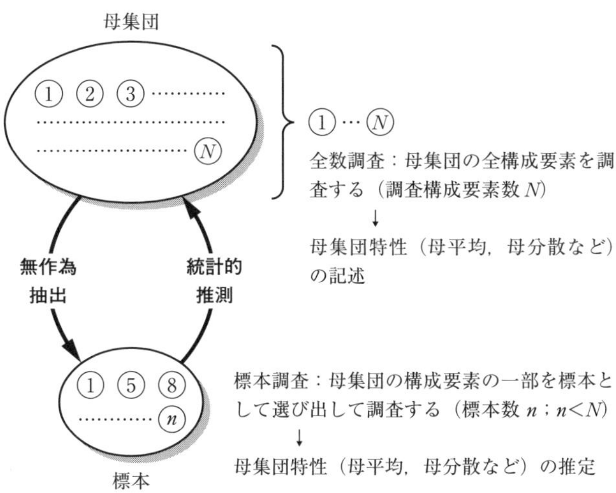


図 1-1　全数調査と標本調査
データは調査対象となる各構成要素から得られる．いずれの調査でも，私たちの関心は「母集団の特性」である．

値は母平均（$\mu$），分散は母分散（$\sigma^2$），相関係数は母相関係数（$\rho$）とみなすことができる（統計学では母数を表す文字にギリシャ文字（目次に続く表を参照）を使用することが多い）．このため，母集団の特性は，得られたデータを用いて記述的に表すことになる（図 1-1）．すなわち，記述統計により母集団の特性を把握する（第 3 章を参照）．

これに対し，標本調査では，母集団の構成要素の一部（標本）しか調査しないため，母集団の特性は標本データから推測することになる（図 1-1）．すなわち，母平均の推定値（$\bar{x}$），母分散の推定値（$s^2$），母相関係数の推定値（$r$）などのように推測することになる．これが統計的推測と呼ばれるものであり，標本調査にもとづく統計を推測統計と呼ぶ．母集団の特性を直接測定せず，標本から推測するという方法ゆえに，推測統計には，推定値，自由度，誤差（推定誤差），確率水準（有意水準），信頼区間といった統計量が含まれる（第 3 ～ 6 章および第 8 ～ 10 章を参照）．

推測統計は，標本が母集団から無作為（ランダム）に抽出されたものであるという前提のうえに成り立っている（図 1-1）．「無作為に抽出する」ということは，「でたらめに」とか「手当たり次第に」選び出すということではなく，一様乱数（付表 1）などを使って，母集団のどの構成要素も同じ機会（チャンス）で選ばれるようにすることをいう．

統計調査において，全数調査あるいは標本調査のいずれを採用するかは，主として，母集団に含まれる構成要素の数（母集団の大きさ）によって決まる．例えば，母集団が「A 牧場で飼養されているホルスタイン種成雌牛」のように，構成要素がそれほど多くなければ，全数調査が可能である．他方，母集団が「B 工場で製造（大量生産）される製品」のように，構成要素の数がかなり多い場合には，全数調査は多大な労力，時間および費用を要するため困難である．また，母集団が「C 湖に生息するコイ」のように，構成要素の数が不明な場合には，全数調査は不可能であり，標本調査を採用する．母集団が「産卵期の雌のカブトムシ」のように観念的な存在である場合（構成要素の数が無限大とみなせる）にも，全数調査は不可能であり，標本調査を採用する．

全数調査が可能であっても，標本調査を採用せねばならない場合がある．例えば，「ある畑で栽培される作物」を母集団とし，植物体中の化学物質の濃度の季節変化を知りたいが，化学物質を分析するには植物体を畑から採取して試料とせねばならない（分析後に畑に戻すことができない）とする．全数調査では，最初の調査で畑に存在するすべての植物体を採取してしまうことになり，その後の調査ができなくなってしまう．このような状況では，標本調査を繰り返し実施することが必要となる．

生物学や農学の諸分野ならびに関連分野の調査・研究においては，一般に，全数調査は現実的ではないか，不可能なことが多い．このため，統計調査の多くは標本調査である．

〔**平田昌彦**〕

# 第2章

# 変数の種類と尺度

統計調査では，母集団の構成要素のすべて（全数調査），あるいは一部（標本調査）から得られる情報を変数（変量）[1]として把握する．例えば，ある地域の畑作農家100戸を調査して得られた「作付面積」,「専業・兼業の別」,「労働人数」,「収穫量」など1つ1つの特性は変数として表され，各変数は100個のデータからなる．すなわち，変数はデータを格納する入れ物のようなものである．変数は，そのデータの性質により，いくつかの種類や尺度に分類できる（図2-1）.

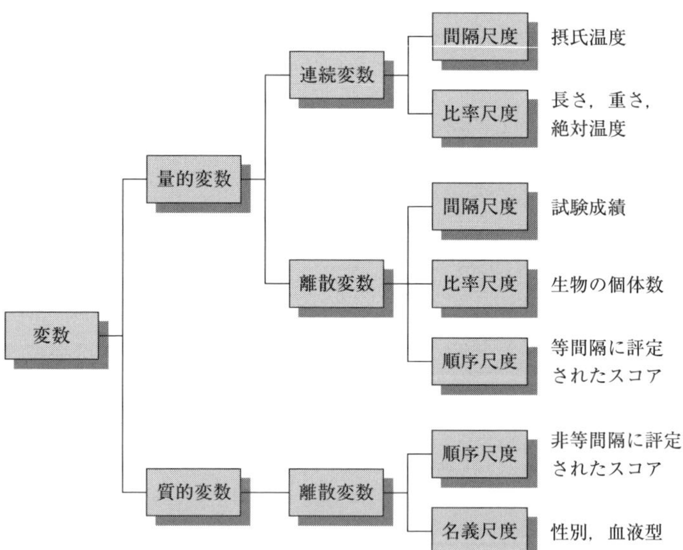


図2-1　変数の種類と尺度の関係ならびにそれぞれの変数・尺度の例
質的変数は離散変数とみなされる．順序尺度は量的変数もしくは質的変数のどちらか一方に相当するとみなされることもある.

1)「変量」と「変数」は本来異なる概念であるが，統計学では混同されがちで，現実には区別されずに用いられている．しかし，これらを一部に含む用語には，「変数変換」,「従属変数」,「独立変数」,「多変量解析」のように「変数」あるいは「変量」のいずれかを限定的に使用するものが多い.

## 2.1　量的変数と質的変数

量的変数とは，数や量として測ることができるデータ（量的データ）からなる変数のことであり，定量的変数とも呼ばれる．他方，質的変数とは，数や量で測れないデータ（質的データ）からなる変数のことであり，定性的変数とも呼ばれる．

## 2.2　連続変数と離散変数

連続変数とは，動物の体重，樹木の高さ，温度などのように，連続した値（実数値）をとる変数である．測定精度を高めるとデータはより細かい値をとる．これに対して，離散変数とは，単位土地面積内の動物の数とか，ある植物の莢に含まれる種子の数のように，0，1，2，3，…というようなとびとびの値（整数値）をとる変数である．隣り合った整数値の間の値をとることはない．それぞれの変数のデータを連続データおよび離散データ（非連続データ）と呼ぶ．

## 2.3　間隔尺度，比率尺度，順序尺度および名義尺度

間隔尺度（距離尺度）とは，摂氏温度や試験の成績のように，絶対零点が存在せず，数値の差に意味がある尺度である．例えば，60℃は50℃より10℃高く，50℃の40℃に対する関係と等しい．しかし，数値の比に意味はなく，例えば，40℃は20℃の２倍ではない．尺度上の零点は任意であるため，データは負の値をとりうる（例えば，0～100点の試験成績は50点を基準として−50～+50点に置き換えることができる）．データの分布の中心的傾向（代表値）は平均値，中央値あるいは最頻値で表される（第３章参照）．

比率尺度（比例尺度，比尺度）とは，長さや重さのような物理量，絶対温度のように，絶対零点が存在し，数値の差だけでなく，比にも意味がある尺度である．例えば，200 kgは100 kgの２倍であり，100 kgの50 kgに対する関係と等しい．データの分布の中心的傾向（代表値）は平均値，中央値あるいは最頻値で表される（第３章参照）．

順序尺度（序数尺度）とは，ある食品に対する好みの程度を0（非常に嫌い），1（嫌い），2（どちらでもない），3（好き），4（非常に好き）の５段階のスコアで評定したり，芝生の色を目視で１（褐色）から９（濃緑色）の９段階のスコアで評定したりする場合のように，データを順序付けるために用いられる尺度であり，数値の大小関係（同一を含む）に意味がある．前者の評定例のように，隣り合っ

たスコアにおける「変数の状態」の差が等間隔でない場合（例えば，スコア0の「非常に嫌い」とスコア1の「嫌い」の差は，スコア1の「嫌い」とスコア2の「どちらでもない」の差と等しくない）には，数値の差に意味はなく，それゆえ，データの分布の中心的傾向（代表値）は中央値あるいは最頻値で表される（第3章参照）．他方，後者の評定例において，芝生の色の差が9段階のスコアにわたって等間隔もしくはほぼ等間隔であるとみなせる場合には，データを間隔尺度と同様に扱っても差し支えないことがある．

名義尺度（カテゴリ変数，カテゴリカル変数）とは，性別を表す変数において「雄」を1,「雌」を2としたり，血液型を表す変数において「A型」,「B型」,「O型」および「AB型」をそれぞれ1，2，3および4としたり，ある現象の有無を表す変数において「無」を0,「有」を1としたりする場合のように，単なる分類のために用いられる尺度である．数値の差も大小関係も意味をもたず，類型と数値との対応を変えても問題がない．すなわち，データの相等性・同一性（同じか否か）のみに意味がある．データの分布の中心的傾向（代表値）は最頻値のみで表される（第3章参照）．

## 2.4 変数の種類と尺度の関係

量的変数は連続変数あるいは離散変数であり，質的変数は離散変数とみなされる（図2-1）．連続変数は間隔尺度（例えば，摂氏温度）あるいは比率尺度（例えば，長さ，重さ，絶対温度）である．量的な離散変数は間隔尺度（例えば，試験成績），比率尺度（例えば，生物の個体数）あるいは順序尺度（例えば，等間隔に評定されたスコア）である．質的変数は順序尺度（例えば，非等間隔に評定されたスコア）あるいは名義尺度（例えば，性別，血液型）である．順序尺度は量的変数もしくは質的変数のどちらか一方に相当するとみなされることもある．

［**平田昌彦**］

## 練習問題 2

【2-1】 以下の変数について，その尺度を，間隔尺度，比率尺度，順序尺度および名義尺度から選んで答えなさい．また，尺度が間隔尺度もしくは比率尺度の場合には，連続変数か離散変数かを答えなさい．

①牛乳の脂肪含量（乳脂率），②モース硬度，③本のページ番号（総ページ数ではない），④農家の専業・兼業の別，⑤経過時間，⑥時刻，⑦金額，⑧国籍，⑨西暦年，⑩成績評価（秀，優，良，可，不可），⑪体温，⑫クラスの生徒数．

## 第3章

# データ分布の要約

全数調査あるいは標本調査によって集められたデータの解析にあたっては，まず，データの分布について把握することが重要である．データの分布から，その変数がとる値の特徴について知ることができる．また，データの分布をもとに，解析に必要なデータが揃っているか，測定機器の故障や記録・入力ミスなどによって生じた異常データがないかなどについて判断することができる．さらに，データの分布型から，統計解析の基本的方向（例えば，パラメトリック手法もしくはノンパラメトリック手法）についての示唆を得ることができる．

本章では，データの分布を把握する方法として，分布を視覚的あるいは数値（統計量）に要約する方法について述べる．この方法によって得られる要約は，全数調査の場合には母集団におけるデータ分布の記述であり，標本調査の場合には母集団におけるデータ分布の推測である（第1章を参照）．

## 3.1 度数分布

表3-1はホルスタイン種成雌牛60頭の体重である．本章では，データ分布の要約における記述統計と推測統計の類似点と相違点を説明するために，これらのデータが全数調査から得られた場合と標本調査から得られた場合の2つを想定する．

表3-1　ホルスタイン種成雌牛の体重（kg）

| | | | | | | | | | |
|---|---|---|---|---|---|---|---|---|---|
| 690 | 607 | 718 | 686 | 665 | 655 | 649 | 644 | 647 | 653 |
| 664 | 658 | 601 | 643 | 672 | 657 | 635 | 687 | 692 | 671 |
| 659 | 681 | 641 | 709 | 639 | 656 | 662 | 634 | 679 | 619 |
| 646 | 661 | 695 | 648 | 628 | 660 | 680 | 631 | 637 | 663 |
| 618 | 605 | 642 | 652 | 677 | 622 | 666 | 638 | 629 | 696 |
| 702 | 651 | 689 | 654 | 632 | 645 | 633 | 676 | 694 | 623 |

本章では本表のデータが全数調査から得られた場合と標本調査から得られた場合の2つを想定する．前者の場合，本表のデータは，A牧場で飼養されているホルスタイン種成雌牛60頭の体重に関する情報を得るために，全頭の体重を測定した結果とする．後者の場合，本表のデータは，B地域で飼養されているホルスタイン種成雌牛の体重に関する情報を得るために，無作為に抽出した60頭の体重を測定した結果とする．

前者の場合，表 3-1 のデータは，A 牧場で飼養されているホルスタイン種成雌牛 60 頭の体重に関する情報を得るために，これら全頭の体重を測定した結果とする．後者の場合，表 3-1 のデータは，B 地域で飼養されているホルスタイン種成雌牛の体重に関する情報を得るために，地域から無作為に抽出した 60 頭の体重を測定した結果とする．

いずれの調査法で得られたものであっても，表 3-1 に示されたような生データ（素データ）の集まりを眺めただけでは，データの分布について把握することは難しい．解析対象の変数が間隔尺度，比率尺度，または間隔尺度と同様に扱える順序尺度の場合（第 2 章を参照）には，データをいくつかの階級（区間）に分け，それぞれの階級に属するデータ数（度数）の分布（度数分布）を表（度数分布表）やグラフ（度数分布図，ヒストグラム）の形で表すことによって，データ分布の概要を把握することができる．

### 3.1.1　度数分布表

表 3-2 は表 3-1 のデータをもとに作成された度数分布表である．ここで，階級とはデータ値を含む範囲を等間隔に分けて設定した区間であり，通常は「下限値以上，上限値未満」の範囲を用いる．階級値とは階級の代表値であり，各階級の中ではデータは一様に分布していると仮定して，階級の中央の値（上限値と下限値の平均値）とする．度数とは各階級に含まれるデータの個数であり，相対度数とは各階級の度数をデータの総数で除した値である．累積度数は度数を最下位の階級から積算した数であり，累積相対度数は累積度数をデータの総数で除した値である．相対度数と累積相対度数は，データ数が異なる複数の集団のデータ分布

表 3-2　ホルスタイン種成雌牛の体重の度数分布表

| 階級（kg）（下限値〜上限値） | 階級値（kg） | 度数 | 相対度数 | 累積度数 | 累積相対度数 |
|---|---|---|---|---|---|
| 600 〜 620 | 610 | 5 | 0.08 | 5 | 0.08 |
| 620 〜 640 | 630 | 12 | 0.20 | 17 | 0.28 |
| 640 〜 660 | 650 | 18 | 0.30 | 35 | 0.58 |
| 660 〜 680 | 670 | 12 | 0.20 | 47 | 0.78 |
| 680 〜 700 | 690 | 10 | 0.17 | 57 | 0.95 |
| 700 〜 720 | 710 | 3 | 0.05 | 60 | 1.00 |
| 合計 | — | 60 | 1.00 | — | — |

を比較するときに有用である．

度数分布表の作成は以下の手順に従う．なお，階級を決定する諸要素（階級数，階級幅，下限値および上限値）の設定に関しては，3.1.4「階級の設定に関する補足」も参照されたい．

①データ数（全数調査では $N$，標本調査では $n$；図 1-1 を参照）を求める．表 3-1 のデータの場合にはデータ数は 60 である．度数分布によりデータを要約するには通常は 50 以上のデータ数が必要である．

②データの中から最小値と最大値を見つけ，範囲（最大値－最小値）を計算する．表 3-1 のデータの場合，最小値が 601，最大値が 718 であり，範囲は 117 である．

③仮の階級数を 5 ～ 20 の範囲で決める．その目安はスタージェス（Sturges）の公式を用いて，データ数より $1+\log N/\log 2$ あるいは $1+\log n/\log 2$ として求めることもできる．表 3-1 のデータの場合，データ数が 60 なので階級数の目安は 6.91 と計算され，仮の階級数は 6 または 7 となる．

④データの範囲を仮の階級数で除し，切りのよい値にまるめて階級幅を決める．この際，データ数が 100 未満のときは大きめの値に，100 以上のときには小さめの値にまるめる．表 3-1 のデータの場合，階級幅の目安は，仮の階級数が 6 のときには $117/6=19.5$，仮の階級数が 7 のときには $117/7=16.7$ となり，データ数が 100 未満なので大きめの値とし，切りのよい値にまるめると，階級幅は 20 となる．

⑤階級と階級値を決定する．まず，最小値が最下位階級に含まれるように，階級分けの開始値（最下位階級の下限値）を切りのよい値に設定する．次に，開始値に階級幅を順次加え，最大値を含む階級（最上位階級）までの全階級を決定する（最上位階級の上限値を終了値とする）．さらに，各階級の中央の値（下限値と上限値の平均値）を階級値とする．表 3-1 のデータの場合，最小値が 601 なので，階級分けの開始値を整数，階級幅を 20 とすると，切りのよい開始値は 590 もしくは 600 となる．最大値が 718 なので，開始値が 590 の場合，階級は 590 ～ 610，610 ～ 630，…，710 ～ 730 の 7 つとなる（終了値は 730）．開始値が 600 の場合，階級は 600 ～ 620，620 ～ 640，…，700 ～ 720 の 6 つとなる（終了値は 720）．表 3-2 の度数分布表では開始値を 600 としている．

⑥全データを階級（通常は「下限値以上，上限値未満」）に振り分け，各階級に含まれるデータ数（度数）を求める．さらに必要に応じて，相対度数，累積度数，累積相対度数を計算する．度数の合計および最上位階級における累積度数はデー

タ数と一致しなければならない．また，相対度数の合計および最上位階級における累積相対度数は1にならなければならない．なお，度数分布表は，階級，階級値および度数が表示されていればその要件を満たすため，相対度数，累積度数，累積相対度数を含まないこともある．

### 3.1.2　度数分布図

度数分布表の階級を横軸に，度数を縦軸にとった柱状グラフ（隣どうしの縦棒が接するように描かれたグラフ）を度数分布図あるいはヒストグラムと呼ぶ．横軸に表示する変数値は，階級（「下限値～上限値」を各縦棒の下に表示），下限値および上限値（目盛を付け，その下に表示），あるいは階級値（各縦棒の下に表示）とする．図3-1は表3-2の度数分布表をもとに作成された度数分布図である．度数分布図は，度数分布表と同じ情報を提供するが，データ分布の視覚的・直観的な把握を可能にする．

### 3.1.3　度数分布から読み取れるデータ分布の概要

度数分布表および度数分布図から，①データの分布範囲，②データの出現頻度が最大となる階級，③データ分布の左右対称性，④データの主要範囲（データが集中する範囲）などを読み取ることができる．

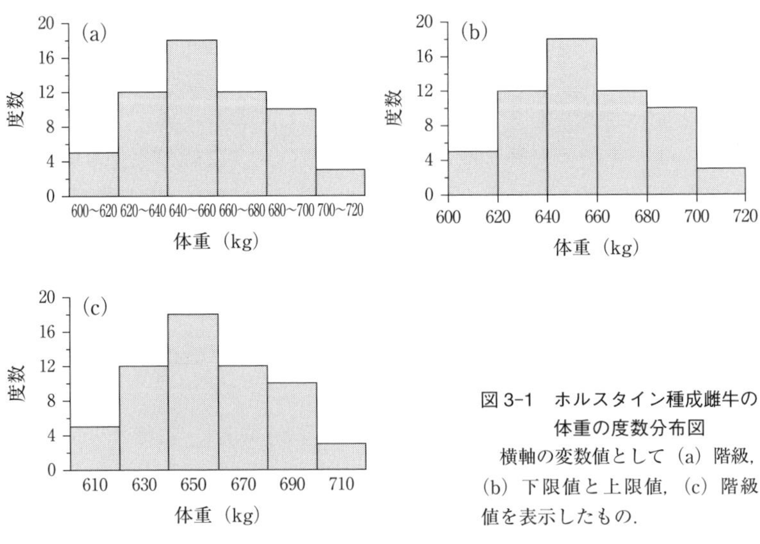


**図3-1　ホルスタイン種成雌牛の体重の度数分布図**
横軸の変数値として（a）階級，（b）下限値と上限値，（c）階級値を表示したもの．

例えば，表 3-2 の度数分布表および図 3-1 の度数分布図から，ホルスタイン種成雌牛の体重が階級値で 610 ～ 710 kg の範囲にあること，640 ～ 660 kg の重さの個体が最も多いこと，この階級を中心として体重分布が左右非対称である（データが体重の小さい方よりも大きい方へ広がっており，体重が小さい個体よりも大きい個体の方が多い）ことが読み取れる．また，70％の個体が体重 620 ～ 680 kg であること，87％の個体が体重 620 ～ 700 kg であることも読み取れる．これらの概要は，全数調査の場合には，母集団（A 牧場で飼養されているホルスタイン種成雌牛）の特性（体重）そのものであり，標本調査の場合には，母集団（B 地域で飼養されているホルスタイン種成雌牛）の特性（体重）の推測である（第１章を参照）．

### 3.1.4　階級の設定に関する補足

度数分布表の階級数，階級幅，下限値および上限値は，3.1.1 の手順③～⑤に記されたものとは別の基準によって設定した方が，データの分布を把握するうえで都合がよいことがある．例を２つあげる．

表 3-3 はある農家で生産された 55 個の鶏卵の重量である．鶏卵はその重量により，LL（70 g 以上，76 g 未満），L（64 g 以上，70 g 未満），M（58 g 以上，64 g 未満），MS（52 g 以上，58 g 未満），S（46 g 以上，52 g 未満）および SS（40 g 以上，46 g 未満）の 6 等級に区分される．したがって，鶏卵の重量分布を等級と関連付けて検討する場合には，度数分布の階級を等級の基準値に合わせて設定するのが合理的である．

表 3-4 は 5 回の味覚試験に対する 45 人の被験者の正答回数である．この場合，正答回数は全試験誤答（0）から全試験正答（5）までの限られた少数の離散値（0，1，2，3，4，5）をとる．そこで，これらの数値を階級および階級値の代わりに用いることによって，正答回数の分布を最も直接的な形で示すことができる．

表 3-3　鶏卵の重量（g）

| | | | | | | | | | | |
|---|---|---|---|---|---|---|---|---|---|---|
| 49 | 40 | 46 | 52 | 58 | 64 | 71 | 80 | 57 | 62 | 60 |
| 69 | 38 | 42 | 47 | 60 | 58 | 65 | 47 | 51 | 39 | 57 |
| 43 | 66 | 53 | 59 | 66 | 41 | 56 | 60 | 70 | 63 | 62 |
| 57 | 61 | 45 | 48 | 53 | 56 | 67 | 74 | 55 | 60 | 53 |
| 50 | 55 | 60 | 68 | 49 | 54 | 59 | 50 | 75 | 61 | 65 |

表 3-4 5 回の味覚試験に対する正答回数

| | | | | | | | | |
|---|---|---|---|---|---|---|---|---|
| 3 | 4 | 2 | 3 | 1 | 0 | 2 | 2 | 0 |
| 1 | 5 | 4 | 0 | 2 | 3 | 1 | 2 | 3 |
| 2 | 2 | 2 | 1 | 4 | 1 | 2 | 2 | 1 |
| 4 | 3 | 1 | 3 | 2 | 3 | 1 | 2 | 2 |
| 2 | 1 | 3 | 1 | 3 | 5 | 2 | 0 | 1 |

## 3.2 データ分布の特徴を表す統計量

度数分布では，階級（幅をもった数値区間）を設定し，1つ1つの生データの値を階級値（階級の中央の値）に置き換えている．これゆえ，度数分布から読み取ることができるデータ分布の特徴（3.1.3）はあくまでも概要である．

データ分布の特徴を厳密に記述する際には，生データ1つ1つの値が直接的に反映された数量的な統計量を用いる必要がある．特に，複数の集団のデータ分布を比較する際には，相互に比較可能な数量的統計量は重要である．

データ分布の特徴を表す統計量には，分布の中心的傾向，広がり，歪みならびに尖りを表すものがあり，これらは，全数調査では母数（母集団の値）として，標本調査では母数の推定値として求めることができる（第1章を参照）．以下では中心的傾向と広がりを表す統計量を主体に説明する．

### 3.2.1 分布の中心的傾向を表す統計量

分布の中心的傾向（代表値）を表す統計量には平均値，中央値および最頻値がある．これらの統計量の利用の可否は変数尺度によって異なり，表 3-5 に示される通りである．

#### (1) 平均値

平均値は，相加平均あるいは算術平均とも呼ばれ，データの総和をデータ数で

表 3-5 尺度の異なる変数における平均値，中央値および最頻値の利用の可否

| 変数の尺度 | 平均値 | 中央値 | 最頻値 |
|---|---|---|---|
| 間隔尺度 | ○ | ○ | ○ |
| 比率尺度 | ○ | ○ | ○ |
| 順序尺度（等間隔に評定されたスコア） | ○ | ○ | ○ |
| 順序尺度（非等間隔に評定されたスコア） | × | ○ | ○ |
| 名義尺度 | × | × | ○ |

○：利用可，×：利用不可．

除した値である．単に平均と呼ばれることもある．全数調査における平均値（母平均，$\mu$）は次式のように書ける．

$$\mu = (x_1 + x_2 + \cdots + x_N)/N = \frac{1}{N}\sum_{i=1}^{N} x_i \tag{3.1}$$

ここで，$N$はデータ数（母集団），$x_i (i = 1, 2, \cdots, N)$ は$i$番目のデータである．表3-1のデータの場合，A 牧場で飼養されているホルスタイン種成雌牛の平均体重は 656.1 kg である．

$$\mu = (690 + 607 + \cdots + 623)/60 = \frac{39366}{60} = 656.1$$

また，標本調査における平均値（標本平均，$\bar{x}$（エックス・バー））は次式のように書ける．

$$\bar{x} = (x_1 + x_2 + \cdots + x_n)/n = \frac{1}{n}\sum_{i=1}^{n} x_i \tag{3.2}$$

ここで，$n$はデータ数（標本），$x_i (i = 1, 2, \cdots, n)$ は$i$番目のデータである．標本平均は母平均の不偏推定量（偏りのない推定値）である（第５章を参照）．表3-1のデータの場合，B 地域で飼養されているホルスタイン種成雌牛の平均体重（母平均）は 656.1 kg であると推定される．

$$\bar{x} = (690 + 607 + \cdots + 623)/60 = \frac{39366}{60} = 656.1$$

### (2) 中央値

中央値は，メディアン，メジアンあるいは中位数とも呼ばれ，データを大きさの順（昇順でも降順でもよい）に並べたときの真ん中の値である．ただし，データ数が偶数のときは中央２つの値の平均値とする．全数調査における中央値は次式のように書ける．

$$\text{中央値(母集団)} = \begin{cases} x_{(N+1)/2} & (N\text{が奇数のとき}) \\ (x_{N/2} + x_{(N/2)+1})/2 & (N\text{が偶数のとき}) \end{cases} \tag{3.3}$$

表3-1のデータの場合，データ数が 60（偶数）なので，中央値は 30 番目（昇順で 654）と 31 番目（昇順で 655）の平均値（654.5）となり，A 牧場で飼養されているホルスタイン種成雌牛の体重の中央値は 654.5 kg である．

また，標本調査における中央値は次式のように書ける．

$$中央値(標本)=\begin{cases} x_{(n+1)/2} & (n\text{が奇数のとき}) \\ (x_{n/2}+x_{(n/2)+1})/2 & (n\text{が偶数のとき}) \end{cases} \quad (3.4)$$

表3-1のデータの場合，上と同じ手順で得られた値（654.5）から，B地域で飼養されているホルスタイン種成雌牛の体重の中央値は654.5 kgであると推定される．

表3-1の例では同順位のデータはないが，現実には同順位が存在することは珍しくない．そのような場合にも上記の定義は適用できる．例えば，9つのデータ{36, 42, 47, 47, 47, 49, 55, 57, 61}のように，同順位のデータが3つあってこれらが3位ならば，3～5位に該当するとみなし，全9データの真ん中（5位）の値47を中央値とする．

順序尺度の変数の場合には，スコアの値にもとづいて中央値を求める．表3-6は55人の大学生におけるある食品に対する好みを，0（非常に嫌い），1（嫌い），2（どちらでもない），3（好き），4（非常に好き）の5段階スコアで評定したものである．データを昇順に並べると，0が7個，1が19個，2が14個，3が9個，4が6個の順となり，中央値（28位）は2となる．

### (3)　最頻値

最頻値は，モードあるいは最多値とも呼ばれ，最も多く現れるデータの値である．生データから最頻値を求める際には次のことに注意する必要がある．まず，表3-1のデータのように同じ値がない場合には最頻値を求めることはできない．また，最も多く現れるだけではデータ分布の中心的傾向を表す統計量にはならないことがある．例えば，表3-1において，最初の値690が2番目の値と同じ607である場合，最も多く現れる値は2回出現する607となるが，度数分布表（表3-2）および度数分布図（図3-1）から明らかなように，この値607はデータ分布の中心からは程遠い．以上のような場合には，最頻値は生データではなく度数分布表にもとづいて求める（3.2.4「度数分布表を利用した統計量の求め方」を参照）．

表3-6　ある食品に対する好み

| | | | | | | | | | | |
|---|---|---|---|---|---|---|---|---|---|---|
| 0 | 1 | 3 | 2 | 3 | 1 | 0 | 2 | 1 | 3 | 2 |
| 2 | 3 | 4 | 4 | 2 | 0 | 3 | 4 | 1 | 2 | 1 |
| 1 | 0 | 1 | 3 | 1 | 2 | 1 | 3 | 4 | 1 | 0 |
| 1 | 2 | 2 | 2 | 4 | 1 | 1 | 2 | 0 | 3 | 1 |
| 4 | 1 | 1 | 1 | 3 | 2 | 0 | 1 | 2 | 1 | 2 |

0：非常に嫌い，1：嫌い，2：どちらでもない，3：好き，4：非常に好き．

表3-6のデータ（順序尺度）の場合には，スコア0～4の出現数がそれぞれ7, 19, 14, 9および6回なので，最頻値（最多スコア）は1となる．名義尺度の変数の場合には，類型を数字と対応させることにより，最も多く出現する値を最頻値として求めることができる．表3-7は50人の学生の血液型であり，「A型」が1,「B型」が2,「O型」が3,「AB型」が4に対応する．出現数は1が23回，2が7回，3が17回，4が3回となり，最頻値は「A型」を示す1となる．この血液型調査が全数調査の場合には母集団では「A型」の人が最も多いことが分かり，標本調査の場合には母集団では「A型」の人が最も多いと推測される．

表3-7　学生の血液型

| | | | | | | | | | |
|---|---|---|---|---|---|---|---|---|---|
| 1 | 2 | 1 | 3 | 1 | 3 | 1 | 4 | 1 | 2 |
| 3 | 3 | 3 | 1 | 1 | 1 | 3 | 1 | 3 | 3 |
| 4 | 1 | 2 | 1 | 3 | 4 | 2 | 1 | 3 | 1 |
| 1 | 3 | 1 | 3 | 1 | 1 | 3 | 3 | 1 | 3 |
| 3 | 1 | 2 | 1 | 3 | 2 | 1 | 1 | 2 | 1 |

1：A型，2：B型，3：O型，4：AB型．

### (4)　平均値，中央値および最頻値の比較

データの分布が左右対称である場合には平均値，中央値および最頻値は同一もしくは近接した値をとり，分布の中心と一致する（図3-2（a））．他方，データ分布が左右非対称で歪んでいる場合には，平均値は中央値や最頻値から離れた値となり，平均値よりも中央値あるいは最頻値の方が，分布の中心を表す指標として望ましい（図3-2（b））．例えば，非常に高額な年収を得ている人が一部に存在する集団の平均年収は，その集団の多くの一般の人々の年収からはかけ離れた高い

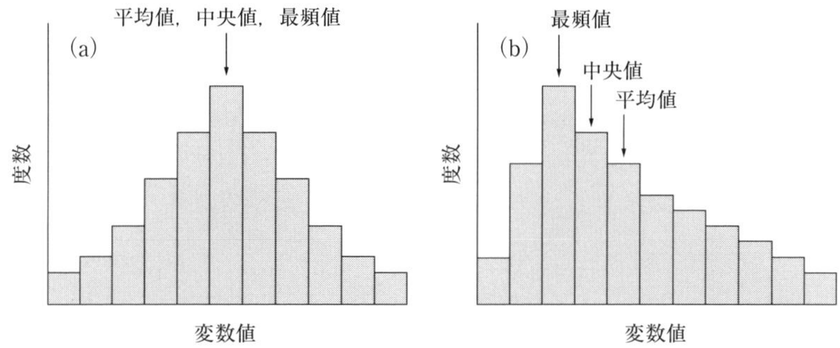


図3-2　左右対称性の異なるデータ分布における平均値，中央値および最頻値
（a）左右対称，（b）左右非対称．

値となり，分布の中心としての「普通の人」の年収を表さない．このような場合には，中央値を用いることで，極端な値の影響を回避し，分布の中心に近い値を得ることができる．

### 3.2.2　分布の広がりを表す統計量

分布の広がり（散布度）を表す統計量には平方和，分散，標準偏差および変動係数がある．これらの統計量は平均値を中心とした広がりを表すため，変数が間隔尺度，比率尺度または間隔尺度と同様に扱える順序尺度である場合に利用できる（表 3-5 を参照）．平方和と分散は分散分析（第 8 章を参照）の基盤となる統計量でもある．

#### (1)　平方和

図 3-3 は，「データ数と平均値が同じで，広がりが異なるデータ分布」である．(a) から (c) の図を比較すると，広がりの小さな分布では「平均値の近くにデータが集中している」ことが分かる．言い換えると，「個々のデータと平均値との差が小さい」ことになる．したがって，個々のデータの平均値からの差（偏差）を全データにわたって総合して考慮することで，分布の広がりを数値化することができる．ここで，偏差はそのまま合計すると正と負が打ち消しあって 0 となるため，2 乗して合計する．これが平方和で，データ分布の広がりを表すいくつかの統計量の基礎となるものである．全数調査および標本調査における平方和（$S$）は以下のように書ける．

$$S(\text{母集団}) = (x_1 - \mu)^2 + (x_2 - \mu)^2 + \cdots + (x_N - \mu)^2 = \sum_{i=1}^{N} (x_i - \mu)^2 \qquad (3.5)$$

$$S(\text{標本}) = (x_1 - \bar{x})^2 + (x_2 - \bar{x})^2 + \cdots + (x_n - \bar{x})^2 = \sum_{i=1}^{n} (x_i - \bar{x})^2 \qquad (3.6)$$

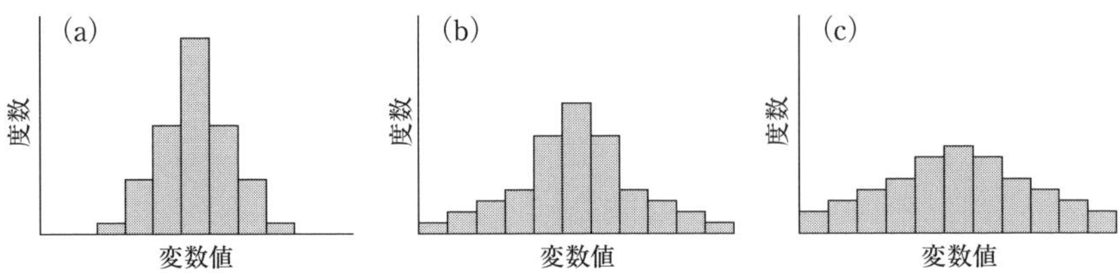


図 3-3　データ数と平均値が同一で，広がりが異なるデータ分布
分布の広がりは (a) から (c) へと増加する．

平方和という用語は「平均値からの偏差の平方の総和」を短くしたものであるが，正確ではなく，単なる２乗和（$\sum_{i=1}^{n} x_i^2$）と混同される恐れがある．しかし，この名称は統計学であまりにも確立されすぎており，もはや他の用語を使うわけにはいかなくなっている．

実際の計算では，上式を変形して，平方和をデータ数，データの総和および２乗和から求めるのが便利である．このとき，データの総和および２乗和は表 3-8 のような表を作成して計算するとよい．

$$
\begin{aligned}
S(\text{母集団}) &= \sum_{i=1}^{N}(x_i-\mu)^2 = \sum_{i=1}^{N}(x_i^2-2\mu x_i+\mu^2) \\
&= \sum_{i=1}^{N} x_i^2 - 2\mu\sum_{i=1}^{N} x_i + \sum_{i=1}^{N}\mu^2 \\
&= \sum_{i=1}^{N} x_i^2 - 2\left(\frac{1}{N}\sum_{i=1}^{N} x_i\right)\sum_{i=1}^{N} x_i + N\left(\frac{1}{N}\sum_{i=1}^{N} x_i\right)^2 \\
&= \sum_{i=1}^{N} x_i^2 - \frac{2}{N}\left(\sum_{i=1}^{N} x_i\right)^2 + \frac{1}{N}\left(\sum_{i=1}^{N} x_i\right)^2 \\
&= \sum_{i=1}^{N} x_i^2 - \frac{1}{N}\left(\sum_{i=1}^{N} x_i\right)^2 \qquad (3.7)
\end{aligned}
$$

$$
\begin{aligned}
S(\text{標本}) &= \sum_{i=1}^{n}(x_i-\bar{x})^2 = \sum_{i=1}^{n}(x_i^2-2\bar{x}x_i+\bar{x}^2) \\
&= \sum_{i=1}^{n} x_i^2 - 2\bar{x}\sum_{i=1}^{n} x_i + \sum_{i=1}^{n}\bar{x}^2
\end{aligned}
$$

表 3-8　データの総和と２乗和の計算

| $i$ | $x_i$ | $x_i^2$ |
|---|---|---|
| 1 | 690 | 476100 |
| 2 | 607 | 368449 |
| 3 | 718 | 515524 |
| ⋮ | ⋮ | ⋮ |
| 58 | 676 | 456976 |
| 59 | 694 | 481636 |
| 60 | 623 | 388129 |
| 合計 | 39366 | 25869636 |

表 3-1 のデータより．

$$
\begin{aligned}
&=\sum_{i=1}^{n}x_i^2-2\left(\frac{1}{n}\sum_{i=1}^{n}x_i\right)\sum_{i=1}^{n}x_i+n\left(\frac{1}{n}\sum_{i=1}^{n}x_i\right)^2\\
&=\sum_{i=1}^{n}x_i^2-\frac{2}{n}\left(\sum_{i=1}^{n}x_i\right)^2+\frac{1}{n}\left(\sum_{i=1}^{n}x_i\right)^2\\
&=\sum_{i=1}^{n}x_i^2-\frac{1}{n}\left(\sum_{i=1}^{n}x_i\right)^2 \qquad (3.8)
\end{aligned}
$$

表3-1のデータでは，データ数60，データの総和39366，2乗和25869636なので，いずれの平方和も41603.4と計算される．

$$S=25869636-\frac{1}{60}\times 39366^2=41603.4$$

すなわち，全数調査の場合には，A牧場で飼養されているホルスタイン種成雌牛の体重の平方和は41603.4 $\mathrm{kg}^2$である（偏差の2乗和なので，単位はkgの2乗となる）．また，標本調査の場合には，B地域で飼養されているホルスタイン種成雌牛の体重の平方和は41603.4 $\mathrm{kg}^2$であると推定される．

なお，図3-3の（b）と（c）の比較から，分布の広がりはデータの範囲（最小値と最大値の差）では評価できないことが分かる．いくつものデータがあるのに最小値と最大値の2つのみで分布の広がりを評価しようとする（最小値と最大値以外の多くのデータを考慮しない）考え方は，「すべてのデータがそれらの値に関わらず同じ価値を有すること」を無視している．

### (2) 分散

平方和はデータ分布の広がりを表す統計量の基礎となるものであるが，その値がデータ数の影響を受けるという性質がある．すなわち，1つ1つの偏差（$x_i-\mu$あるいは$x_i-\bar{x}$）は小さくてもデータ数が多いと平方和は大きくなってしまう．それゆえ，平方和は，データ数が異なる複数の集団のデータ分布の広がりを比較する際には利用できない．これを克服するために，平方和をデータ数で除したものが分散である．いわば「データ1つ当たりの平方和」であり，それゆえ分散は「平均平方」とも呼ばれる．全数調査における分散（母分散，$\sigma^2$）および標本調査における母分散の推定値（不偏分散，$s^2$；標本分散と呼ぶこともある）は次式のように定義される．

$$\sigma^2=\frac{S(\text{母集団})}{N}=\frac{1}{N}\sum_{i=1}^{N}(x_i-\mu)^2 \qquad (3.9)$$

$$s^2 = \frac{S(\text{標本})}{n-1} = \frac{1}{n-1}\sum_{i=1}^{n}(x_i - \bar{x})^2 \tag{3.10}$$

ここで，不偏分散では，「平均平方」といいながら，データ数から1を引いた値で平方和を除している．この理由は，偏差の計算において，本来は母平均（$\mu$）を用いるべきにもかかわらず，母平均が未知なので，標本平均（$\bar{x}$）で代替していることに起因する．$\bar{x}$からの偏差の和（$\sum_{i=1}^{n}(x_i - \bar{x})$）は0となるため，$n$個のデータのうち自由に値が決まるのは$n-1$個（自由度$=n-1$）となり，平方和をデータ数ではなく，自由度で割ることによって，母分散からの偏りを補正している（母分散の不偏推定量を求めている）のである（第5章を参照）．

実際の計算では，上式を変形して，分散をデータ数，データの総和および2乗和から求めるのが便利である．全数調査の場合には次式に変形される．

$$\sigma^2 = \frac{1}{N}\left\{\sum_{i=1}^{N} x_i^2 - \frac{1}{N}\left(\sum_{i=1}^{N} x_i\right)^2\right\} \tag{3.11}$$

表3-1のデータの場合，A牧場で飼養されているホルスタイン種成雌牛の体重の分散は693.39 kg$^2$である．

$$\sigma^2 = \frac{1}{60}\left\{25869636 - \frac{1}{60}\times 39366^2\right\} = \frac{1}{60}\times 41603.4 = 693.39$$

また，標本調査の場合には次式に変形される．

$$s^2 = \frac{1}{n-1}\left\{\sum_{i=1}^{n} x_i^2 - \frac{1}{n}\left(\sum_{i=1}^{n} x_i\right)^2\right\} \tag{3.12}$$

表3-1のデータの場合，B地域で飼養されているホルスタイン種成雌牛の体重の分散（母分散）は705.14 kg$^2$であると推定される．

$$s^2 = \frac{1}{60-1}\left\{25869636 - \frac{1}{60}\times 39366^2\right\} = \frac{1}{59}\times 41603.4 = 705.14$$

以上のように，分散を用いることにより，データ数が異なる複数の集団のデータ分布の広がりを比較することができる．分散の値が大きければ分布の広がりが大きく，分散の値が小さければ分布の広がりは小さいことになる．

### (3)　標準偏差

分散は2乗された値なので，元のデータと単位が同一ではなく，分布の広がり（データの変動程度）を直感的に把握しづらい．例えば，表3-1のデータから求めた分散の単位はkg$^2$であるため，母分散（693.39）や不偏分散（705.14）の値を見ただけでは，分布の広がりの実態をすぐには理解できない．これを克服するために，分散の平方根をとり，単位を元に戻したものが標準偏差である．全数調査における標準偏差（母標準偏差，$\sigma$）は次式で表される．

$$\sigma = \sqrt{\sigma^2} \tag{3.13}$$

表 3-1 のデータの場合，A 牧場で飼養されているホルスタイン種成雌牛の体重の標準偏差は 26.33 kg である．

$$\sigma = \sqrt{693.39} = 26.33$$

また，標本調査における母標準偏差の推定値（$s$；この統計量の名称には混乱があり，標本標準偏差と呼んだり，不偏推定量ではないが不偏標準偏差と呼んだりすることがある）は次式で表される．

$$s = \sqrt{s^2} \tag{3.14}$$

表 3-1 のデータの場合，B 地域で飼養されているホルスタイン種成雌牛の体重の標準偏差（母標準偏差）は 26.55 kg であると推定される．

$$s = \sqrt{705.14} = 26.55$$

以上のように，標準偏差を用いることにより，データ分布の広がりを元のデータと同じ単位で表現でき，広がりの大きさが理解しやすい．

### (4) 変動係数

標準偏差は元のデータの単位をもつため，単位が異なるデータ分布の広がりを比較することができない．例えば，ある動物 100 個体について，体長（cm）と体重（g）のどちらの変数のデータ分布の広がりが大きいかを調べたいときに，標準偏差を利用することはできない．また，同一変数・同一単位であっても，標準偏差は平均値が大きい集団で大きくなる傾向があるため，平均値が大きく異なるデータ分布の広がりを比較することができない．例えば，ウシとウサギのどちらで体重（kg）の広がりが大きいかを調べたいときに，体重の大きなウシの方が，体重の小さなウサギよりも標準偏差が大きくなるため，平均値の影響を内包する標準偏差を使うことはできない．これらを克服するために，標準偏差を平均値で除したものが変動係数である．いわば「平均値に対する相対的な広がりの大きさ」である．全数調査における変動係数は次式で表される．

$$CV(\text{母集団}) = \frac{\sigma}{\mu} \tag{3.15}$$

表 3-1 のデータの場合，A 牧場で飼養されているホルスタイン種成雌牛の体重の変動係数は 0.0401 である．

$$CV(\text{母集団}) = \frac{26.33}{656.1} = 0.0401$$

また，標本調査における変動係数の母数の推定値は次式で表される．

$$CV(\text{標本}) = \frac{s}{\bar{x}} \tag{3.16}$$

表 3-1 のデータの場合，B 地域で飼養されているホルスタイン種成雌牛の体重の変動係数は 0.0405 であると推定される．

$$CV(\text{標本}) = \frac{26.55}{656.1} = 0.0405$$

変動係数は平均値に対する相対的な値であることから，上の数値を 100 倍した百分率（%）で表示することもある．

### 3.2.3　分布の歪みと尖りを表す統計量

歪度（わいど）はデータ分布の歪み（左右非対称性）を表す指標である．歪度により，データ分布が左右対称なのか，右側あるいは左側のどちらにどの程度偏っているのかを数値として表すことができる．

尖度（せんど）はデータ分布の尖り（平均値まわりの集中度）を表す指標である．尖度により，データ分布の尖りが正規分布（4.4.1 を参照）と同程度なのか，正規分布よりも尖っているのか，扁平なのかを数値として表すことができる．

### 3.2.4　度数分布表を利用した統計量の求め方

データ分布の特徴を表す統計量は，生データからだけではなく，度数分布表を利用しても求めることができる．また，上述したように，最頻値については，生データから求めることが不可能，あるいは不適切なことがあり，このような場合には度数分布表を利用して統計量を求める．度数分布表から求められる統計量の値は，多くの場合には，生データから求められる値と大きくは異ならないが，等しくはない．統計量は，生データから求めることができる場合には，生データから求める方がより正確な値が得られる．

#### (1)　最小値，最大値および範囲

度数分布表から最小値，最大値および範囲を求めることはほとんどないが，こ

れらの統計量が必要な場合には，最下位階級の下限値を最小値，最上位階級の上限値を最大値とする．表 3-1 のデータの場合，表 3-2 の度数分布表から，最小値は 600，最大値は 720 となり，範囲は 120 と計算される．これらの値は生データから計算される値（最小値 601，最大値 718，範囲 117）とは異なることが分かる．度数分布表から得られる値は，普通，生データと比較して，最小値は小さく，最大値は大きく，ゆえに範囲は大きくなる．

### (2)　平均値

度数分布表にもとづくと，全数調査における平均値（母平均，$\mu$）は次式のように書ける．

$$\mu=(c_1f_1+c_2f_2+\cdots+c_kf_k)/(f_1+f_2+\cdots+f_k)=\frac{1}{N}\sum_{i=1}^{k}c_if_i \tag{3.17}$$

ここで，$k$ は階級数，$c_i$（$i=1, 2, \cdots, k$）は $i$ 番目の階級の階級値，$f_i$（$i=1, 2, \cdots, k$）は $c_i$ の度数であり，$f_1+f_2+\cdots+f_k=N$ である．表 3-1 のデータの場合，表 3-2 の度数分布表にもとづいて計算される階級値×度数の総和（表 3-9），および度数の合計（表 3-2，表 3-9）より，A 牧場で飼養されているホルスタイン種成雌牛の平均体重は 656.3 kg となる．

$$\mu=(610\times5+630\times12+\cdots+710\times3)/(5+12+\cdots+3)=\frac{39380}{60}=656.33$$

また，標本調査における平均値（標本平均，$\bar{x}$）は次式のように書ける．

$$\bar{x}=(c_1f_1+c_2f_2+\cdots+c_kf_k)/(f_1+f_2+\cdots+f_k)=\frac{1}{n}\sum_{i=1}^{k}c_if_i \tag{3.18}$$

ここで，$f_1+f_2+\cdots+f_k=n$ である．表 3-1 のデータの場合，上と同じ手順で得ら

表 3-9　度数分布表を利用したホルスタイン種成雌牛の体重の統計量の計算

| 階級値（kg） | 度数 | 階級値×度数 | 階級値－平均値 | （階級値－平均値）$^2$×度数 |
|---|---|---|---|---|
| 610 | 5 | 3050 | －46.33 | 10733.89 |
| 630 | 12 | 7560 | －26.33 | 8321.33 |
| 650 | 18 | 11700 | －6.33 | 722.00 |
| 670 | 12 | 8040 | 13.67 | 2241.33 |
| 690 | 10 | 6900 | 33.67 | 11334.44 |
| 710 | 3 | 2130 | 53.67 | 8640.33 |
| 合計 | 60 | 39380 | — | 41993.33 |

表 3-2 の度数分布表（階級値と度数）にもとづく計算．

れた値から，B 地域で飼養されているホルスタイン種成雌牛の平均体重（母平均）は 656.3 kg であると推定される．

$$\bar{x}=(610\times5+630\times12+\cdots+710\times3)/(5+12+\cdots+3)=\frac{39380}{60}=656.33$$

度数分布表（表 3-2）にもとづいて計算される平均値（656.3）は，生データ（表 3-1）から計算される平均値（656.1）と等しくないことが分かる．

### (3) 中央値

度数分布表にもとづく中央値は，階級値とその累積度数をもとに求める．表 3-1 のデータの場合，データ数が 60（偶数）なので，中央値は 30 番目と 31 番目の平均値となる．表 3-2 の度数分布表によると 30 番目と 31 番目の階級値はいずれも 650 であるので，中央値は 650 kg となる．すなわち，全数調査の場合には，A 牧場で飼養されているホルスタイン種成雌牛の体重の中央値は 650 kg である．また，標本調査の場合には，B 地域で飼養されているホルスタイン種成雌牛の体重の中央値は 650 kg であると推定される．

度数分布表（表 3-2）にもとづいて求められる中央値（650）は，生データ（表 3-1）から得られる中央値（654.5）と同一ではないことが分かる．

### (4) 最頻値

度数分布表にもとづく最頻値は，度数が最大となる階級値である．表 3-1 のデータの場合，表 3-2 の度数分布表によると，階級値 650 の度数が最大なので，最頻値は 650 kg となる．すなわち，全数調査の場合には，A 牧場で飼養されているホルスタイン種成雌牛の体重の最頻値は 650 kg である．標本調査の場合には，B 地域で飼養されているホルスタイン種成雌牛の体重の最頻値は 650 kg であると推定される．

### (5) 平方和

度数分布表にもとづくと，全数調査および標本調査における平方和（$S$）は以下のように書ける．

$$S(\text{母集団})=(c_1-\mu)^2f_1+(c_2-\mu)^2f_2+\cdots+(c_k-\mu)^2f_k=\sum_{i=1}^{k}(c_i-\mu)^2f_i \quad (3.19)$$

$$S(\text{標本})=(c_1-\bar{x})^2f_1+(c_2-\bar{x})^2f_2+\cdots+(c_k-\bar{x})^2f_k=\sum_{i=1}^{k}(c_i-\bar{x})^2f_i \quad (3.20)$$

表 3-1 のデータの場合，表 3-2 の度数分布表にもとづいて計算される［階級値－平均値］$^2$×度数の合計（表 3-9）として，いずれの平方和も 41993.33 と計算され

る．

$$\begin{aligned} S &= (610-656.33)^2\times 5+(630-656.33)^2\times 12+\cdots+(710-656.33)^2\times 3 \\ &= (-46.33)^2\times 5+(-26.33)^2\times 12+\cdots+(53.67)^2\times 3 \\ &= 10733.89+8321.33+\cdots+8640.33=41993.33 \end{aligned}$$

すなわち，全数調査の場合には，A 牧場で飼養されているホルスタイン種成雌牛の体重の平方和は 41993.3 $\mathrm{kg}^2$ である．また，標本調査の場合には，B 地域で飼養されているホルスタイン種成雌牛の体重の平方和は 41993.3 $\mathrm{kg}^2$ であると推定される．

度数分布表（表 3-2）にもとづいて計算される平方和（41993.3）は，生データ（表 3-1）から計算される平方和（41603.4）と同一ではないことが分かる．

### (6) 分散，標準偏差および変動係数

度数分布表にもとづく分散，標準偏差および変動係数は，度数分布表にもとづく平方和から計算され，その考え方と方法は，生データを用いた計算と同じである．

表 3-1 のデータが全数調査の場合，母分散（$\sigma^2$），母標準偏差（$\sigma$）および変動係数（$CV$(母集団)）は次のように計算される．

$$\sigma^2=\frac{1}{60}\times 41993.33=699.89$$

$$\sigma=\sqrt{699.89}=26.46$$

$$CV(\text{母集団})=\frac{26.46}{656.33}=0.0403$$

度数分布表（表 3-2）にもとづいて計算される以上の値は母数（母集団の値）であるが，生データ（表 3-1）から計算される値（分散 693.39，標準偏差 26.33，変動係数 0.0401）とは等しくないことが分かる．

表 3-1 のデータが標本調査の場合，不偏分散（$s^2$），標準偏差（$s$；母標準偏差の推定値）および変動係数（$CV$(標本)）は以下のように計算される．

$$s^2=\frac{1}{60-1}\times 41993.33=711.75$$

$$s=\sqrt{711.75}=26.68$$

$$CV(\text{標本})=\frac{26.68}{656.33}=0.0406$$

度数分布表（表 3-2）にもとづいて計算される以上の値は母数の推定値であるが，生データ（表 3-1）から計算される値（分散 705.14，標準偏差 26.55，変動係数 0.0405）と同一ではないことが分かる．

［**宇田津徹朗**］

## 本章に関する Excel 関数

エクセル（Excel）の関数や計算式は，セルに「＝」に続けて入力する．また多くの関数は，関数名(引数 1，引数 2，…）の形で利用する．以下の説明では最初の「＝」を省略している．

☞データ数は COUNT 関数を用いて求める．データのセル範囲を引数とする．

☞最小値は MIN 関数を，最大値は MAX 関数を用いて求める．いずれもデータのセル範囲を引数とする．

☞度数は FREQUENCY 関数を用い，FREQUENCY(引数 1, 引数 2）により求める．引数 1 はデータ配列，引数 2 は区間配列（階級の上限値）とし，それぞれのセル範囲を引数とする．複数の階級の度数をまとめて計算するときには配列数式として入力（[Ctrl]＋[Shift]＋[Enter]）する必要がある．階級範囲が上限値を含むために，上限値未満とするためには，上限値からデータの最小桁よりも小さな値を減じた値を上限値に設定する．例えば，テストの点数（0 ～ 100 の整数）で，60 点未満の度数を求めるには上限値を 59.9 とするとよい．

☞平均値は AVERAGE 関数を，中央値は MEDIAN 関数を，最頻値は MODE 関数を用いて求める．いずれもデータのセル範囲を引数とする．

☞平方和は DEVSQ 関数を用いて求める．データのセル範囲を引数とする．

☞全数調査による母分散は VARP 関数を，標本調査による不偏分散（母分散の推定値）は VAR 関数を用いて求める．いずれもデータのセル範囲を引数とする．それぞれに対応する関数として，VAR.P 関数および VAR.S 関数もある．

☞全数調査による母標準偏差は STDEVP 関数を，標本調査による標準偏差（母標準偏差の推定値）は STDEV 関数を用いて求める．いずれもデータのセル範囲を引数とする．それぞれに対応する関数として，STDEV.P 関数および STDEV.S 関数もある．

☞歪度は SKEW 関数を用いて求める．データのセル範囲を引数とする．左右対称な分布では 0，右側にすそをひく分布（正の歪み）では正，左側にすそをひく分布（負の歪み）では負の値をとる．

☞尖度は KURT 関数を用いて求める．データのセル範囲を引数とする．正規分布では 0，より尖った分布では正，より扁平な分布では負の値をとる．

☞中央値に関係する統計量として，四分位数（12.3 を参照）などは QUARTILE 関数により求めることができる．データのセル範囲および戻り値（最小値＝0，第 1 四分位数＝1，第 2 四分位数（中央値）＝2，第 3 四分位数＝3，最大値＝4）を引数とする．新たな関数として QUARTILE.EXC 関数および QUARTILE.INC 関数がある．
☞その他，本章に関係する関数として，合計を求める SUM 関数，平方根を求める SQRT 関数がある．

## 練習問題 3

**【3-1】** 以下の表は昨年 C 牧場で生まれた子牛 25 頭の生時体重（kg）を全数調査により測定した結果である．

| | | | | | | | | | |
|---|---|---|---|---|---|---|---|---|---|
| 32.4 | 30.2 | 27.4 | 21.7 | 31.8 | 28.7 | 24.2 | 34.2 | 29.8 | 28.3 |
| 32.8 | 27.8 | 31.3 | 25.2 | 26.2 | 20.4 | 26.4 | 23.8 | 28.0 | 24.2 |
| 29.7 | 30.4 | 27.2 | 25.8 | 26.1 | — | — | — | — | — |

これらのデータより度数分布表および度数分布図を作成し，子牛の生時体重の分布の概要について記述しなさい．また，生データおよび度数分布表を利用して次の統計量を求めなさい．①最小値，②最大値，③範囲，④平均値，⑤中央値，⑥平方和，⑦分散，⑧標準偏差，⑨変動係数．さらに，度数分布表を利用して最頻値を求めなさい．

**【3-2】** 以下の表は D 農園のビニールハウスで収穫したミニトマト 60 個の重量（g）を全数調査により測定した結果である．

| | | | | | | | | | |
|---|---|---|---|---|---|---|---|---|---|
| 34 | 9 | 23 | 18 | 16 | 23 | 24 | 22 | 17 | 28 |
| 29 | 25 | 33 | 22 | 14 | 19 | 15 | 23 | 27 | 10 |
| 20 | 20 | 23 | 29 | 21 | 37 | 6 | 11 | 15 | 22 |
| 24 | 21 | 27 | 28 | 27 | 21 | 38 | 12 | 18 | 17 |
| 16 | 22 | 24 | 20 | 23 | 22 | 32 | 28 | 29 | 16 |
| 19 | 24 | 12 | 30 | 18 | 29 | 22 | 24 | 34 | 25 |

これらのデータより度数分布表および度数分布図を作成し，ミニトマト重量の分布の概要について記述しなさい．また，生データおよび度数分布表を利用して次の統計量を求めなさい．①最小値，②最大値，③範囲，④平均値，⑤中央値，⑥最頻値，⑦平方和，⑧分散，⑨標準偏差，⑩変動係数．

**【3-3】** 表 3-3 に示された鶏卵重量のデータは標本調査によって測定されたものとする．これらのデータより度数分布表および度数分布図を作成し，鶏卵重量の分布の概要につ

いて記述しなさい．ただし，階級の設定には本文中に記した鶏卵の等級の基準値を考慮すること．また，生データおよび度数分布表を利用して次の統計量を求めなさい．①最小値，②最大値，③範囲，④平均値，⑤中央値，⑥最頻値，⑦平方和，⑧分散，⑨標準偏差，⑩変動係数．

**【3-4】** 表 3-4 に示された正答回数のデータは全数調査によって測定されたものとする．これらのデータより度数分布表および度数分布図を作成し，正答回数の分布の概要について記述しなさい．ただし，階級の設定は本文中での指定に従うこと．また，生データおよび度数分布表を利用して次の統計量を求めなさい．①最小値，②最大値，③範囲，④平均値，⑤中央値，⑥最頻値，⑦平方和，⑧分散，⑨標準偏差，⑩変動係数．

# 第4章

# 確 率 分 布

統計では種々の事象を確率の考え方にもとづいて捉え，解析し，結論を導く．そこでは，事象の「起こりやすさ」あるいは「起こりにくさ」が確率分布として定量的に表され，利用される．本章では確率分布に関わる事項について解説する．

## 4.1 確 率 分 布

### 4.1.1 確率変数と確率分布

ある事象 $A$ の起こりやすさを定量的に示したものを確率と呼び，$P(A)$ と書く．$P(A)$ は［事象 $A$ が起こる回数］/［全事象の回数］として求められ，

$$0 \leqq P(A) \leqq 1 \tag{4.1}$$

を満たす．例えば，「サイコロ1個を1回振ったとき偶数の目が出る」という事象を $A$ とすると，その確率 $P(A)$ は

$$P(A)=\frac{3}{6}=\frac{1}{2}$$

となる．

また，サイコロ1個を振ったときに出る目を $x$ で表すと，事象 $A$ の確率は

$$P(x=2, 4, 6)=\frac{1}{2}$$

とも表すことができる．この $x$ のように，ある値をとる確率が決まっているという性質をもつ変数を確率変数と呼ぶ．また，確率変数とその値が現れる確率を対応させ，その法則性を分布あるいは関数として表したものを確率分布と呼ぶ．サイコロの出目の確率分布は図4-1に示されるとおりである．

上のサイコロ投げのような事例を一般化してみよう．$n$ 回の試行を行ったとき，ある事象 $A$ が $n_A$ 回起こったとすると，その確率 $P(A)$ は

$$P(A)=\frac{n_A}{n} \tag{4.2}$$

である．試行の回数を無限大としたとき，

$$\lim_{n \to \infty} P(A) = \alpha \qquad (4.3)$$

となるならば，$P(A) = \alpha$ とみなすことができる．この $\alpha$ を統計的確率（あるいは経験的確率）と呼ぶ．実際には $n$ を無限大に増やすことが困難なので，入手可能な大きさのデータから $n_A/n$ を求め，これを事象 $A$ が起こる確率と考えることが多い．

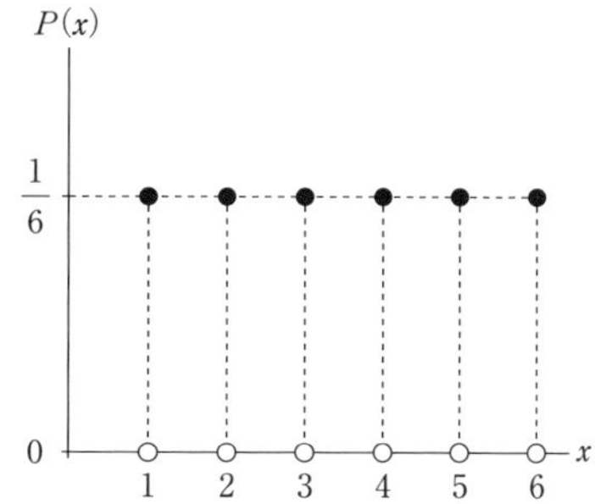

図 4-1　サイコロの出目の確率分布（一様分布）

ここで，調査や実験から得られる標本データについて考えてみよう．標本データは標本抽出（サンプリング）後には定まった値になるが，標本抽出前の段階ではどのような値になるか分からない．しかし，母集団のデータ分布をうまく反映するように標本を抽出すれば，母集団のデータ分布に応じた標本データが得られるであろう．つまり，「標本データがどのような値になるか」という確率は母集団のデータ分布によって決まると考えることができる．すなわち，調査や実験の対象となる母集団のデータ分布が規則性を持つ場合，その母集団の分布を表す関数が確率分布であり，標本データは母集団を構成するすべての確率変数の中から標本抽出によりたまたま得られた実現値であるとみなすことができる．言い換えると，調査や実験から得られるデータは一定ではないが，まったくでたらめな値をとるのではなく，確率分布として表される法則の範囲内で変動すると考えることができる(図 4-2)．

実験や調査から得られるデータのうち，数や量として測ることができる量的データには，連続した値（実数値）をとる連続データと，とびとびの値（整数値）をとる離散データがある（第2章参照）．これに対応して，確率変数は，連続データがとる連続型確率変数および離散データがとる離散型確率変数に分けられる．

### 4.1.2　離散型確率分布

先ほどのサイコロ投げと同様に，実現値が $x=1,\ 2,\ 3,\ \cdots$のような離散値をとる確率変数は離散型確率変数であり，その分布を離散型確率分布と呼ぶ．

離散型確率変数 $X$ において，$x$ がとり得る値が $x_1, x_2, \cdots, x_n$ であるとき，

$$f(x_i) = P(X = x_i) \quad (i = 1, 2, \cdots, n) \qquad (4.4)$$

とおくと，この $f(x_i)$ の値のとり方が $X$ の離散型確率分布となる．

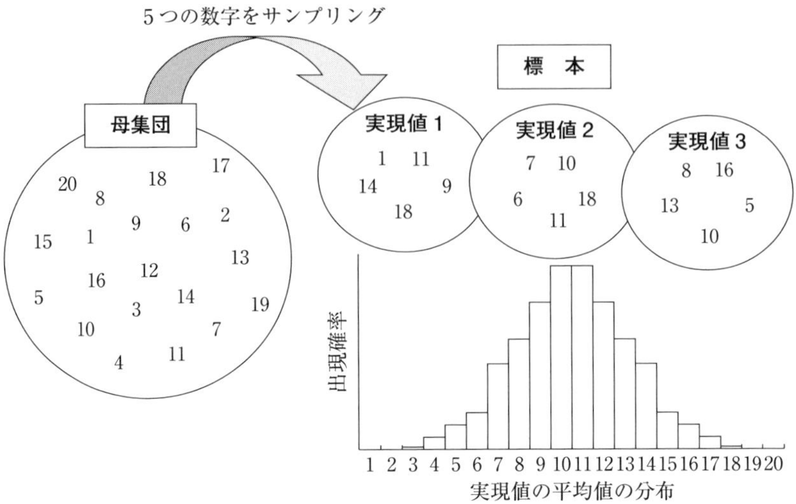


図 4-2 1から20までの数値を持つ母集団（平均値 10.5，標準偏差 5.8）から5つの数値をサンプリングする実験の概念図

離散型確率分布 $f(x_i)$ は一般に，次の性質をもつ．

$$f(x_i) \geqq 0 \quad (i=1, 2, \cdots, n) \tag{4.5}$$

$$\sum_{i=1}^{n} f(x_i) = \sum_{i=1}^{n} P(X=x_i) = 1 \tag{4.6}$$

$$P(a \leqq X \leqq b) = \sum_{i=a}^{b} f(x_i) \tag{4.7}$$

### 4.1.3 連続型確率分布

連続型確率分布は実現値が連続値である．確率変数 $x$ を横軸に，$x$ に対応する確率 $P(X=x_i)$ からなる離散型確率分布 $f(x_i)$ を縦軸にとったグラフにおいて，$n \to \infty$ のとき，$i$ のとる値の間隔 $dx \to 0$ となり，確率分布はなめらかな曲線（連続型確率分布）になる（図 4-3）．この曲線を表す関数 $f(x)$ を確率密度関数と呼ぶ．ここで，$a \leqq x \leqq b$ の確率は $f(x)$ の定積分を用いて求めることができる．

$$P(a \leqq x \leqq b) = \int_a^b f(x)\,dx = \int_{-\infty}^{b} f(x)\,dx - \int_{-\infty}^{a} f(x)\,dx \tag{4.8}$$

連続型確率密度関数 $f(x)$ は次の性質をもつ．

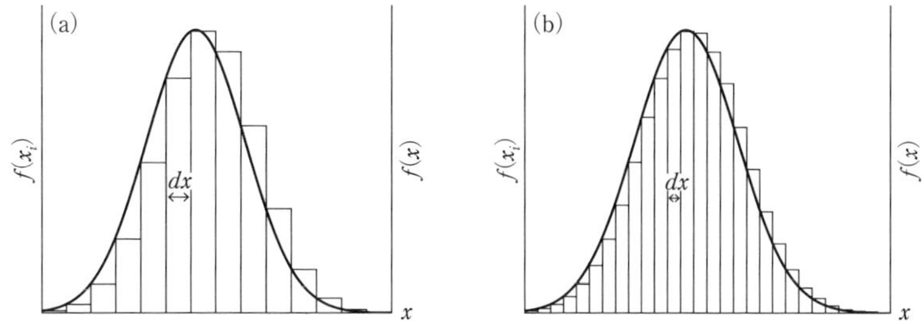


(a) 離散型確率分布の階級数が $n$=13 の場合　(b) 離散型確率分布の階級数が $n$=26 の場合

図 4-3 離散型確率分布 $f(x_i)$ と連続型確率分布 $f(x)$

$$f(x) \geqq 0 \tag{4.9}$$

$$\int_{-\infty}^{\infty} f(x)\,dx = 1 \tag{4.10}$$

$$P(X=a) = \int_a^a f(x)\,dx = 0 \tag{4.11}$$

$$P(a<X\leqq b) = P(a\leqq X\leqq b) = P(a\leqq X<b) = P(a<X<b) \tag{4.12}$$

## 4.2 確率分布の平均値と分散

### 4.2.1 平均値

確率分布の平均値は期待値とも呼ばれ，$E(x)$ と表される．離散型確率分布 $f(x_i)$ の場合，期待値は次式で求められる．

$$E(x) = \sum_{i=1}^{n} x_i\,f(x_i) = x_1\,f(x_1) + x_2 f(x_2) + \cdots + x_n f(x_n) \tag{4.13}$$

【計算例 4-1】 サイコロ1個を振るときに出る目を $x_i$，その確率分布を $f(x_i)$，出た目に応じて得られる得点を $g(x_i)$ とするとき（表 4-1），$x$ および得点の期待値は以下のように計算される．

表 4-1 サイコロの出目，得点および確率分布

| サイコロの目 $x_i$ | 1 | 2 | 3 | 4 | 5 | 6 |
|---|---|---|---|---|---|---|
| 確率分布 $f(x_i)$ | 1/6 | 1/6 | 1/6 | 1/6 | 1/6 | 1/6 |
| 得点 $g(x_i)$ | 10 | 30 | 60 | 100 | 200 | 500 |

サイコロの出目のように，すべての確率変数が等しい確率で得られるような確率分布は一様分布と呼ばれる．

$$E(x) = 1 \times \frac{1}{6} + 2 \times \frac{1}{6} + 3 \times \frac{1}{6} + 4 \times \frac{1}{6} + 5 \times \frac{1}{6} + 6 \times \frac{1}{6} = 3.5$$

$$E(g(x)) = 10 \times \frac{1}{6} + 30 \times \frac{1}{6} + 60 \times \frac{1}{6} + 100 \times \frac{1}{6} + 200 \times \frac{1}{6} + 500 \times \frac{1}{6} = \frac{900}{6} = 150$$

計算例 4-1 を用いて期待値の意味を説明すると，$E(x) = 3.5$ ということは，サイコロを無限回振って出目をすべて記録したとき，その記録の平均値を求めると 3.5 になるということである．実際に無限回振ることは不可能であるが，十分に多い回数振れば，出目の 1 回当たりの平均値は約 3.5 となる．$\mathrm{E}(g(x))$ も同様に考えて良い．

一方，連続型確率分布 $f(x)$ の場合，その期待値は次式で求められる．

$$E(x) = \int_{-\infty}^{\infty} x f(x)\, dx \tag{4.14}$$

$$E(g(x)) = \int_{-\infty}^{\infty} g(x)\, f(x)\, dx \tag{4.15}$$

離散型および連続型確率分布の期待値は以下の性質をもつ．

(1) $X$ を確率変数，$a$ と $b$ を定数とするとき，

$$E(aX + b) = E(aX) + E(b) = aE(X) + b \tag{4.16}$$

(2) $X$ と $Y$ を確率変数とするとき，

$$E(X + Y) = E(X) + E(Y) \tag{4.17}$$

(3) $X_i$ を確率変数，$a_i$ を定数（$i = 1, 2, \cdots, n$）とするとき，

$$E(a_1X_1 + a_2X_2 + \cdots + a_nX_n) = a_1E(X_1) + a_2E(X_2) + \cdots + a_nE(X_n) \tag{4.18}$$

(4) 確率変数 $X$ と $Y$ がそれぞれ独立のとき，

$$E(XY) = E(X)E(Y) \tag{4.19}$$

すなわち，確率変数に乗ずる定数は期待値に乗ずる係数として，定数の期待値は定数そのものとして扱う．また，互いに独立である確率変数の和の期待値はそれぞれの確率変数の期待値の和であり，確率変数の積の期待値はそれぞれの確率変数の期待値の積である．

ここで，2 つの確率変数 $X$ と $Y$ が「独立」であるということは，「$X$ と $Y$ が互いに関連していない」ということを意味する．より一般的に，$n$ 個の確率変数 $x_1$, $x_2$, …, $x_n$ が互いに関連していない場合，それら $n$ 個の確率変数は互いに独立であるという．「互いに独立な確率変数を得る」ということは，実際の標本調査の場

面において，「母集団から無作為（ランダム）にデータ（実現値）をとる」ということと同義である．

### 4.2.2　分　散

分散は「偏差平方和の平均値」であるので，$E(x)=\mu$ とすると，離散型確率分布 $f(x)$ の分散 $V(x)$ は次式で求められる．

$$
\begin{aligned}
V(x) &= \sum_{i=1}^{n} (x_i-\mu)^2 f(x_i) \\
&= (x_1-\mu)^2 f(x_1) + (x_2-\mu)^2 f(x_2) + \cdots + (x_n-\mu)^2 f(x_n) \\
&= E(x^2) - (E(x))^2 \\
&= E(x^2) - \mu^2
\end{aligned}
\tag{4.20}
$$

また，連続型確率分布 $f(x)$ の分散 $V(x)$ は次式で求められる．

$$
\begin{aligned}
V(x) &= \int_{-\infty}^{\infty} (x-\mu)^2 f(x)\,dx \\
&= \int_{-\infty}^{\infty} x^2 f(x)\,dx - 2\mu \int_{-\infty}^{\infty} x f(x)\,dx + \mu^2 \int_{-\infty}^{\infty} f(x)\,dx \\
&= E(x^2) - 2\mu^2 + \mu^2 \\
&= E(x^2) - \mu^2
\end{aligned}
\tag{4.21}
$$

離散型および連続型確率分布の分散は以下の性質をもつ．

$$V(X) = E(X^2) - (E(X))^2 \tag{4.22}$$

$$V(aX+b) = a^2 V(X) \tag{4.23}$$

さらに，確率変数 $X$ と $Y$ の共分散 $C(X, Y)$ は次式で定義される（共分散については第6章を参照）．

$$C(X, Y) = E[\{X-E(X)\}\{Y-E(Y)\}] \tag{4.24}$$

共分散は次の性質をもつ．

$$C(X, Y) = E(XY) - E(X)E(Y) \tag{4.25}$$

ここで，$X$ と $Y$ が独立ならば，式（4.19）より，$E(XY)=E(X)E(Y)$ なので，

$$C(X, Y) = 0 \tag{4.26}$$

となる．

共分散を利用すると，確率変数 $X+Y$ の分散について以下の3つが成り立つ．

$$V(X+Y) = V(X) + V(Y) + 2C(X, Y) \tag{4.27}$$

$X$ と $Y$ が独立なら，式（4.26）より，$C(X, Y)=0$ なので，

$$V(X+Y)=V(X)+V(Y) \tag{4.28}$$

より一般に，$x_1, x_2, \cdots, x_n$ が互いに独立ならば，

$$V(a_1x_1+a_2x_2+\cdots a_nx_n)=a_1^2V(x_1)+a_2^2V(x_2)+\cdots+a_n^2V(x_n) \tag{4.29}$$

【計算例 4-2】 $x_1, x_2, \cdots, x_n$ が互いに独立で，$E(x_i)=\mu$，$V(x_i)=\sigma^2(i=1, 2, \cdots, n)$ であるとき，$\bar{x}=\sum_{i=1}^{n}x_i/n$ について，$E(\bar{x})$ と $V(\bar{x})$ は以下のように計算される．

式（4.18）で $a_i=1/n$ とおくと，

$$\begin{aligned} E(\bar{x}) &= E\left(\frac{1}{n}x_1+\frac{1}{n}x_2+\cdots+\frac{1}{n}x_n\right) \\ &= \frac{1}{n}E(x_1)+\frac{1}{n}E(x_2)+\cdots+\frac{1}{n}E(x_n) \\ &= \frac{\mu}{n}+\frac{\mu}{n}+\cdots+\frac{\mu}{n}=\mu \end{aligned} \tag{4.30}$$

次に，式（4.29）を用いて同様に，

$$\begin{aligned} V(\bar{x}) &= V\left(\frac{1}{n}x_1+\frac{1}{n}x_2+\cdots+\frac{1}{n}x_n\right) \\ &= \frac{1}{n^2}V(x_1)+\frac{1}{n^2}V(x_2)+\cdots+\frac{1}{n^2}V(x_n) \\ &= \frac{\sigma^2}{n^2}+\frac{\sigma^2}{n^2}+\cdots+\frac{\sigma^2}{n^2}=\frac{\sigma^2}{n} \end{aligned} \tag{4.31}$$

式（4.30）および（4.31）は，$x_1, x_2, \cdots, x_n$ が何らかの確率分布に従うならば，$\bar{x}$ はもとの平均値 $\mu$ を中心にして分布し，その変動はもとの分散 $\sigma^2$ よりも小さい $\sigma^2/n$ であることを示している（4.5.2「中心極限定理」を参照）．

### 4.2.3 標準化

ある確率分布に従い，母平均が $\mu$，母分散が $\sigma^2$ である母集団を考える．この母集団に属する確率変数 $X$ を

$$Z=\frac{X-\mu}{\sigma} \tag{4.32}$$

と変換する場合を考える．このとき，式（4.16）および（4.23）を適用すると，

$$E(Z)=\frac{E(X)}{\sigma}-\frac{\mu}{\sigma}=\frac{\mu}{\sigma}-\frac{\mu}{\sigma}=0 \tag{4.33}$$

$$V(Z)=\frac{V(X)}{\sigma^2}=\frac{\sigma^2}{\sigma^2}=1 \tag{4.34}$$

となる．すなわち，確率変数 $X$ がどのような $\mu$ や $\sigma^2$ を持とうと，式（4.32）の変

換によって，期待値0，分散1（したがって，標準偏差も1）の確率変数にすることができる．このような変換を標準化あるいは基準化と呼ぶ．

## 4.3 重要な離散型確率分布

### 4.3.1 2項分布

コイン投げのように表/裏またはYes/Noなど2通りの結果（S：successとF：failure）を生じ，これらが起こる確率がそれぞれ$p$と$1-p$となる実験や測定があるとする．これを同じ条件で，かつ独立に$n$回くり返す実験のことをベルヌーイ（Bernoulli）試行と呼ぶ（図4-4）．ベルヌーイ試行の結果Sが$x$回，Fが$n-x$回生じたとすると，$x=1, 2, \cdots, n$の値をとり，Sが起こる確率は，

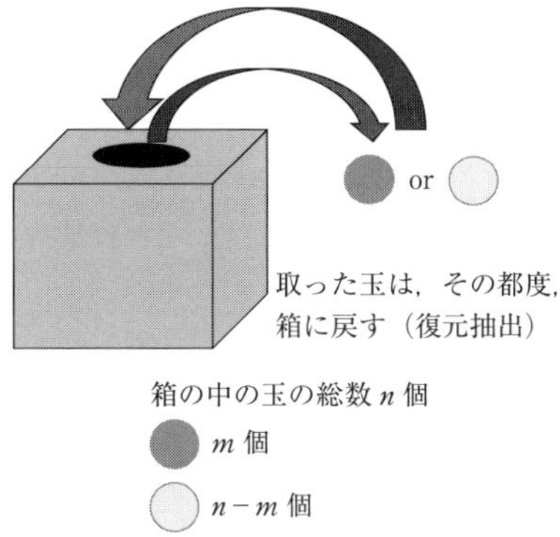


図4-4 ベルヌーイ試行

$$P(X=x)={}_n\mathrm{C}_x p^x(1-p)^{n-x}=\frac{n!}{x!(n-x)!}p^x(1-p)^{n-x} \quad (0<p<1) \qquad (4.35)$$

となる．ここで，${}_n\mathrm{C}_x$は$n$個から$x$個を選ぶ組み合わせの数であり，2項係数と呼ぶ．また，$p^x$は$x$回成功する確率，$(1-p)^{n-x}$は$n-x$回失敗する確率を示している．式（4.35）で表される確率分布を2項分布と呼び，$Bi(n, p)$で表す．2項分布の期待値と分散は次式により求められる．

$$E(X)=\sum_{x=0}^{n} x\,{}_n\mathrm{C}_x p^x(1-p)^{n-x}=np \qquad (4.36)$$

$$V(X)=\sum_{x=0}^{n}(x-np)^2\,{}_n\mathrm{C}_x p^x(1-p)^{n-x}=np(1-p) \qquad (4.37)$$

2項分布の例を図4-5に示す．$Bi(10, 0.5)$の確率分布は，その期待値である5を中心とした左右対称の分布となる（図4-5(a)）．試行回数は等しく，成功確率が0.1，すなわち$Bi(10, 0.1)$の確率分布は期待値である1の頻度が高くなり，次いで0の頻度が高くなる（図4-5(b)）．成功確率がさらに1/10，すなわち$Bi(10, 0.01)$の確率分布は0の頻度が最も高くなるが（図4-5(c)），試行回数が10倍，すなわち$Bi(100, 0.01)$の確率分布は$Bi(10, 0.1)$と似た分布となる（図4-5(d)）．しかし，$Bi(100, 0.01)$は，$Bi(10, 0.1)$と比較して0の頻度が高く，2以上となる頻度が低い．

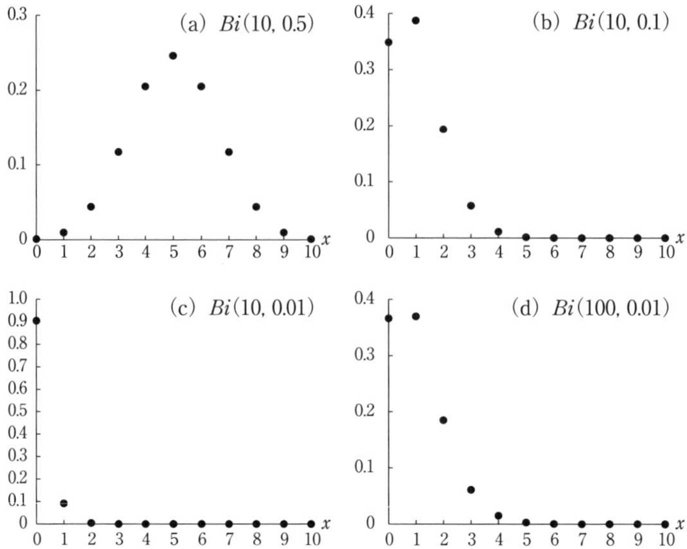

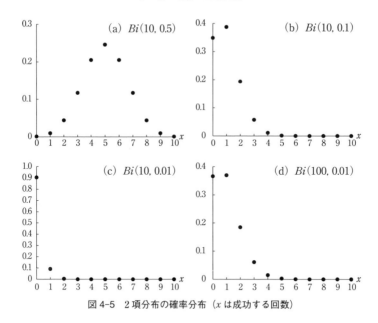

図 4-5　2 項分布の確率分布（$x$ は成功する回数）

【計算例 4-3】　コイン投げにおいて，表裏の出る確率が等しく $p=0.5$ であるとする．コイン投げを $n$ 回行ったときに表が出る回数（頻度）を $x$ とすると，(1) コイン投げを 10 回行ったとき，$x$ の期待値と分散，(2) コイン投げを 10 回行ったとき，相対頻度 $x/n$ の期待値と分散，(3) コイン投げを 50 回行ったとき，相対頻度 $x/n$ の期待値と分散は次のようになる．

(1) $E(x)=10\times 0.5=5,\quad V(x)=10\times 0.5\times(1-0.5)=2.5$

(2) $E\left(\dfrac{x}{n}\right)=\dfrac{E(x)}{n}=\dfrac{10\times 0.5}{10}=0.5,\quad V\left(\dfrac{x}{n}\right)=\dfrac{V(x)}{n^2}=\dfrac{10\times 0.5\times(1-0.5)}{10^2}=0.025$

(3) $E\left(\dfrac{x}{n}\right)=\dfrac{E(x)}{n}=\dfrac{50\times 0.5}{50}=0.5,\quad V\left(\dfrac{x}{n}\right)=\dfrac{V(x)}{n^2}=\dfrac{50\times 0.5\times(1-0.5)}{50^2}=0.005$

### 4.3.2　超幾何分布

工業製品の検査などでは，完成品の山から標本を無作為に取り出し，標本の検査を行った後にこれを完成品の山に戻し，再び標本を無作為に取り出す，という調査を行うことがある．このような標本の抽出方法を復元抽出と呼ぶ（図 4-4）．この調査を $n$ 回繰り返したときに不良品の数が $x$ 個である場合，製品の不良率は

$x/n$ である．このように，復元抽出で標本を取り出すときには母集団の大きさ（完成品の山に含まれる製品の数）は不変なので，不良率の分布は2項分布に従う．

しかし，食品の検査などでは，取り出した標本を破壊して検査することが多く，復元抽出を行うことができない．このような場合には，母集団の大きさが変化し，試行のたびに不良品を取る確率が変化するため，その不良率は2項分布に従わない．このような非復元抽出の場面において，ある事象を得る確率が従う確率分布として超幾何分布が知られている．大きさ $N$ の母集団から $n$ 回の非復元抽出を行ったときに，確率 $p$ で起こる事象が $x$ 回得られる場合に，超幾何分布に従う確率は以下の式で与えられる．

$$P(X=x)=\frac{{}_{Np}\mathrm{C}_x\times{}_{N-Np}\mathrm{C}_{n-x}}{{}_N\mathrm{C}_n}\quad(x=1,2,\cdots,n\,;\,0<p<1)\tag{4.38}$$

超幾何分布の期待値と分散は次式により求まる．

$$E(X)=\sum_{x=0}^{n}x\frac{{}_{Np}\mathrm{C}_x\times{}_{N-Np}\mathrm{C}_{n-x}}{{}_N\mathrm{C}_n}=np\tag{4.39}$$

$$V(X)=\sum_{x=0}^{n}(x-np)^2\frac{{}_{Np}\mathrm{C}_x\times{}_{N-Np}\mathrm{C}_{n-x}}{{}_N\mathrm{C}_n}=\frac{N-n}{N-1}np(1-p)\tag{4.40}$$

標本抽出の回数 $n=10$，ある事象が起こる確率 $p=0.1$ のときの超幾何分布の例を図4-6に示す．$N$ が100のときは2項分布 $Bi(10, 0.1)$（図4-5）と差があるが，$N$ が1000の場合，超幾何分布は2項分布と非常に似た分布をとる．このように，超幾何分布は $N$ の値が大きくなると2項分布に近付く，言い換えると，$N$ が十分に大きいとき，復元抽出と非復元抽出とは差がなくなる．

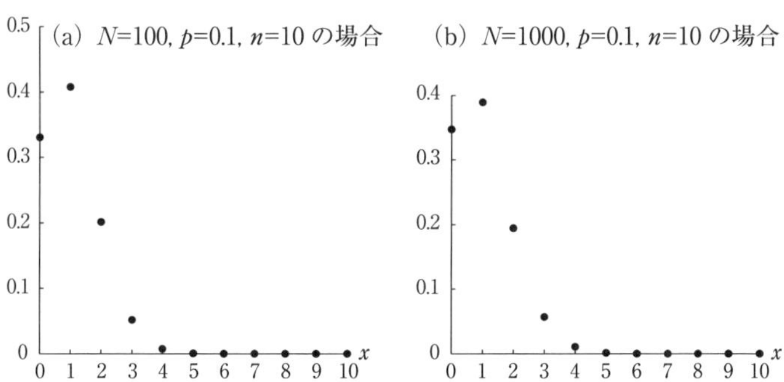


$N$：母集団の大きさ，$p$：事象が起こる確率，$n$：非復元抽出の回数

図4-6　超幾何分布の確率分布

### 4.3.3 ポアソン分布

確率変数 $X$ が 1, 2, ⋯, $n$ のとき，確率が

$$P(X=x)=\frac{\lambda^x}{x!}e^{-\lambda}=\frac{\lambda^x}{x!}\exp(-\lambda) \tag{4.41}$$

で与えられる確率分布をポアソン分布と呼ぶ．ここで，$e$ は自然対数の底で $e=2.71828\cdots$ という値をとる．また，$e$ の $a$ 乗（$e^a$）は $\exp(a)$ とも表記される．

ポアソン分布の期待値と分散は次式により求められる．

$$E(X)=\sum_{x=0}^{\infty}x\frac{\lambda^x}{x!}e^{-\lambda}=\lambda \tag{4.42}$$

$$V(X)=\sum_{x=0}^{\infty}(x-\lambda)^2\frac{\lambda^x}{x!}e^{-\lambda}=\lambda \tag{4.43}$$

ポアソン分布は，2 項分布において $np=\lambda$ とおき，$\lambda$ を一定に保ちながら $n\to\infty$，すなわち $p\to 0$ とすると得られる．このことは $n$ が十分に大きいとき（言い換えると $p$ が非常に小さいとき），2 項分布は $np=\lambda$ のポアソン分布で近似できることを示している．2 項分布 $Bi(n, p)$ がポアソン分布で近似できるための一般的な条件は $n>50$，$np\leqq 5$ である．

ポアソン分布は，稀な事象の発生回数や到着数の予測に適用できる確率分布である．具体的には，前者については 1 日当たりの交通人身事故発生件数，後者については高速道路料金所における単位時間当たりの通過車両台数などが，ポアソン分布で説明できる事象として知られている．また，放射性物質が単位時間内に放出する放射線の数などもポアソン分布に従うことが知られている．

【計算例 4-4】 ある溶液には平均 3 個 /mL の細菌が含まれている．この溶液中の細菌数がポアソン分布に従うと仮定すると，(1) 1 mL の溶液をとったとき，その中に 5 個以上の細菌が含まれる確率，(2) 1 mL ずつ 2 つの標本をとったとき，いずれにも細菌が含まれない確率，(3) 1 mL ずつ 3 つの標本をとったとき，3 つのうち 2 つに少なくとも 1 個の細菌が含まれる確率は次のようになる．なお，ゼロの階乗 0！=1 と定義する．

(1) この溶液に含まれる細菌数を $x$ とおくと，$x$ は $\lambda=3$ のポアソン分布に従うので，

$$\begin{aligned}P(x\geqq 5)&=1-\{P(x=0)+P(x=1)+P(x=2)+P(x=3)+P(x=4)\}\\&=1-\left(\frac{3^0}{0!}e^{-3}+\frac{3^1}{1!}e^{-3}+\frac{3^2}{2!}e^{-3}+\frac{3^3}{3!}e^{-3}+\frac{3^4}{4!}e^{-3}\right)\end{aligned}$$

$$=1-\left(\frac{1}{1}e^{-3}+\frac{3}{1}e^{-3}+\frac{9}{2}e^{-3}+\frac{27}{6}e^{-3}+\frac{81}{24}e^{-3}\right)=1-\frac{131}{8}e^{-3}$$

$$=1-\frac{131}{8}\times 0.0498=0.1845$$

(2) $P(x=0)^2=e^{-3}\times e^{-3}=0.0498\times 0.0498=0.0025$

(3) 1 mL の標本に少なくとも 1 個の細菌が含まれる確率 $P(x \geqq 1)$ は

$$P(x \geqq 1)=1-P(x=0)=1-e^{-3}=1-0.0498=0.9502$$

したがって，3 つの標本のうち 2 つが少なくとも 1 個の細菌を含む確率は

$$_3C_2\times(0.9502)^2\times 0.0498=3\times 0.9029\times 0.0498=0.1349$$

## 4.4　重要な連続型確率分布

### 4.4.1　正規分布

正規分布は，生物の重さや長さなど，自然現象の中に多く見られる確率分布であり，母集団の正規性を仮定する統計手法（パラメトリック手法；第5，6，8章および第10章の一部）の基盤となる分布である．著名な数学者ガウス（C.F. Gauss）が測定誤差の理論として導き出したのでガウス分布とも呼ばれる（章末の解説を参照）．

正規分布の確率密度関数は次式で表される．

$$f(x)=\frac{1}{\sqrt{2\pi}\,\sigma}e^{-\frac{(x-\mu)^2}{2\sigma^2}}\quad(-\infty<x<\infty,\ 0<\sigma) \tag{4.44}$$

ここで $\mu$ と $\sigma$ はそれぞれ母平均と母標準偏差であり，これら 2 つの値が決まれば関数の形が決まるので，母平均 $\mu$，母分散 $\sigma^2$ をもつ正規分布を $N(\mu, \sigma^2)$ と表す（図 4-7；「$N$」は正規分布「normal distribution」の頭文字に由来する）．正規分布は $x=\mu$ を中心に左右対称であり，$\sigma$ が大きくなると左右の広がりが拡大する．正規分布の期待値と分散は次のようになる．

$$E(X)=\mu \tag{4.45}$$

$$V(X)=\sigma^2 \tag{4.46}$$

正規分布 $N(\mu, \sigma^2)$ に従う確率変数 $X$ を式（4.32）により標準化した $Z$ は，期待値 0，分散 1 の正規分布 $N(0, 1)$ に従う．この $Z$ の分布を標準正規分布と呼ぶ．標準正規分布の確率密度関数は次式で表される．

$$f(z)=\frac{1}{\sqrt{2\pi}}e^{-\frac{z^2}{2}}\quad(-\infty<z<\infty) \tag{4.47}$$

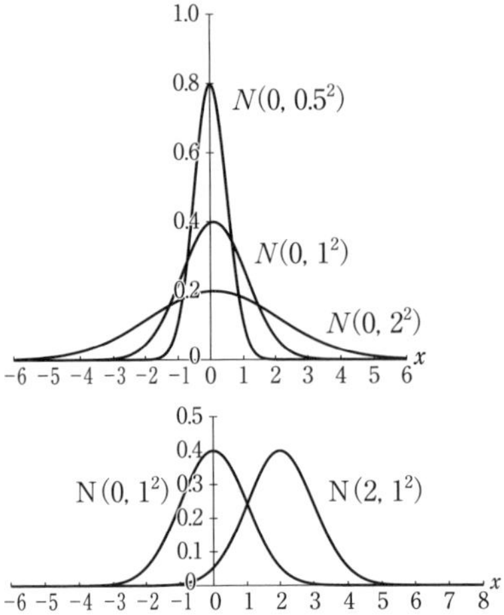


図 4-7　正規分布 $N(\mu, \sigma^2)$ の確率密度関数

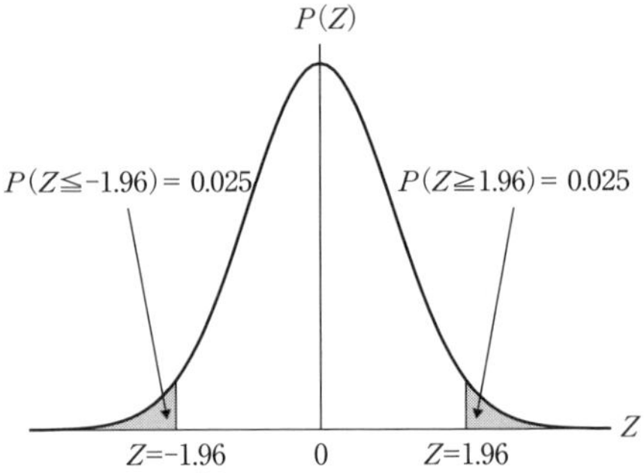


図 4-8　標準正規分布 $N(0, 1)$

巻末の付表 2 の標準正規分布表は，$z$ を与えたときの標準正規変数 $Z$ の確率の積分値

$$P(Z \geqq z) = \int_z^\infty \frac{1}{\sqrt{2\pi}} e^{-\frac{t^2}{2}} dt \quad (z \geqq 0) \tag{4.48}$$

を上側確率（$p$）として示すものである．具体的には，$z$ を小数第 2 位までの値とし，表の第 1 列を縦にたどって $z$ の 1 の位と小数第 1 位に相当する行を見つけ，表の第 1 行を横にたどって $z$ の小数第 2 位に相当する列を見つけ，これらの行と列の交点の値を読み取る．例えば，$z = 1.96$ とすれば，1.9 の行と 0.06 の列の交点にある 0.02500 が $P$ の値，すなわち $P(Z \geqq 1.96)$ となる．この確率が分かれば，全体の確率が 1 であり，標準正規分布は平均値 0 を中心に左右対称であるから，

$$P(Z \leqq -1.96) = P(Z \geqq 1.96) = 0.025$$
$$P(0 \leqq Z \leqq 1.96) = P(-1.96 \leqq Z \leqq 0) = 0.5 - 0.025 = 0.475$$
$$P(-1.96 \leqq Z \leqq 1.96) = 1 - 2 \times P(Z \geqq 1.96) = 0.950$$
$$P(Z \leqq 1.96) = 1 - 0.025 = 0.975$$

であることも分かる（図 4-8）．

【計算例 4-5】　確率変数 $Z$ が $N(0, 1)$ に従うとき，(1) $P(Z \geqq 1.67)$，(2) $P(Z \geqq -1.28)$，(3) $P(0.55 \leqq Z \leqq 2.22)$，(4) $P(-0.78 \leqq Z \leqq 0.96)$ は次のように求められる．

(1) $P(Z \geqq 1.67) = 0.04746$

(2) $P(Z \geqq -1.28) = 1 - P(Z \geqq 1.28) = 1 - 0.10027 = 0.89973$

(3) $P(0.55 \leqq Z \leqq 2.22) = \{0.5 - P(Z \geqq 2.22)\} - \{0.5 - P(Z \geqq 0.55)\}$

$= (0.5 - 0.01321) - (0.5 - 0.29116) = 0.48679 - 0.20884 = 0.27795$

(4) $P(-0.78 \leqq Z \leqq 0.96) = \{0.5 - P(Z \geqq 0.78)\} + \{0.5 - P(Z \geqq 0.96)\}$

$= (0.5 - 0.21770) + (0.5 - 0.16853) = 0.28230 + 0.33147 = 0.61377$

一般の正規分布 $N(\mu, \sigma^2)$ における確率は，式 (4.32) に示した標準化の式を用いて求める．すなわち，確率変数 $X$ が $N(\mu, \sigma^2)$ に従うとき，$P(X \geqq a)$ は

$$P(X \geqq a) = P\left(\frac{X-\mu}{\sigma} \geqq \frac{a-\mu}{\sigma}\right) = P\left(Z \geqq \frac{a-\mu}{\sigma}\right) \tag{4.49}$$

と変形され，$Z = (X-\mu)/\sigma$ が $N(0, 1)$ に従うので，$P$ の値は付表2を用いて求めることができる．

【計算例 4-6】 確率変数 $X$ が $N(2, 5^2)$ に従うとき，(1) $P(X \geqq 2.75)$，(2) $P(2 \leqq X \leqq 4.15)$，(3) $P(-3.3 \leqq X \leqq 0.2)$，(4) $P(-0.95 \leqq X \leqq 7.55)$ は次のように求められる．

(1) $P(X \geqq 2.75) = P\left(\frac{X-2}{5} \geqq \frac{2.75-2}{5}\right) = P(Z \geqq 0.15) = 0.44038$

(2) $P(2 \leqq X \leqq 4.15) = P\left(\frac{2-2}{5} \leqq \frac{X-2}{5} \leqq \frac{4.15-2}{5}\right)$

$= P(0 \leqq Z \leqq 0.43) = 0.5 - P(Z \geqq 0.43) = 0.5 - 0.33360 = 0.16640$

(3) $P(-3.3 \leqq X \leqq 0.2) = P\left(\frac{-3.3-2}{5} \leqq \frac{X-2}{5} \leqq \frac{0.2-2}{5}\right)$

$= P(-1.06 \leqq Z \leqq -0.36)$

$= \{0.5 - P(Z \leqq 1.06)\} - \{0.5 - P(Z \geqq 0.36)\}$

$= (0.5 - 0.14457) - (0.5 - 0.35942) = 0.35543 - 0.14058 = 0.21485$

(4) $P(-0.95 \leqq X \leqq 7.55) = P\left(\frac{-0.95-2}{5} \leqq \frac{X-2}{5} \leqq \frac{7.55-2}{5}\right)$

$= P(-0.59 \leqq Z \leqq 1.11)$

$= \{0.5 - P(Z \geqq 0.59)\} + \{0.5 - P(Z \geqq 1.11)\}$

$= (0.5 - 0.27760) + (0.5 - 0.13350) = 0.22240 + 0.36650 = 0.58890$

正規分布に従う確率変数には以下の重要な性質がある．

(1) 確率変数 $X$ が $N(\mu, \sigma^2)$ に従い，$a$ と $b$ を定数とするとき，$aX+b$ は $N(a\mu+b, a^2\sigma^2)$ に従う．

(2) 2つの確率変数 $X$ と $Y$ が独立にそれぞれ $N(\mu_1, \sigma_1^2)$，$N(\mu_2, \sigma_2^2)$ に従うとき，$X+Y$ は $N(\mu_1+\mu_2, \sigma_1^2+\sigma_2^2)$ に従う．

(3) より一般的に，$X_1, X_2, \cdots, X_n$ が互いに独立にそれぞれ $N(\mu_i, \sigma_i^2)$ $(i=1, 2, \cdots, n)$ に従うとき，$a_1X_1+a_2X_2+\cdots+a_nX_n$ は $N(a_1\mu_1+a_2\mu_2+\cdots+a_n\mu_n, a_1^2\sigma_1^2+a_2^2\sigma_2^2+\cdots+a_n^2\sigma_n^2)$ に従う．

これらのうち (2) と (3) に述べた「正規分布に従う確率変数の和の分布は正規分布に従う」という性質は重要である．

4.1.1 で述べた通り，母集団分布を確率分布と考え，データはその確率分布に従って現れた値（実現値）であるとみなすことができる．ここでは，データから計算される平均値などの統計量がどのような値をとるかを考える．データから求められる統計量は，たまたま得たデータから計算されるものなので，その値は絶対的なものではあり得ない（母数ではない）．言い換えれば，調査や実験を反復して行えば，その都度，異なる値が得られると推測される（図 4-2 および 5.1 の冒頭を参照）．そのため，データを何回もとり直し，その度に統計量を計算したとき，それらがどのような分布を描くのかが問題になる．このことについて，データは何らかの確率分布に従って法則的に得られるのだから，そのデータから計算される統計量も何らかの法則性を持つだろうと想像することは難しくない．すなわち，データにもとづく統計量についても，その確率分布を考えることができる．正規分布 $N(\mu, \sigma^2)$ に従う確率変数 $x_i$ の平均値 $\overline{X}$ および分散 $V$ について次のことが成り立つ．

(1) 確率変数 $x_1, x_2, \cdots, x_n$ が互いに独立に $N(\mu, \sigma^2)$ に従うとき，$\overline{X}=1/n\times\sum_{i=1}^{n}x_i$ は $N(\mu, \sigma^2/n)$ に従う．

(2) 確率変数 $x_1, x_2, \cdots, x_n$ が互いに独立に $N(\mu, \sigma^2)$ に従うとき，$V(X)=1/(n-1)\times\sum_{i=1}^{n}(x_i-\overline{X})^2$ の期待値は $E(V)=\sigma^2$ である．

これらのうち (1) について図示すると，図 4-9 のようになり，$n$ の増加とともに平均値の分散と標準偏差は減少する．

### 4.4.2 $\chi^2$（カイ２乗）分布

互いに独立な $k$ 個の確率変数 $Z_1, Z_2, \cdots, Z_k$ がそれぞれ標準正規分布 $N(0, 1)$ に従うとき，

$$\chi^2=\sum_{i=1}^{k}Z_i^2=Z_1^2+Z_2^2+\cdots+Z_k^2 \tag{4.50}$$

とすると，$\chi^2$ は自由度 $k$ の $\chi^2$ 分布に従う．また，確率密度関数は次式で表される．

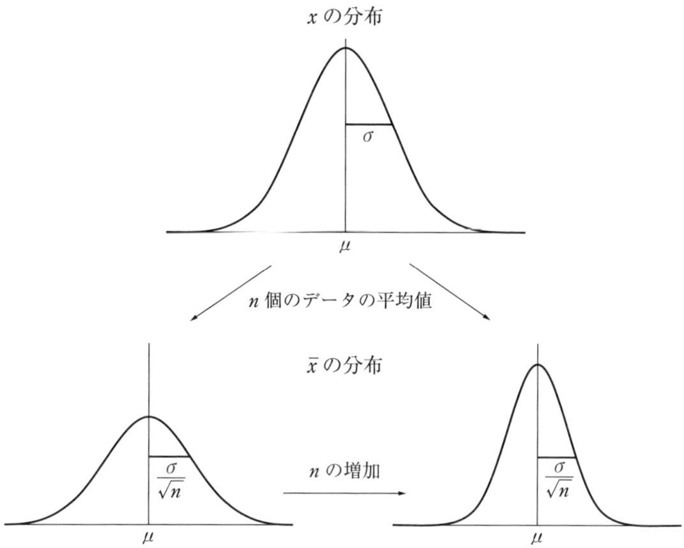


図 4-9　正規母集団 $N(\mu, \sigma^2)$ から抽出した $n$ 個のデータの平均値 $\bar{x}$ の分布

$$f(x)=\begin{cases}\dfrac{1}{2^{k/2}\Gamma(k/2)}x^{k/2-1}e^{-x/2} & (x>0)\\ 0 & (x\leqq 0)\end{cases} \tag{4.51}$$

ここで，$\Gamma(k/2)$ はガンマ関数である（章末の解説を参照）．

$\chi^2$ 分布は自由度の値が決まれば関数の形が決まるので，自由度 $k$ の $\chi^2$ 分布を $\chi^2(k)$ と表す．$\chi^2$ 分布の期待値および分散は次式により求められる．

$$E(X)=k \tag{4.52}$$

$$V(X)=2k \tag{4.53}$$

$\chi^2$ 分布では，自由度 $k$ がどのような値をとっても，$\chi^2$ の値が大きくなると確率は低くなる（図 4-10）．これは，標準正規分布に従う確率変数 $Z$ を無作為に抽出すれば，$Z$ は期待値である 0 周辺の値をとる頻度が高くなり，その 2 乗和である $\chi^2$ が大きな値になる確率が低くなるためである．

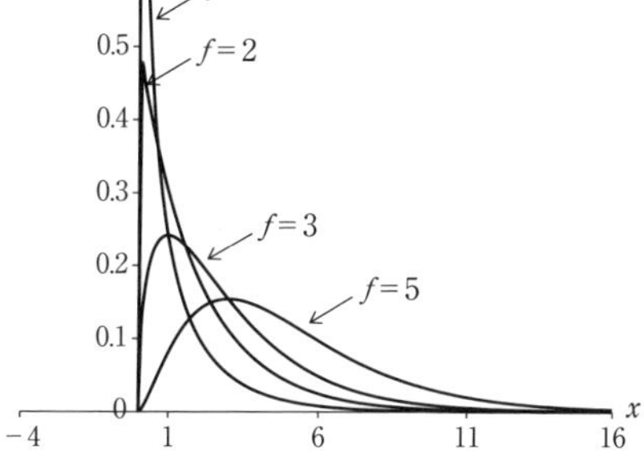


図 4-10　種々の自由度 $f$ における $\chi^2$ 分布

正規分布 $N(\mu, \sigma^2)$ に従う母集団から抽出された $n$ 個の標本（$x_1, x_2, \cdots, x_n$；標本平均 $= \overline{X}$）の場合，データの標準化

$$Z_i = \frac{x_i - \overline{X}}{\sigma} \tag{4.54}$$

および不偏分散 $s^2$（第3章参照）

$$s^2 = \frac{1}{n-1}\sum_{i=1}^{n}(x_i - \overline{X})^2 \tag{4.55}$$

を用いて，$\chi^2$ は次式のように書け，

$$\chi^2 = \sum_{i=1}^{n} Z_i^2 = \sum_{i=1}^{n}\left(\frac{x_i - \overline{X}}{\sigma}\right)^2 = \frac{1}{\sigma^2}\sum_{i=1}^{n}(x_i - \overline{X})^2 = \frac{(n-1)\,s^2}{\sigma^2} \tag{4.56}$$

この分布は自由度 $n-1$ の $\chi^2$ 分布に従う．このように，$\chi^2$ 分布は分散が従う確率分布であり，母分散の推定と検定（5.3.1）において重要である．

$\chi^2$ 分布に関する統計量はコンピュータソフトウェア（章末の Excel 関数を参照）や数表を利用して求める．巻末の付表4の $\chi^2$ 分布表は，自由度 $f$ の $\chi^2$ 分布に従う確率変数 $X$ について，$P(X \geqq \chi^2(f, p)) = p$ とするとき，$f$ と $p$ を与えたときの $\chi^2$ 値，$\chi^2(f, p)$ を示すものである．具体的には，縦に自由度，横に確率を配置し，任意の自由度 $f$ および上側確率 $p$ に対応する $\chi^2(f, p)$ の値を示している．平均値を中心に左右対称の分布を与える標準正規分布や $t$ 分布（後述）では分布の対称性を利用して下側確率を求めることができるが，$\chi^2$ 分布や $F$ 分布（後述）の場合は，分布に対称性がないため，上側および下側の確率をそれぞれ求める必要がある．

【計算例 4-7】　自由度 $f$ の $\chi^2$ 分布に従う確率変数 $X$ について，$P(X \geqq \chi^2(f, p)) = p$ とおくとき，(1) $\chi^2(5, 0.1)$ および (2) $\chi^2(8, 0.9)$ は次のようになる．

(1) $\chi^2(5, 0.1) = 9.236$，(2) $\chi^2(8, 0.9) = 3.490$

### 4.4.3　*F* 分布

標本平均の差 $\overline{X} - \overline{Y}$ の分布を求める場合，2つの母集団の分散が等しいか否かで，その分布を求める方法が異なる（5.2.2 (2) と (3) 参照）．このとき，2つの不偏分散 $s_1^2$，$s_2^2$ の比 $s_1^2/s_2^2$ が1の周辺なら，母分散（母集団における真の分散）の比 $\sigma_1^2/\sigma_2^2 = 1$ であると推測できる．2つの分散は互いに独立であり，それぞれ $\chi^2$（カイ2乗）分布に従うから，$\chi^2$ 分布に従う確率変数の比に関する確率分布が必要となる．そのために考案されたのが $F$ 分布である．

確率変数 $X$ および $Y$ が互いに独立で，それぞれ自由度 $m$ と $n$ の $\chi^2$ 分布に従う

とき，以下の分散比（フィッシャーの分散比と呼ばれる）

$$F=\frac{X/m}{Y/n} \tag{4.57}$$

は自由度 $m$，$n$ の $F$ 分布に従う．また，確率密度関数は次式のように表される．

$$f(x)=\frac{\Gamma((m+n)/2)}{\Gamma(m/2)\,\Gamma(n/2)}\left(\frac{m}{n}\right)^{\frac{m}{2}}x^{\frac{m-2}{2}}\left(1+\frac{m}{n}x\right)^{-\frac{m+n}{2}} \quad (x>0) \tag{4.58}$$

$F$ 分布は自由度 $m$，$n$ の値が決まれば関数の形が決まるので，自由度 $m$，$n$ の $F$ 分布を $F(m, n)$ と表す．$F$ 分布の期待値と分散は次式により求められる．

$$E(X)=\frac{n}{n-2} \quad (n\geqq 3) \tag{4.59}$$

$$V(X)=\frac{2n^2(m+n-2)}{m(n-2)^2(n-4)} \quad (n\geqq 5) \tag{4.60}$$

2つの母集団から抽出された標本の場合，不偏分散 $s_1^2$，$s_2^2$ が互いに独立であり，$(m-1)s_1^2/\sigma_1^2$ が自由度 $m-1$ の $\chi^2$ 分布に，$(n-1)s_2^2/\sigma_2^2$ が自由度 $n-1$ の $\chi^2$ 分布に従うとき，

$$F=\left(\frac{(m-1)s_1^2/\sigma_1^2}{m-1}\right)\bigg/\left(\frac{(n-1)s_2^2/\sigma_2^2}{n-1}\right)=\frac{s_1^2/\sigma_1^2}{s_2^2/\sigma_2^2} \tag{4.61}$$

は自由度 $m-1$，$n-1$ の $F$ 分布に従う．特に重要なのは2つの母分散 $\sigma_1^2$ と $\sigma_2^2$ が等しいときであり，このとき式（4.61）において $\sigma_1^2=\sigma_2^2$ となるので，$F$ 分布は標本の分散比 $F=s_1^2/s_2^2$ の分布となる．この性質を利用して，$F$ 分布は2つの母集団の分散比の推定および検定の他，分散分析や回帰分析の検定に用いられる．

$F$ 分布に関する統計量もコンピュータソフトウェア（章末の Excel 関数を参照）や数表を利用して求める．巻末の付表5の $F$ 分布表は，自由度 $f_1$，$f_2$ の $F$ 分布に従う確率変数 $X$ について，$P(X\geqq F(f_1, f_2, p))=p$ とするとき，$f_1$，$f_2$ および $p$ を与えたときの $F$ 値，$F(f_1, f_2, p)$ を示すものである．$F$ 分布表はふつう上側確率 $p$ ごとに作られる．$F$ 分布では

$$F(f_1, f_2, 1-p)=\frac{1}{F(f_2, f_1, p)} \tag{4.62}$$

が成り立つので，下側確率 $p$（上側確率 $1-p$）に対応する $F$ 値についても求める

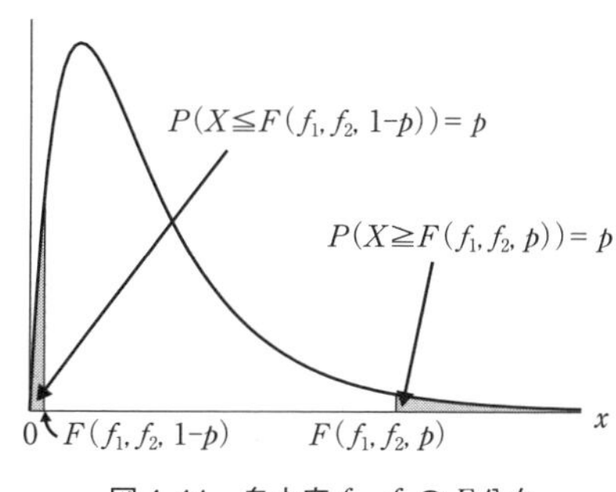


図4-11　自由度 $f_1$，$f_2$ の $F$ 分布

ことができる（図 4-11）．

【計算例 4-8】　自由度 $f_1$，$f_2$ の $F$ 分布に従う確率変数 $X$ について，$P(X \geqq F(f_1, f_2, p)) = p$ とおくとき，（1）$F(5, 8, 0.05)$ および（2）$F(9, 6, 0.975)$ は次のようになる．
（1）$F(5, 8, 0.05) = 3.687$，（2）$F(9, 6, 0.975) = 1/F(6, 9, 0.025) = 1/4.320 = 0.231$

### 4.4.4　$t$ 分布

確率変数 $X$ が標準正規分布に従い，$Y$ が自由度 $k$ の $\chi^2$（カイ 2 乗）分布に従うとき，$X$ と $Y$ が独立ならば

$$t = \frac{X}{\sqrt{Y/k}} \tag{4.63}$$

は自由度 $k$ の $t$ 分布に従う．また，確率密度関数は次式で表される．

$$f(x) = \frac{\Gamma((k+1)/2)}{\sqrt{k\pi}\,\Gamma(k/2)} \left(1 + \frac{x^2}{k}\right)^{-\frac{k+1}{2}} \quad (-\infty < x < \infty) \tag{4.64}$$

$t$ 分布は自由度 $k$ の値が決まれば関数の形が決まるので，自由度 $k$ の $t$ 分布を $t(k)$ と表す．$t$ 分布の期待値および分散は次式により求められる．

$$E(X) = 0 \qquad (k \geqq 2) \tag{4.65}$$

$$V(X) = \frac{k}{k-2} \quad (k \geqq 3) \tag{4.66}$$

既に述べたように，正規分布 $N(\mu, \sigma^2)$ に従う母集団から無作為抽出した $n$ 個の標本の標本平均 $\overline{X}$ の分布は正規分布 $N(\mu, \sigma^2/n)$ に従う．したがって，標準化した

$$Z = \frac{\overline{X} - \mu}{\sqrt{\sigma^2/n}} \tag{4.67}$$

は標準正規分布 $N(0, 1)$ に従う．しかし，母平均 $\mu$ について調べているときに，あらかじめ母分散 $\sigma^2$ について分かっていることはまずない．そこで，$\sigma^2$ の代わりに $n$ 個の標本から求めることができる不偏分散 $s^2$ を用いることを考え，母分散 $\sigma^2$ を不偏分散 $s^2$ で置き換えた新しい統計量 $t$ を定義する．

$$t = \frac{\overline{X} - \mu}{\sqrt{s^2/n}} = \frac{\overline{X} - \mu}{s/\sqrt{n}} \tag{4.68}$$

ただし，この統計量はすでに標準正規分布には従わない．そこで，$t$ の確率分布を考えるため，以下のように式（4.68）を変換する．

$$t=\frac{\overline{X}-\mu}{\sqrt{s^2/n}}=\frac{\overline{X}-\mu}{\sqrt{\sigma^2/n}}\bigg/\sqrt{s^2/\sigma^2}=\frac{\overline{X}-\mu}{\sqrt{\sigma^2/n}}\bigg/\sqrt{\frac{(n-1)s^2/\sigma^2}{n-1}} \quad (4.69)$$

この式において，分子 $(\overline{X}-\mu)/\sqrt{\sigma^2/n}$ は標準正規分布 $N(0, 1)$ に従い（式(4.67)），分母中の $(n-1)s^2/\sigma^2$ は自由度 $n-1$ の $\chi^2$ 分布に従う（式（4.56））．これらの組み合わせとしての確率分布を $t$ 分布と呼び，式（4.68）で定義した統計量 $t$ は自由度 $n-1$ の $t$ 分布に従う．統計量 $t$ と $t$ 分布は統計学者ゴセット（W.S. Gosset）により発表されたもので，論文のペンネームに因んでスチューデント（Student）の $t$ 統計量および $t$ 分布とも呼ばれる．

$t$ 分布は，図4-12に示されるように，平均値を中心として左右対称となり，正規分布と分布の形状がよく似ている．一般に，自由度≧30の場合，$t$ 分布は標準正規分布とほとんど差異がなく，特に自由度＝∞の場合には標準正規分布と一致する．このことは，「大標本（$n\to\infty$）のときは実現値の集団と調査対象の（無限）母集団の区別がなくなり $s^2\approx\sigma^2$ となるため」と理解することができる．

$t$ 分布に関する統計量もコンピュータソフトウェア（章末のExcel関数を参照）や数表を利用して求める．巻末の付表3の $t$ 分布表は，自由度 $f$ の $t$ 分布に従う確率変数 $X$ について，$P(X\geqq t(f, p))=p$ とするとき，$f$ と $p$ を与えたときの $t$ 値，$t(f, p)$ を示すものである．

$t$ 分布は母集団の正規性を仮定する統計手法（パラメトリック手法）のうち，平均値（5.2，8.4.1），相関係数（6.1.5，9.2.1（1）），回帰係数（6.2.5）に関する推定と検定などに用いられる．式（4.68）の分母 $s/\sqrt{n}$ は標準誤差と呼ばれる（4.4.1

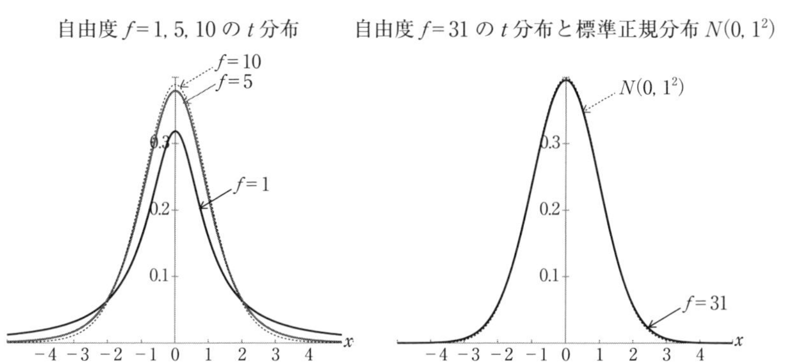


図4-12　種々の自由度 $f$ における $t$ 分布と標準正規分布 $N(0, 1^2)$

の最後に記述された「平均値の分散」を参照）．標準誤差は「平均値（期待値）の標準偏差」の推定量として研究論文などでよく表示される．

【計算例 4-9】　自由度 $f$ の $t$ 分布に従う確率変数 $X$ について，$P(X \geqq t(f, p)) = p$ とおくとき，（1）$t(5, 0.05)$ および（2）$t(7, 0.025)$ は次のようになる．
（1）$t(5, 0.05) = 2.015$，（2）$t(7, 0.025) = 2.365$

## 4.5　大数の法則と中心極限定理

### 4.5.1　大数の法則

計算例 4-3（2）と（3）において，コイン投げの試行回数を 10 回から 50 回に増やしたとき，相対頻度 $x/n$（すなわち，成功率 $p$）の期待値は真の成功率である 0.5 で不変であるが，分散は 1/5 に減少する．期待値 $p = 0.5$ の周辺として $0.4 \leqq p \leqq 0.6$ の範囲をとり，コイン投げの試行回数を 10 回から 100 回まで増やす場合を考える．このとき，0.4 から 0.6 までの $p$ を得る確率は，

$$P\left(0.4 \leqq \frac{x}{10} \leqq 0.6\right) = \sum_{x=4}^{6} {}_{10}\mathrm{C}_x \cdot 0.5^{10} = 0.65625$$

$$P\left(0.4 \leqq \frac{x}{20} \leqq 0.6\right) = \sum_{x=8}^{12} {}_{20}\mathrm{C}_x \cdot 0.5^{20} = 0.73682$$

$$P\left(0.4 \leqq \frac{x}{30} \leqq 0.6\right) = \sum_{x=12}^{18} {}_{30}\mathrm{C}_x \cdot 0.5^{30} = 0.79951$$

$$P\left(0.4 \leqq \frac{x}{40} \leqq 0.6\right) = \sum_{x=16}^{24} {}_{40}\mathrm{C}_x \cdot 0.5^{40} = 0.84614$$

$$P\left(0.4 \leqq \frac{x}{50} \leqq 0.6\right) = \sum_{x=20}^{30} {}_{50}\mathrm{C}_x \cdot 0.5^{50} = 0.88108$$

$$P\left(0.4 \leqq \frac{x}{100} \leqq 0.6\right) = \sum_{x=40}^{60} {}_{100}\mathrm{C}_x \cdot 0.5^{100} = 0.96480$$

と変化する．試行回数が 100 回では成功率が 0.4 ～ 0.6 までになる確率は 96％を超え，大半の成功率が真の成功率 $p = 0.5$ の周辺に集中する．一般に，試行回数 $n$ を増やすと観察値が期待値とその周辺になる確率は増加し，理論上の値（真の値）に収束していく．これは大数の法則と呼ばれ，以下のように定義される．

【大数の法則】　確率変数 $x_1, x_2, \cdots, x_n$ が互いに独立で，$E(x_i) = \mu$，$V(x_i) = \sigma^2$（$i = 1, 2, \cdots, n$）のとき，$n \to \infty$ とすると，$\bar{x} \to \mu$ となる．

### 4.5.2　中心極限定理

サイコロの目の出方に関する確率分布を考える．サイコロを $n$ 回振った（母集団からランダムに $n$ 個の標本をとり出した）ときの出目の平均値の分布を図4-13に示す．出目の平均値の分布は，$n$ が増えるに従って，釣鐘型の正規分布に近付くことが分かる．これは，以下のように定義される中心極限定理の一例である．

【中心極限定理】　確率変数 $x_1, x_2, \cdots, x_n$ が互いに独立で，平均値 $\mu$，分散 $\sigma^2$ の同一の分布に従う（正規分布でなくてよい）とき，統計量 $\bar{x}=\sum_{i=1}^{n} x_i/n$ の分布は，$n$ が十分に大きくなると正規分布 $N(\mu, \sigma^2/n)$ に近づく．

中心極限定理は「大数の法則」をより一般化したものと考えることができ，もとの母集団分布がどのようなものであっても，$n$ が十分に大きければ，$\bar{x}$ の分布は正規分布 $N(\mu, \sigma^2/n)$ に近似されると考えてよいことを示している．言い換えると，サンプルをたくさんとってきて平均値を求めれば，その変動は小さくなり，その平均値はもとの平均値を中心にした周囲に近づく．これは我々が測定を行う

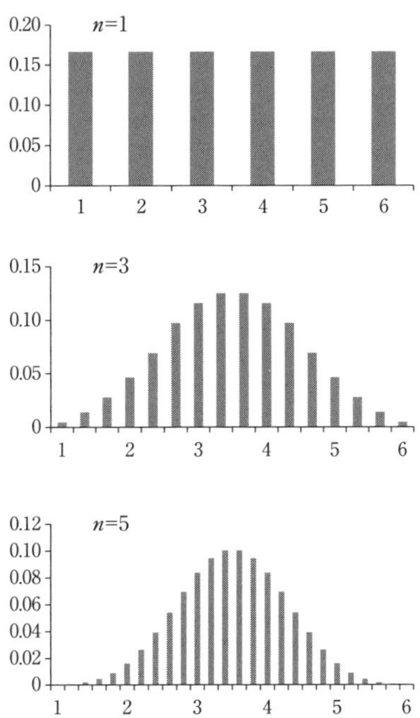

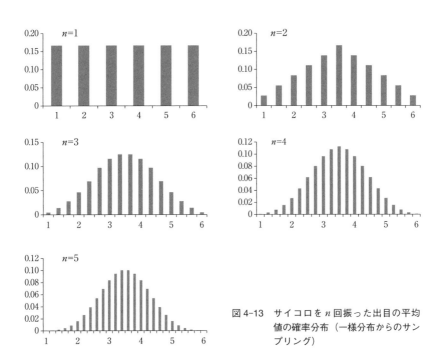


図4-13　サイコロを $n$ 回振った出目の平均値の確率分布（一様分布からのサンプリング）

とき，「反復実験を行い測定結果の平均値を取ることによって，実験誤差が小さい，より正確な測定結果を得ることができる」とする考え方の理論的な裏付けになっている（4.4.1 の最後に記述された「平均値の分散」および 4.4.4 の最後に記述された「標準誤差」を参照）．中心極限定理はモーメント母関数を用いることで数学的に証明できる．

**［河原　聡］**

## 本章に関する Excel 関数

エクセル（Excel）の関数や計算式は，セルに「＝」に続けて入力する．また多くの関数は，関数名(引数 1, 引数 2, …）の形で利用する．以下の説明では最初の「＝」を省略している．

☞階乗値は FACT 関数を用いて求める．正の整数値を引数とする．整数でない場合には小数点以下が切り捨てられる．

☞構成要素 $n$ 個の集合から $r$ 個の要素を選び出す組合せの数（2 項係数：${}_nC_r$）は COMBIN 関数により求める．構成要素数（$n$）と選び出す数（$r$）を引数とする．正の整数値を引数とする．整数でない場合には小数点以下が切り捨てられる．

☞指数関数の値は EXP 関数を用いて求める．

☞ガンマ関数の値は GAMMA 関数を用いて求める．正の数値を引数とする．

◆2 項分布に関する関数

☞ 2 項分布関数の値は BINOMDIST 関数を用いて求める．成功数，試行回数，成功率，関数形式（TRUE＝累積分布関数の値，FALSE＝確率密度関数の値）を引数とする．

☞ 2 項分布の累積確率が基準値以上になる最小値は BINOM.INV 関数により求める．試行回数，成功率，基準となる累積確率を引数とする．

◆超幾何分布に関する関数

☞超幾何分布関数の値は HYPGEOMDIST 関数を用いて求める．標本の成功数，標本数，母集団の成功率，母集団の大きさを引数とする．

◆ポアソン分布に関する関数

☞ポアソン分布関数の値は POISSON 関数を用いて求める．イベント数，平均値，関数形式（TRUE＝累積分布関数の値，FALSE＝確率密度関数の値）を引数とする．

◆正規分布に関する関数

☞正規分布関数の値は NORMDIST 関数を用いて求める．$z$ 値，平均値，標準偏差および関数形式（TRUE＝累積分布関数の値，FALSE＝確率密度関数の値）を引数とする．付表 2 の上側確率 $p$ は，1－NORMDIST($z(p)$, 0, 1, TRUE）として計算したものである．標準正規分布（平均値＝0，標準偏差＝1）の場合は NORMSDIST 関数が利用できる．

☞任意の累積確率に対応する $z$ 値は NORMINV 関数を用いて求める．累積確率，平均値および標準偏差を引数とする．上側確率 $p$ に対応する $z(p)$ は，－NORMINV($p$, 平均値, 標準偏差）として計算できる．標準正規分布（平均値＝0，標準偏差＝1）の場合は NORMSINV 関数が利用できる．

◆ $\chi^2$ 分布に関する関数

☞任意の上側確率に対応する $\chi^2$ 値は CHIINV 関数を用いて求める．確率と自由度を引数とする．付表 4 の $\chi^2(f, p)$ は，CHIINV($p, f$) として計算したものである．

☞逆に，$\chi^2$ 分布の上側確率は CHIDIST 関数を用いて求める．$\chi^2$ 値および自由度を引数とする．

◆ $F$ 分布に関する関数

☞任意の上側確率に対応する $F$ 値は FINV 関数を用いて求める．確率および $F$ 値の分子と分母の自由度を引数とする．付表 5 の $F(f_1, f_2, p)$ は，FINV($p, f_1, f_2$) として計算したものである．

☞逆に，$F$ 分布の上側確率は FDIST 関数を用いて求める．$F$ 値および $F$ 値の分子と分母の自由度を引数とする．

◆ $t$ 分布に関する関数

☞任意の確率に対応する $t$ 値は TINV 関数を用いて求める．両側確率と自由度を引数とする．付表 3 の $t(f, p)$ は，TINV($p$*2, $f$) として計算したものである．

☞逆に，$t$ 分布の確率は TDIST 関数を用いて求める．$t$ 値，自由度および尾部（片側＝1，両側＝2）を引数とする．$t$ 値が負のときの確率は正のときと同じとなる．

### 正規分布の発見

正規分布を最初に発見したのはド・モアブル（A. de Moivre，1667-1754）であり（1733 年），2 項分布の $n \to \infty$ のときの極限分布として見出された．この結果はラプラス（P.-S. Laplace，1749-1827）により数学的に洗練された．ガウス（C.F. Gauss，1777-1855）は，ド・モアブルとは独立に，観測誤差の分布として正規分布を発見し（1809 年），天文学に応用した．その後，ケトレー（L.A.J. Quetelet，1796-1874）により社会現象へ，ゴルトン（F. Galton，1822-1911）により生物学へ応用され，「正規分布」（正常な分布）として扱われるようになった．

### ガンマ関数

無限積分で定義される $k$ の関数

$$\Gamma(k)=\int_0^{\infty} x^{k-1}\cdot e^{-x}dx$$

をガンマ関数と呼ぶ．ガンマ関数は，階乗 $n!$ の一般化と考えることができ，$k$ が正の整数であるとき，$\Gamma(k)=(k-1)!$ に一致する．例えば，$\Gamma(4)=3\times2\times1=6$ となる．一般に，ガンマ関数の積分計算は困難であり，値が必要なときは以下の性質に基づいて実際に数値計算を行う．

$$\Gamma(k+1)=k\Gamma(k)=k! \quad (k=1, 2, 3, \cdots)$$

$$\Gamma(1)=1$$

$$\Gamma\left(\frac{1}{2}\right)=\sqrt{\pi}$$

$$\Gamma\left(\frac{k}{2}\right)=\begin{cases}\left(\frac{k}{2}-1\right)!=1\times2\times3\times\cdots\times\left(\frac{k}{2}-1\right) & (k\text{が偶数のとき})\\ 0.5\times1.5\times2.5\times\cdots\times\left(\frac{k}{2}-1\right)\sqrt{\pi} & (k\text{が奇数のとき})\end{cases}$$

## 練習問題 4

**【4-1】** サイコロ 2 個を 1 回振ったときに以下の確率を求めなさい．
①目の和が 3 となる確率，②目の和が 3 以下となる確率，③目の和が 6 となる確率，④目の和が 7 となる確率，⑤同じ目が出ない確率．

**【4-2】** A～H のアルファベット 1 つと 1～10 の数字 1 つの組み合わせ（A1, A2, …, H9, H10）が書かれた 80 枚のカードがある．同じ組み合わせのカードは 1 枚しかなく，どれか 1 枚が「当たり」である．「当たり」だと 100 点，「当たり」と同じアルファベットで数字違いだと 50 点，「当たり」と同じ数字でアルファベット違いだと 30 点が得られるとする．カード 1 枚を無作為に引くとき，点数の期待値を求めなさい．

**【4-3】** サイコロ 1 個を 4 回振ったときに 1 の目が出る回数 $X(=0, 1, 2, 3, 4)$ の確率分布を求めなさい．

**【4-4】** ある新薬は 30％の患者に対して効力があるといわれている．20 人の患者にこの

新薬を試すとき，以下の確率を求めなさい．
(1) 8人に効果が認められる確率
(2) 8人以上12人以下に効果が認められる確率
(3) 10人以上に効果が認められる確率

**【4-5】** ある草地では1 $m^2$ の土地面積当たり平均4個体の植物Aが観察される．植物Aの密度（1 $m^2$ 当たりの個体数）がポアソン分布に従うとき，次の（1）〜（3）を求めなさい．ゼロの階乗 $0!=1$ と定義する．
(1) 草地内で1 $m^2$ の面積を無作為に選んだとき植物Aが含まれない確率
(2) 草地内で1 $m^2$ の面積を無作為に選んだとき植物Aが1個体含まれる確率
(3) 草地内で1 $m^2$ の面積を無作為に選んだとき植物Aが2個体以上含まれる確率

**【4-6】** 確率変数 $Z$ が $N(0, 1)$ に従うとき，(1) $P(Z \geqq 1.04)$，(2) $P(0 \leqq Z \leqq 0.73)$，(3) $P(0.41 \leqq Z \leqq 1.23)$，(4) $P(-1.11 \leqq Z \leqq 0.77)$ を求めなさい．

**【4-7】** 確率変数 $X$ が $N(3, 2.5^2)$ に従うとき，(1) $P(X \geqq 4.7)$，(2) $P(3 \leqq X \leqq 4.15)$，(3) $P(-3.3 \leqq X \leqq 0.2)$，(4) $P(-0.95 \leqq X \leqq 7.55)$ を求めなさい．

**【4-8】** 品種AとBの果実の重さ（g）はそれぞれ $N(50, 100)$ および $N(50, 225)$ に従う．このとき，2つの品種それぞれについて次の数値を求めなさい．
(1) 70 g以上の果実は全体の何％か
(2) 上位10％に入る果実は何g以上か

**【4-9】** ある工場では袋入りの食品を製造している．この食品1袋当たりの重量（g）は $N(2000, 40^2)$ に従って分布する．この工場から100袋の製品を仕入れた場合，1950 g以下の袋は何袋あると考えられるか．

## 第5章

# 正規変量に関する推定と検定

生物学や農学の諸分野ならびに関連分野において扱われるデータの多くは標本調査により収集されたものである（第1章を参照）．標本調査から得られたデータは推測統計により処理される（図1-1を参照）が，その主体となるのが母数に関する推定と検定である．

母集団のデータ分布が正規分布に従う場合には，この特性にもとづいた統計的手法（パラメトリック手法）により，母数の推定および検定を行うことができる．本章では，母集団の正規性が仮定できる場合に用いられる手法について説明する．正規性の確認方法については第7章で手法名が紹介されている．

### 5.1　推定と検定の考え方

標本調査では母集団の全構成要素を調査しないため，標本データから求められる母数の推定値は必然的に「母数からの偏り」を伴う．このことは，母集団と見なした数値データの集合体から無作為（ランダム）に標本を抽出し，標本データから得られる母数の推定値を母数と比較することで確認できる．例えば，表3-1に示した牛の体重が母集団（A牧場で飼養されているホルスタイン種成雌牛60頭）の全数調査によるものであるとき，その母平均（$\mu$）は656.1，母分散（$\sigma^2$）は693.39である（3.2.1（1）および3.2.2（2）を参照）が，この母集団を対象とした標本調査から得られる標本平均（$\bar{x}$）および不偏分散（$s^2$）はそれぞれの母数とは一致しないのが普通である（図5-1）．

ここで，母集団からの標本抽出を，復元抽出（第4章を参照）により繰り返し行うとする（図5-1）．母数の推定値は，標本抽出のたびに変化するものの，母集団の構成要素がとる値を反映するため，ある値（範囲）をとりやすかったり，ある値（範囲）をとりにくかったりする．すなわち，標本調査における母数の推定値は確率に従う変数とみなすことができ，これゆえ，母数に関する推定および検定の考え方は確率の概念にもとづくものである．

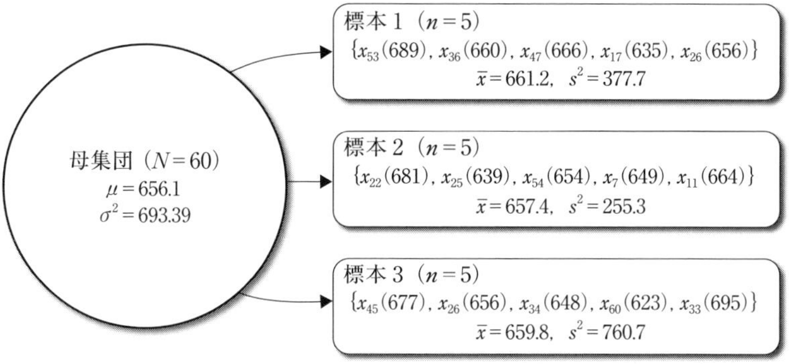


図 5-1　平均値および分散の母数と推定値の比較
表 3-1 のデータ（全数調査の場合）をもとに作成．標本データは標本数５の無作為抽出による．

### 5.1.1　推定

推定とは，母数の値を，その確からしさを含めて推測することである．推定には点推定と区間推定の２種類がある．点推定とは，母数からの偏りがない１つの値（不偏推定量）として母数を推定することである．区間推定とは，ある確率（信頼係数，信頼率）で母数が含まれる範囲（信頼区間）を推定することであり，信頼区間の下限を下側信頼限界（信頼下限），上限を上側信頼限界（信頼上限）という．

### 5.1.2　検定

検定とは，仮説検定とも呼ばれ，あらかじめ設定した母数に関する仮説を，その確からしさを含めて検証することである．検定は次の手順で行われる：①仮説（帰無仮説と対立仮説）の設定，②帰無仮説にもとづく統計量の計算，③有意水準にもとづく棄却域の設定，④統計量と棄却域の照合，⑤仮説の検証（棄却，採択）および結論．

帰無仮説（$H_0$）は，それが妥当かどうか判定するために立てる仮説であり，通常は棄却したいことを設定する．対立仮説（$H_1$）は，帰無仮説が棄却されたときに採択する仮説であり，通常は証明したいことを設定する．１つの帰無仮説に対する対立仮説は１つではなく，例えば，母平均 $\mu$ がある値 $\mu_0$ と等しいかどうかの検定では，帰無仮説 $H_0 : \mu=\mu_0$ の対立仮説として，状況に応じて，① $H_1 : \mu \neq \mu_0$，② $H_1 : \mu > \mu_0$，③ $H_1 : \mu < \mu_0$ のいずれかを立てる．

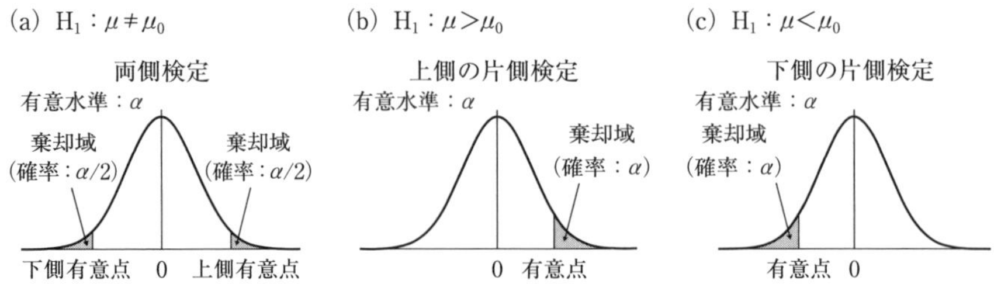


図 5-2　対立仮説の違いによる検定方法および棄却域の違い

次に，帰無仮説にもとづく統計量の値が確率的に非常に起こりそうもない範囲（棄却域）にあれば，帰無仮説は誤りであると判断して，帰無仮説を棄却し，対立仮説を採択する．反対に，統計量の値が棄却域になければ，帰無仮説は正しいと判断して，帰無仮説を採択し，対立仮説を棄却する．棄却域は対立仮説によって異なり，これにより検定方法も異なる．対立仮説が上記①の場合には，統計量の分布の両側に棄却域を定めた「両側検定」を用いる（図 5-2（a））．対立仮説が②もしくは③の場合には，片側のみに棄却域を定めた「片側検定」を用いる．棄却域が設定される側に従って，前者では上側の片側検定（図 5-2（b）），後者では下側の片側検定（図 5-2（c））を行う．

棄却域として設定される範囲は，事象の起こりやすさ（起こりにくさ）の確率として，一般に 5%，1% もしくは 0.1% の基準が採用され，採用された基準を有意水準または危険率と呼び，$\alpha$ で表す（5%，1% および 0.1% の基準はそれぞれ，$\alpha=0.05$，$\alpha=0.01$ および $\alpha=0.001$ となる）．また，棄却域とそれ以外の範囲（採択域）との境界を有意点（棄却限界，棄却点，$\alpha$ 点）という．

検定には 2 種類の誤りが存在する．第 1 種の誤りとは，帰無仮説が正しいにもかかわらず，これを棄却し対立仮説を採択してしまうことである．第 2 種の誤りとは，帰無仮説が誤りであるにもかかわらず，これを採択してしまうことである．第 1 種の誤りを犯す確率は，上述の有意水準（危険率）に相当する．第 2 種の誤りを犯す確率は対立仮説の種類と有意水準によって異なる．

## 5.2　平均値に関する推定と検定

### 5.2.1　1 つの平均値に関する推定と検定

1 つの平均値を扱うとき，推定の対象は母平均の値であり，検定の関心は母平均が任意の値（$\mu_0$）と異なるかどうかである．このとき，母分散が既知であるか否かによって，推定と検定の方法が異なる．

### (1) 母分散が既知である場合

標本調査では母分散は既知ではないとするのが通常であるが，当該調査以外の情報にもとづいて母分散が既知であると仮定できることがある．このような場合には，母分散を用いて母平均の推定と検定を行う．

**(a) 母平均の推定**　母平均 $\mu$，母分散 $\sigma^2$（母標準偏差 $\sigma$）である正規母集団から無作為抽出された $n$ 個のデータの平均（標本平均）を $\bar{x}$ とするとき，$\bar{x}$ は $\mu$ の不偏推定量（偏りのない推定値）であり，点推定における $\mu$ の推定値である．

$$\bar{x} = (x_1 + x_2 + \cdots + x_n)/n = \frac{1}{n}\sum_{i=1}^{n} x_i \tag{5.1}$$

区間推定における $\mu$ の推定値は，以下の統計量 $z$ が平均値 0，分散 1（標準偏差 1）の正規分布，すなわち標準正規分布 $N(0, 1)$（4.4.1 参照）に従うことを利用して求める．

$$z = \frac{\bar{x} - \mu}{\sigma/\sqrt{n}} \tag{5.2}$$

ここで，分母 $\sigma/\sqrt{n}$ は「平均値 $\bar{x}$ の標準偏差」（4.4.4 参照）であり，上式は $\bar{x}$ の標準化（4.2.3 参照）である．

標準正規分布において，$z$ が $z(p)$ よりも大きな値をとる確率は $p$ である（付表 2）．ここで，上側確率 $p$ の代わりに分布の両側に $\alpha/2$ の確率（上側と下側を合わせて $\alpha$）を考えると，分布の左右対称性にもとづき，$z$ の値は，$\alpha/2$ の確率で $-z(\alpha/2)$ よりも小さく，$\alpha/2$ の確率で $z(\alpha/2)$ よりも大きく，$(1-\alpha)$ の確率で $0 \pm z(\alpha/2)$ の範囲にある（図 5-3）．すなわち，

$$-z(\alpha/2) \leqq \frac{\bar{x} - \mu}{\sigma/\sqrt{n}} \leqq z(\alpha/2) \tag{5.3}$$

である確率は $(1-\alpha)$ である．この式を変形することにより，信頼係数（信頼率）$100(1-\alpha)$ % における母平均 $\mu$ の信頼区間が得られる．

$$\bar{x} - z(\alpha/2)\frac{\sigma}{\sqrt{n}} \leqq \mu \leqq \bar{x} + z(\alpha/2)\frac{\sigma}{\sqrt{n}} \tag{5.4}$$

また，信頼限界は以下のようになる．

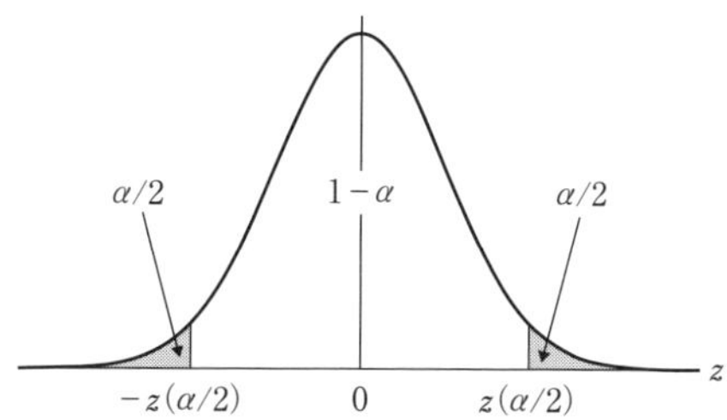


図 5-3　標準正規分布における区間推定の考え方
$z$ の値は $(1-\alpha)$ の確率で $0 \pm z(\alpha/2)$ の範囲にある．

$$\text{下側信頼限界} = \bar{x} - z(\alpha/2)\frac{\sigma}{\sqrt{n}} \tag{5.5}$$

$$\text{上側信頼限界} = \bar{x} + z(\alpha/2)\frac{\sigma}{\sqrt{n}} \tag{5.6}$$

【計算例 5-1】 ある農場で生産された果実から 20 個を無作為に選び（$n=20$），重量（g）を測定したところ，表 5-1 に示す値が得られた．ここで，果実重量の母分散 $\sigma^2$ は既知で，25.0 g$^2$（母標準偏差 $\sigma=5.0$ g）である．果実重量の母平均は以下のように推定される．

①点推定

$$\text{推定値} = \bar{x} = (53+55+\cdots+57)/20 = 1100/20 = 55.0\ (\text{g})$$

②区間推定

信頼係数（$100(1-\alpha)$）=95%を採用すると，$\alpha/2=0.025$ となり（図 5-3），付表 2 より $z(0.025)=1.96$ が得られる．ゆえに，母平均の 95%信頼限界および 95%信頼区間は次のように求められる．

$$\text{下側 95\%信頼限界} = 55.0 - 1.96 \times 5.0/\sqrt{20} = 52.81$$

$$\text{上側 95\%信頼限界} = 55.0 + 1.96 \times 5.0/\sqrt{20} = 57.19$$

$$\text{95\%信頼区間：} 52.81 \leqq \mu \leqq 57.19$$

すなわち，信頼係数 95%で母平均は 52.81 ～ 57.19 g の範囲にあるといえる．

また，信頼係数（$100(1-\alpha)$）=99%を採用すると，$\alpha/2=0.005$ となり（図 5-3），付表 2 より $z(0.005)=2.58$ が得られる（0.005 に最も近い 0.00494 に対応する $z$ 値を採用する）．母平均の 99%信頼限界および 99%信頼区間は以下のようになる．

$$\text{下側 99\%信頼限界} = 55.0 - 2.58 \times 5.0/\sqrt{20} = 52.12$$

$$\text{上側 99\%信頼限界} = 55.0 + 2.58 \times 5.0/\sqrt{20} = 57.88$$

$$\text{99\%信頼区間：} 52.12 \leqq \mu \leqq 57.88$$

すなわち，信頼係数 99%で母平均は 52.12 ～ 57.88 g の範囲にあるといえる．

信頼係数が増加すると，母平均が含まれる区間をより確実に推定することになるため，99%信頼区間の方が 95%信頼区間よりも範囲が広くなるのである．

表 5-1 果実の重量（g）

| | | | | | | | | | |
|---|---|---|---|---|---|---|---|---|---|
| 53 | 55 | 61 | 53 | 62 | 55 | 53 | 57 | 55 | 49 |
| 53 | 51 | 59 | 60 | 55 | 55 | 57 | 49 | 51 | 57 |

**(b)　母平均の検定**　帰無仮説 $H_0 : \mu = \mu_0$ を立て，母平均 $\mu$ が任意の値 $\mu_0$ と等しいかどうかを検定する．以下の統計量 $z$ が，設定した有意水準 $\alpha$ に対応する棄却域にあれば，帰無仮説を棄却する．

$$z = \frac{\bar{x} - \mu_0}{\sigma / \sqrt{n}} \tag{5.7}$$

すなわち，対立仮説 $H_1$ が $\mu \neq \mu_0$ の場合，$z$ が $-z(\alpha/2)$ よりも小さいか，$z(\alpha/2)$ よりも大きければ，棄却域に入っていることになり（両側検定），帰無仮説を棄却する（図 5-4（a））．また，$H_1$ が $\mu > \mu_0$ の場合には，$z$ が $z(\alpha)$ よりも大きければ棄却域に入っていることになり（上側の片側検定），帰無仮説を棄却する（図 5-4（b））．$H_1$ が $\mu < \mu_0$ の場合には，$z$ が $-z(\alpha)$ よりも小さければ棄却域に入っていることになり（下側の片側検定），帰無仮説を棄却する（図 5-4（c））．

ここで，両側検定（$H_1 : \mu \neq \mu_0$）の結果は（a）で説明した母平均 $\mu$ の区間推定の結果と一致する．すなわち，$\mu_0$ が信頼係数（$100(1-\alpha)$）における $\mu$ の信頼区間内にあれば，$z$ は有意水準 $\alpha$ の棄却域に含まれず，帰無仮説（$H_0 : \mu = \mu_0$）は棄却されない．逆に，$\mu_0$ が信頼係数（$100(1-\alpha)$）における $\mu$ の信頼区間外にあれば，$z$ は有意水準 $\alpha$ の棄却域に含まれ，帰無仮説（$H_0 : \mu = \mu_0$）は棄却される．

【計算例 5-2】　計算例 5-1 のデータに関して，農場で生産された果実の平均重量が全国平均 53.0 g（$\mu_0$）と異なるといえるかどうかについて検定する．

①仮説の設定

$H_0 : \mu = \mu_0$（農場の果実重量の母平均 $\mu$ は全国平均 $\mu_0$ と異ならない）

$H_1 : \mu \neq \mu_0$（$\mu$ は $\mu_0$ と異なる）

②統計量 $z$ の計算

式（5.7）により統計量 $z$ を計算する．標本平均 $\bar{x}$，母標準偏差 $\sigma$ およびデータ数 $n$ は計算例 5-1 に示したとおりである．

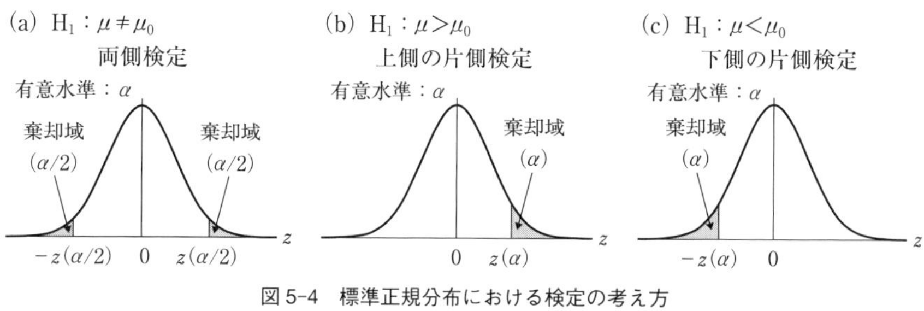


図 5-4　標準正規分布における検定の考え方

$$z=\frac{55.0-53.0}{5.0/\sqrt{20}}=1.789$$

③棄却域の設定

上記の対立仮説（$H_1：\mu \neq \mu_0$）の場合，$\mu$ は $\mu_0$ より大きくても小さくてもよいので，両側検定を行う（図 5-4（a））．有意水準 $\alpha=0.05$ を採用すると，$\alpha/2=0.025$ となり，付表 2 より $z(0.025)=1.96$ が得られ，棄却域は $z<-1.96$ および $z>1.96$ となる．

④統計量と棄却域の照合

$z$ の値（$=1.789$）は下側有意点（$-1.96$）と上側有意点（1.96）の間に位置し，棄却域に含まれない．

$$-z(0.025)=-1.96<z=1.789<z(0.025)=1.96$$

⑤仮説の検証（棄却，採択）および結論

$z$ の値が棄却域に含まれないため，$H_0：\mu=\mu_0$ を採択し，$H_1：\mu \neq \mu_0$ を棄却する．すなわち，有意水準 0.05 で，農場の果実重量の母平均は全国平均（53.0 g）と異ならないといえる．

この判定（仮説の棄却と採択）と結論は有意水準 0.01 でも変わらない．なぜならば，有意水準 0.01 では $z(0.005)=2.58$ となり，有意水準 0.05 よりも棄却域が狭まる（$z<-2.58$ および $z>2.58$）ためである．

$$-z(0.005)=-2.58<-z(0.025)=-1.96<z=1.789<z(0.025)=1.96<z(0.005)=2.58$$

検定では，ある有意水準で棄却できない帰無仮説は，より高い有意性（より小さな有意水準の値）のもとでは棄却できない．

本計算例の結果は，$\mu_0(=53.0)$ が母平均 $\mu$ の 95％信頼区間（52.81 ～ 57.19）および 99％信頼区間（52.12 ～ 57.88）の両方に含まれることと一致する（計算例 5-1 を参照）．

【計算例 5-3】 計算例 5-1 のデータに関して，農場で生産された果実の平均重量が全国平均 53.0 g($\mu_0$)よりも大きいと予想できる場合には，これを対立仮説として検定を行う．

①仮説の設定

$H_0：\mu=\mu_0$（農場の果実重量の母平均 $\mu$ は全国平均 $\mu_0$ と異ならない）

$H_1：\mu>\mu_0$（$\mu$ は $\mu_0$ よりも大きい）

②統計量 $z$ の計算

$z$ の計算は計算例 5-2 と同じである（$z=1.789$）．

③棄却域の設定

対立仮説（$H_1：\mu>\mu_0$）に従って上側の片側検定を行う（図 5-4（b））．有意水準 $\alpha$

＝0.05 を採用すると，付表２より $z(0.05)=1.64$ が得られ（0.05 に最も近い 0.05050 に対応する $z$ 値を採用する），棄却域は $z>1.64$ となる．

④統計量と棄却域の照合

$z$ の値（＝1.789）は有意点（1.64）よりも大きく，棄却域に含まれる．

$$z=1.789>z(0.05)=1.64$$

⑤仮説の検証（棄却，採択）および結論

$z$ の値が棄却域に含まれるため，$H_0: \mu=\mu_0$ を棄却し，$H_1: \mu>\mu_0$ を採択する．すなわち，有意水準 0.05 で，農場の果実重量の母平均は全国平均（53.0 g）よりも大きいといえる．

⑥追加検定

帰無仮説がある有意水準で棄却された場合，必要であれば，より高い有意性（有意水準の値は小さくなる）のもとで仮説検定を行い，「仮説の正しさらしさ」に関するより詳細な情報を得ることができる．本計算例の場合，有意水準 0.05 で帰無仮説が棄却されたので，有意水準 0.01 で検定してみる．

有意水準 $\alpha=0.01$ を採用すると，付表２より $z(0.01)=2.33$ が得られ（0.01 に最も近い 0.00990 に対応する $z$ 値を採用する），棄却域は $z>2.33$ となる．$z$ の値（＝1.789）は有意点（2.33）よりも小さく，棄却域の外にある．

$$z=1.789<z(0.01)=2.33$$

そこで，$H_0: \mu=\mu_0$ を採択し，$H_1: \mu>\mu_0$ を棄却する．すなわち，より高い有意性である有意水準 0.01 のもとでは，農場の果実重量の母平均は全国平均（53.0 g）と異ならないといえる．

検定では，ある有意水準で棄却できる帰無仮説が，より高い有意性のもとでは棄却できないことがある．

### (2)　母分散が既知でない場合

現実の標本調査では，母分散が既知であることはほとんどない．このような場合には，母分散の代わりに標本から推定した不偏分散を用いる．

**(a)　母平均の推定**　母平均 $\mu$，母分散 $\sigma^2$（母標準偏差 $\sigma$）である正規母集団から無作為抽出された $n$ 個のデータの平均（標本平均）を $\bar{x}$ とするとき（式 (5.1)），母分散が既知でない場合も，$\bar{x}$ は点推定における $\mu$ の推定値である．

区間推定における $\mu$ の推定値は，以下の統計量 $t$（式 (5.2) の母標準偏差 $\sigma$ の代わりに標準偏差 $s$（母標準偏差の推定値）を用いたもの）が自由度 $f$ の $t$ 分布（4.4.4 参照）に従うことを利用して求める．

$$t=\frac{\bar{x}-\mu}{s/\sqrt{n}} \tag{5.8}$$

ここで，分母 $s/\sqrt{n}$ は「平均値 $\bar{x}$ の標準偏差」である．標準偏差 $s$ および自由度 $f$ は以下のように求められる（$s$ の計算と自由度の考え方については 3.2.2（2）と（3）を参照）．

$$s=\sqrt{\frac{1}{n-1}\left\{\sum_{i=1}^{n}x_i^{\,2}-\frac{1}{n}\left(\sum_{i=1}^{n}x_i\right)^2\right\}} \tag{5.9}$$

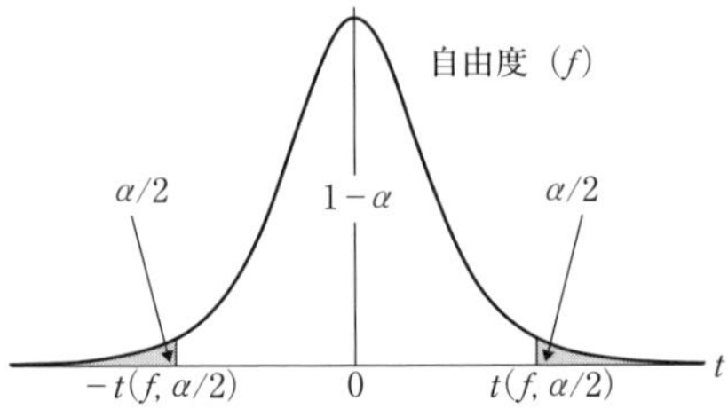


図 5-5　$t$ 分布における区間推定の考え方
$t$ の値は $(1-\alpha)$ の確率で $0\pm t(f,\alpha/2)$ の範囲にある．

$$f=n-1 \tag{5.10}$$

自由度 $f$ の $t$ 分布において，$t$ が $t(f,p)$ よりも大きな値をとる確率は $p$ である（付表 3）．ここで，上側確率 $p$ の代わりに分布の両側に $\alpha/2$ の確率（上側と下側を合わせて $\alpha$）を考えると，分布の左右対称性にもとづき，$t$ の値は，$\alpha/2$ の確率で $-t(f,\alpha/2)$ よりも小さく，$\alpha/2$ の確率で $t(f,\alpha/2)$ よりも大きく，$(1-\alpha)$ の確率で $0\pm t(f,\alpha/2)$ の範囲にある（図 5-5）．すなわち，

$$-t\,(f,\alpha/2)\leqq\frac{\bar{x}-\mu}{s/\sqrt{n}}\leqq t\,(f,\alpha/2) \tag{5.11}$$

である確率は $(1-\alpha)$ である．この式を変形することにより，信頼係数（信頼率）$100(1-\alpha)$％における母平均 $\mu$ の信頼区間が導かれる．

$$\bar{x}-t\,(f,\alpha/2)\frac{s}{\sqrt{n}}\leqq\mu\leqq\bar{x}+t\,(f,\alpha/2)\frac{s}{\sqrt{n}} \tag{5.12}$$

また，信頼限界は以下のようになる．

$$\text{下側信頼限界}=\bar{x}-t\,(f,\alpha/2)\frac{s}{\sqrt{n}} \tag{5.13}$$

$$\text{上側信頼限界}=\bar{x}+t\,(f,\alpha/2)\frac{s}{\sqrt{n}} \tag{5.14}$$

【計算例 5-4】　表 5-1 に示されたデータ（ある農場で生産された果実から無作為抽出された 20 個の重量）について，果実重量の母分散は未知であるとする．果実重量の母平均は以下のように推定される．

データ $x_i$（$i=1, 2, \cdots, n$；$n=20$）の総和および 2 乗和を計算しておく（表 3-8 を参照）．

$$\sum_{i=1}^{n} x_i = 53+55+\cdots+57=1100, \quad \sum_{i=1}^{n} x_i^2 = 53^2+55^2+\cdots+57^2=60758$$

①点推定

点推定による母平均の推定値は $\bar{x}$ である．

$$推定値 = \bar{x} = 1100/20 = 55.0 \text{（g）}$$

②区間推定

標準偏差 $s$（式（5.9））と自由度 $f$（式（5.10））を計算する．

$$s=\sqrt{\frac{1}{19}\times\left(60758-\frac{1}{20}\times1100^2\right)}=\sqrt{13.579}=3.685, \quad f=20-1=19$$

信頼係数（$100(1-\alpha)$）＝95％を採用すると，$\alpha/2=0.025$ となり（図 5-5），付表 3 より $t(19, 0.025)=2.093$ が得られる．ゆえに，母平均の 95％信頼限界および 95％信頼区間は次のように求められる．

$$下側\ 95\%信頼限界 = 55.0-2.093\times3.685/\sqrt{20}=53.28$$
$$上側\ 95\%信頼限界 = 55.0+2.093\times3.685/\sqrt{20}=56.72$$
$$95\%信頼区間：53.28\leqq\mu\leqq56.72$$

すなわち，信頼係数 95％で母平均は 53.28 ～ 56.72 g の範囲にあるといえる．

また，信頼係数（$100(1-\alpha)$）＝99％を採用すると，$\alpha/2=0.005$ となり（図 5-5），付表 3 より $t(19, 0.005)=2.861$ が得られる．母平均の 99％信頼限界および 99％信頼区間は次のように求められる．

$$下側\ 99\%信頼限界 = 55.0-2.861\times3.685/\sqrt{20}=52.64$$
$$上側\ 99\%信頼限界 = 55.0+2.861\times3.685/\sqrt{20}=57.36$$
$$99\%信頼区間：52.64\leqq\mu\leqq57.36$$

すなわち，信頼係数 99％で母平均は 52.64 ～ 57.36 g の範囲にあるといえる．

(b)　**母平均の検定**　帰無仮説 $H_0：\mu=\mu_0$ を立て，母平均 $\mu$ が任意の値 $\mu_0$ と等しいかどうかを検定する．以下の統計量 $t$（式（5.7）の母標準偏差 $\sigma$ の代わりに標準偏差 $s$（母標準偏差の推定値）を用いたもの）が，設定した有意水準 $\alpha$ に対応する棄却域にあれば，帰無仮説を棄却する．

$$t=\frac{\bar{x}-\mu_0}{s/\sqrt{n}} \tag{5.15}$$

すなわち，対立仮説 $H_1$ が $\mu\neq\mu_0$ の場合には，$t$ が $-t(f, \alpha/2)$ よりも小さいか，$t(f, \alpha/2)$ よりも大きければ，棄却域に入っていることになり（両側検定），帰無仮説を棄却する（図 5-6（a））．また，$H_1$ が $\mu>\mu_0$ の場合には，$t$ が $t(f, \alpha)$ よりも大きければ棄却域に入っていることになり（上側の片側検定），帰無仮説を棄却する

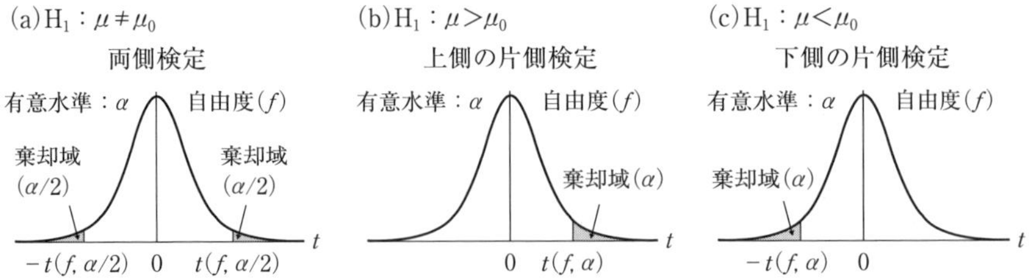


図 5-6　$t$ 分布における検定の考え方

(図 5-6 (b)). $H_1$ が $\mu < \mu_0$ の場合には，$t$ が $-t(f, \alpha)$ よりも小さければ棄却域に入っていることになり（下側の片側検定），帰無仮説を棄却する（図 5-6 (c)).

【計算例 5-5】　計算例 5-4 のデータに関して，農場で生産された果実の平均重量が全国平均 53.0 g（$\mu_0$）と異なるといえるかどうかについて検定する．

①仮説の設定

$H_0 : \mu = \mu_0$（農場の果実重量の母平均 $\mu$ は全国平均 $\mu_0$ と異ならない）

$H_1 : \mu \neq \mu_0$（$\mu$ は $\mu_0$ と異なる）

②統計量 $t$ の計算

式 (5.15) により統計量 $t$ を計算する．標本平均 $\bar{x}$，標準偏差 $s$，データ数 $n$ および自由度 $f$ は計算例 5-4 に示したとおりである．

$$t = \frac{55.0 - 53.0}{3.685/\sqrt{20}} = 2.427$$

③棄却域の設定

上記の対立仮説（$H_1 : \mu \neq \mu_0$）の場合，$\mu$ は $\mu_0$ より大きくても小さくてもよいので，両側検定を行う（図 5-6 (a)). 有意水準 $\alpha = 0.05$ を採用すると，$\alpha/2 = 0.025$ となり，付表 3 より $t(19, 0.025) = 2.093$ が得られ，棄却域は $t < -2.093$ および $t > 2.093$ となる．

④統計量と棄却域の照合

$t$ の値（$= 2.427$）は上側有意点（2.093）よりも大きく，棄却域に含まれる．

$$t = 2.427 > t(19, 0.025) = 2.093$$

⑤仮説の検証（棄却，採択）および結論

$t$ の値が棄却域に含まれるため，$H_0 : \mu = \mu_0$ を棄却し，$H_1 : \mu \neq \mu_0$ を採択する．すなわち，有意水準 0.05 で，農場の果実重量の母平均は全国平均（53.0 g）と異なるといえる．

⑥追加検定

有意水準 0.05 で帰無仮説が棄却されたので，「仮説の正しさらしさ」に関するより

詳細な情報を得るために，有意水準 0.01 で検定してみる．有意水準 $\alpha=0.01$ を採用すると，$\alpha/2=0.005$ となる．また，付表 3 より $t(19, 0.005)=2.861$ が得られ，棄却域は $t<-2.861$ および $t>2.861$ となる．$t$ の値（$=2.427$）は下側有意点（$-2.861$）と上側有意点（2.861）の間に位置し，棄却域に含まれない．

$$-t(19, 0.005)=-2.861<t=2.427<t(19, 0.005)=2.861$$

そこで，$H_0: \mu=\mu_0$ を採択し，$H_1: \mu\neq\mu_0$ を棄却する．すなわち，有意水準 0.01 という高い有意性のもとでは，農場の果実重量の母平均は全国平均（53.0 g）と異ならないといえる．

本計算例の結果は，$\mu_0(=53.0)$が母平均 $\mu$ の 95％信頼区間（53.28 ～ 56.72）には含まれないが，99％信頼区間（52.64 ～ 57.36）に含まれることと一致する（計算例 5-4 を参照）．

【計算例 5-6】　計算例 5-4 のデータに関して，農場で生産された果実の平均重量が全国平均 53.0 g（$\mu_0$）よりも大きいと予想できる場合には，これを対立仮説として検定を実施する．

①仮説の設定

$H_0: \mu=\mu_0$（農場の果実重量の母平均 $\mu$ は全国平均 $\mu_0$ と異ならない）

$H_1: \mu>\mu_0$（$\mu$ は $\mu_0$ よりも大きい）

②統計量 $t$ の計算

$t$ の計算は計算例 5-5 と同じである（$t=2.427$）．

③棄却域の設定

対立仮説（$H_1: \mu>\mu_0$）に従い上側の片側検定を行う（図 5-6（b））．有意水準 $\alpha=0.05$ を採用すると，付表 3 より $t(19, 0.05)=1.729$ が得られ，棄却域は $t>1.729$ となる．

④統計量と棄却域の照合

$t$ の値（$=2.427$）は有意点（1.729）よりも大きく，棄却域に含まれる．

$$t=2.427>t(19, 0.05)=1.729$$

⑤仮説の検証（棄却，採択）および結論

$t$ の値が棄却域に含まれるため，$H_0: \mu=\mu_0$ を棄却し，$H_1: \mu>\mu_0$ を採択する．すなわち，有意水準 0.05 で，農場の果実重量の母平均は全国平均（53.0 g）よりも大きいといえる．

⑥追加検定

有意水準 0.05 で帰無仮説が棄却されたので，「仮説の正しさらしさ」に関するより詳細な情報を得るために，有意水準 0.01 で検定してみる．有意水準 $\alpha=0.01$ を採用すると，付表 3 より $t(19, 0.01)=2.539$ が得られ，棄却域は $t>2.539$ となる．$t$ の値（$=$

2.427）は有意点（2.539）よりも小さく，棄却域の外にある．

$$t=2.427<t(19, 0.01)=2.539$$

そこで，$H_0: \mu=\mu_0$ を採択し，$H_1: \mu>\mu_0$ を棄却する．すなわち，有意水準 0.01 という高い有意性のもとでは，農場の果実重量の母平均は全国平均（53.0 g）と異ならないといえる．

### 5.2.2　2つの平均値の差に関する推定と検定

2つの平均値を扱うとき，推定や検定の関心は，個々の母平均の値よりも，母平均の差に向けられる．すなわち，主な統計処理は，母平均の差を推定したり，母平均が異なるかどうか（2つの母平均の差が 0 とみなせるか）を検定したりすることである．このとき，データに対応があるか否かによって，推定と検定の方法は大きく異なる．例をあげて説明する．

表 5-2 および表 5-3 はいずれも，ある魚種の活動性（刺激に対する反応の持続時間）に及ぼす飼料 A と B の効果を比較するために行った実験の結果である．表 5-2 の実験は，魚 10 個体について，まず飼料 A の給与下で活動性を測定し，次に飼料 B の給与下で活動性を測定したものである．他方，表 5-3 の実験は，魚 18 個体を 8 個体と 10 個体の 2 群に無作為に分け，前者に飼料 A を，後者に飼料 B を給与して，活動性を測定したものである．いずれの実験でも，飼料の種類以外の飼育条件は共通である．

表 5-2 では，母集団（まず飼料 A，次いで飼料 B を給与された当該魚種全体；

表 5-2　魚 10 個体にまず飼料 A を与え，次に飼料 B を与えたときの，それぞれの餌給与下における活動性（刺激に対する反応の持続時間（分））

| 飼料 | 個体 | | | | | | | | | |
|---|---|---|---|---|---|---|---|---|---|---|
| | 1 | 2 | 3 | 4 | 5 | 6 | 7 | 8 | 9 | 10 |
| A | 74 | 70 | 71 | 64 | 71 | 65 | 72 | 70 | 75 | 74 |
| B | 76 | 68 | 75 | 71 | 72 | 71 | 74 | 70 | 77 | 74 |

表 5-3　魚 18 個体を 8 個体と 10 個体の 2 群に無作為に分け，前者に飼料 A を，後者に飼料 B を与えたときの活動性（刺激に対する反応の持続時間（分））

| 飼料 | 1 | 2 | 3 | 4 | 5 | 6 | 7 | 8 | 9 | 10 |
|---|---|---|---|---|---|---|---|---|---|---|
| A | 65 | 72 | 69 | 72 | 70 | 71 | 77 | 68 | — | — |
| B | 67 | 74 | 71 | 76 | 72 | 72 | 80 | 75 | 72 | 73 |

観念的な存在）の構成要素である魚の個体１つ１つに，飼料Ａ給与下での活動性（$x_i$）と飼料Ｂ給与下での活動性（$y_i$）の２つのデータが対になって存在する．このような構造をもつデータの場合には，対になったデータ（対応のあるデータ）の差 $d_i(=x_i-y_i)$ をとることによって，２つの母平均 $\mu_x$ と $\mu_y$ の差に関する推定と検定を，１つの母平均 $\mu_d$ に関する推定と検定として扱うことができる（図5-7(a)）．このような統計処理は，個体によって活動的であるとか非活動的であるといった「個体差」を除外して「飼料による活動性の差」を評価することを可能にするもので，実験配置における乱塊法（8.2.2を参照）に相当する．変数 $x$ と $y$ のデータ数は同一で，一方の変数のみデータの順序を入れ替えることはできない．一卵性双生児や同一個体の対称部分に２つの処理を無作為に割付けることもある．

他方，表5-3では，飼料Ａと飼料Ｂを給与された個体は異なり，飼料Ａ給与下での活動性（$x_i$）と飼料Ｂ給与下での活動性（$y_i$）のデータは対をなしているわけではない．このような構造をもつデータ（対応のないデータ）の場合には，２つの母平均 $\mu_x$ と $\mu_y$ は異なる母集団（飼料Ａを給与された当該魚種全体と飼料Ｂを給与された当該魚種全体；いずれも観念的な存在）のものであるとみなし，これらの差を，それぞれの母集団の平均値と分散にもとづいて検定・推定することができる（図5-7（b））．このような統計処理は，個体によって活動的であるとか非活動的であるといった「個体差」を誤差として許容しつつ「飼料による活動性の差」を評価するもので，実験配置における完全無作為化法（8.2.1を参照）に相当する．変数 $x$ と $y$ のデータ数は同一でなくてもよく，一方の変数のデータの順序を入れ替えても差し支えない．

### (1)　データに対応がある場合

対になったデータ（対応のあるデータ）$x_i$，$y_i$（$i=1, 2, \cdots, n$）の差を $d_i$ とすることによって，２つの母平均 $\mu_x$ と $\mu_y$ の差に関する推定と検定を，１つの母平均 $\mu_d$ に関する推定と検定として扱うことができる（図5-7（a））．

$$d_i=x_i-y_i \tag{5.16}$$

**(a)　平均値の差の母平均の推定**　　母平均 $\mu_d$，母分散 $\sigma_d^2$（母標準偏差 $\sigma_d$）である正規母集団から抽出された $n$ 個のデータの平均（標本平均）を $\bar{d}$ とするとき，$\bar{d}$ は点推定における $\mu_d$ の推定値である．

$$\bar{d}=(d_1+d_2+\cdots+d_n)/n=\frac{1}{n}\sum_{i=1}^{n}d_i=\bar{x}-\bar{y} \tag{5.17}$$

区間推定における $\mu_d$ の推定値は，式（5.8）と同様に，以下の統計量 $t$ が自由度

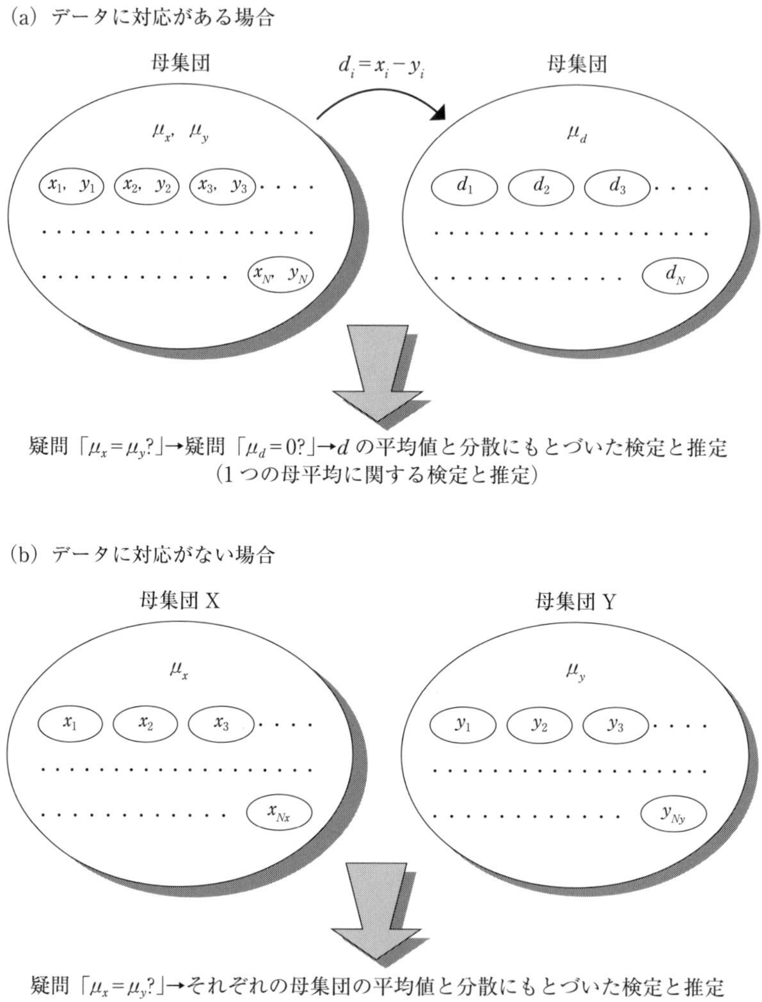


図 5-7　データの対応の有無による 2 つの母平均の差に関する推定と検定の違い

(a) データに対応がある場合には，データ ($x_i$, $y_i$) は母集団の構成要素の 1 つ 1 つに対となって存在するため，$d_i = x_i - y_i$ とすると，疑問「$\mu_x = \mu_y$?」は「$\mu_d = 0$?」となり，$d$ の平均値と分散にもとづいた検定および推定（1 つの母平均に関する検定と推定）として扱うことができる．(b) データに対応がない場合には，2 つの母平均は異なる母集団のものであり，疑問「$\mu_x = \mu_y$?」はそれぞれの母集団の平均値と分散にもとづいた検定および推定として扱うことができる．

$f$ の $t$ 分布（4.4.4 参照）に従うことを利用して求める．

$$t = \frac{\bar{d} - \mu_d}{s_d / \sqrt{n}} \tag{5.18}$$

ここで，分母 $s_d/\sqrt{n}$ は「平均値 $\bar{d}$ の標準偏差」である．標準偏差 $s_d$ は，式（5.9）と同様に，以下のように求められる．また，自由度 $f$ は式（5.10）により求められる．

$$s_d = \sqrt{\frac{1}{n-1}\left\{\sum_{i=1}^{n} d_i^2 - \frac{1}{n}\left(\sum_{i=1}^{n} d_i\right)^2\right\}} \tag{5.19}$$

自由度 $f$ の $t$ 分布において $t$ は（$1-\alpha$）の確率で $0 \pm t(f, \alpha/2)$ の範囲にある（図 5-5）ため，信頼係数 $100(1-\alpha)$% における母平均 $\mu_d$ の信頼区間ならびに信頼限界は以下のように計算される．

$$\bar{d} - t(f, \alpha/2)\frac{s_d}{\sqrt{n}} \leqq \mu_d \leqq \bar{d} + t(f, \alpha/2)\frac{s_d}{\sqrt{n}} \tag{5.20}$$

$$\text{下側信頼限界} = \bar{d} - t(f, \alpha/2)\frac{s_d}{\sqrt{n}} \tag{5.21}$$

$$\text{上側信頼限界} = \bar{d} + t(f, \alpha/2)\frac{s_d}{\sqrt{n}} \tag{5.22}$$

【計算例 5-7】　表 5-2 に示されたデータから，飼料 A 給与下と飼料 B 給与下の魚の活動性の差の母平均は以下のような手順で推定される．

飼料 A 給与下のデータを $x$，飼料 B 給与下のデータを $y$ とし，最初に $d_i(=x_i - y_i\,;\ i=1, 2, \cdots, n\,;\ n=10)$ を計算し，$d_i$ の総和および 2 乗和を計算しておく（表 5-4）．念のために $\bar{x}$ と $\bar{y}$ も計算する．

$$\sum_{i=1}^{n} d_i = -2+2+\cdots+0 = -22, \quad \sum_{i=1}^{n} d_i^2 = (-2)^2 + 2^2 + \cdots + 0^2 = 118$$

$$\bar{x} = (74+70+\cdots+74)/10 = 706/10 = 70.6$$

$$\bar{y} = (76+68+\cdots+74)/10 = 728/10 = 72.8$$

①点推定

点推定による母平均の推定値は $\bar{d}$ である．

$$\text{推定値} = \bar{d} = -22/10 = -2.2\ (\text{分})$$

ここで，$\bar{d} = \bar{x} - \bar{y}$ なので，$\bar{d}$ の値は $\bar{x}$ と $\bar{y}$ より確認できる．

②区間推定

標準偏差 $s_d$ および自由度 $f$ を計算する．

表 5-4　データに対応がある場合の 2 つの母平均の差に関する推定と検定（表 5-2 に示したデータ）の計算過程

| 項目 | 個体 | | | | | | | | | | 合計 | 平均 |
|---|---|---|---|---|---|---|---|---|---|---|---|---|
| | 1 | 2 | 3 | 4 | 5 | 6 | 7 | 8 | 9 | 10 | | |
| 飼料 A（$x_i$） | 74 | 70 | 71 | 64 | 71 | 65 | 72 | 70 | 75 | 74 | — | 70.6 |
| 飼料 B（$y_i$） | 76 | 68 | 75 | 71 | 72 | 71 | 74 | 70 | 77 | 74 | — | 72.8 |
| 差（$d_i$） | −2 | 2 | −4 | −7 | −1 | −6 | −2 | 0 | −2 | 0 | −22 | −2.2 |
| 差の 2 乗（$d_i^2$） | 4 | 4 | 16 | 49 | 1 | 36 | 4 | 0 | 4 | 0 | 118 | — |

$$s_d=\sqrt{\frac{1}{9}\times\left(118-\frac{1}{10}\times(-22)^2\right)}=\sqrt{7.733}=2.781,\quad f=10-1=9$$

信頼係数（$100(1-\alpha)$）=95％を採用すると，$\alpha/2=0.025$ となり（図 5-5），付表 3 より $t(9,\ 0.025)=2.262$ が得られる．ゆえに，母平均の 95％信頼限界および 95％信頼区間は以下のように求められる．

下側 95％信頼限界 $=-2.2-2.262\times2.781/\sqrt{10}=-4.19$

上側 95％信頼限界 $=-2.2+2.262\times2.781/\sqrt{10}=-0.21$

95％信頼区間：$-4.19\leqq\mu_d\leqq-0.21$

すなわち，信頼係数 95％で母平均は $-4.19$ から $-0.21$ 分の範囲にあるといえる．

また，信頼係数（$100(1-\alpha)$）=99％を採用すると，$\alpha/2=0.005$ となり（図 5-5），付表 3 より $t(9,\ 0.005)=3.250$ が得られる．母平均の 99％信頼限界および 99％信頼区間は以下のようになる．

下側 99％信頼限界 $=-2.2-3.250\times2.781/\sqrt{10}=-5.06$

上側 99％信頼限界 $=-2.2+3.250\times2.781/\sqrt{10}=0.66$

99％信頼区間：$-5.06\leqq\mu_d\leqq0.66$

すなわち，信頼係数 99％で母平均は $-5.06$ ～ 0.66 分の範囲にあるといえる．

95％信頼区間が 0 を含まず，99％信頼区間が 0 を含むことから，平均値の差の母平均の検定において，帰無仮説 $H_0:\mu_d=0$ が有意水準 0.05 では棄却されるが，有意水準 0.01 では棄却されないことが予想できる．

**(b)　平均値の差の母平均の検定**　　対をなすデータの $t$ 検定，対応のあるデータの $t$ 検定などと呼ばれる．帰無仮説 $H_0:\mu_d=\mu_0$ を立て，母平均 $\mu_d$ が任意の値 $\mu_0$ と等しいかどうかを検定する．通常は $\mu_0=0$，すなわち $H_0:\mu_d=0$（2 つの母平均 $\mu_x$ と $\mu_y$ の差は 0 である）とする．式（5.15）と同様に，以下の統計量 $t$ が，設定した有意水準 $\alpha$ に対応する棄却域にあれば，帰無仮説を棄却する．

$$t=\frac{\bar{d}-\mu_0}{s_d/\sqrt{n}} \qquad (5.23)$$

すなわち，図 5-6（$\mu$ を $\mu_d$ に読み替える）に示されるように，対立仮説 $H_1$ が $\mu_d \neq \mu_0$ の場合には両側検定により，$t$ が $-t(f, \alpha/2)$ よりも小さいか，$t(f, \alpha/2)$ よりも大きければ帰無仮説を棄却する．また，$H_1$ が $\mu_d > \mu_0$ の場合には上側の片側検定により，$t$ が $t(f, \alpha)$ よりも大きければ帰無仮説を棄却する．$H_1$ が $\mu_d < \mu_0$ の場合には下側の片側検定により，$t$ が $-t(f, \alpha)$ よりも小さければ帰無仮説を棄却する．

【計算例 5-8】 表 5-2 に示されたデータから，飼料 A 給与下と飼料 B 給与下の魚の活動性の差の母平均が 0 と異なる（飼料 A と B によって魚の活動性が異なる）といえるかどうかについて検定する．すなわち $\mu_0=0$ とおく．

①仮説の設定

$H_0$：$\mu_d=0$（飼料 A 給与下と飼料 B 給与下の魚の活動性の差の母平均 $\mu_d$ は 0 と異ならない）

$H_1$：$\mu_d \neq 0$（$\mu_d$ は 0 と異なる）

②統計量 $t$ の計算

式（5.23）により統計量 $t$ を計算する．標本平均 $\bar{d}$，標準偏差 $s_d$，データ数 $n$ および自由度 $f$ は計算例 5-7 に示したとおりである．

$$t=\frac{-2.2-0}{2.781/\sqrt{10}}=-2.502$$

③棄却域の設定

上記の対立仮説（$H_1$：$\mu_d \neq 0$）の場合，$\mu_d$ は 0 より大きくても小さくてもよいので，両側検定を行う（図 5-6（a）；$\mu$ を $\mu_d$ に，$\mu_0$ を 0 に読み替える）．有意水準 $\alpha=0.05$ を採用すると，$\alpha/2=0.025$ となり，付表 3 より $t(9, 0.025)=2.262$ が得られ，棄却域は $t<-2.262$ および $t>2.262$ となる．

④統計量と棄却域の照合

$t$ の値（$=-2.502$）は下側有意点（$-2.262$）よりも小さく，棄却域に含まれる．

$$t=-2.502<-t(9, 0.025)=-2.262$$

⑤仮説の検証（棄却，採択）および結論

$t$ の値が棄却域に含まれるため，$H_0$：$\mu_d=0$ を棄却し，$H_1$：$\mu_d \neq 0$ を採択する．すなわち，有意水準 0.05 で，飼料 A 給与下と飼料 B 給与下の魚の活動性の差の母平均は 0 と異なる（飼料 A と B によって魚の活動性が異なる）といえる．

⑥追加検定

有意水準 0.05 で帰無仮説が棄却されたので，「仮説の正しさらしさ」に関するより

詳細な情報を得るために，有意水準 0.01 で検定する．有意水準 $\alpha = 0.01$ を採用すると，$\alpha/2 = 0.005$ となり，付表 3 より $t(9, 0.005) = 3.250$ が得られ，棄却域は $t < -3.250$ および $t > 3.250$ となる．$t$ の値（$= -2.502$）は下側有意点（$-3.250$）と上側有意点（3.250）の間に位置し，棄却域に含まれない．

$$-t(9, 0.005) = -3.250 < t = -2.502 < t(9, 0.005) = 3.250$$

そこで，$H_0 : \mu_d = 0$ を採択し，$H_1 : \mu_d \neq 0$ を棄却する．すなわち，有意水準 0.01 という高い有意性のもとでは，飼料 A 給与下と飼料 B 給与下の魚の活動性の差の母平均は 0 と異ならない（飼料 A と B によって魚の活動性は異ならない）といえる．

本計算例の結果は，値 $0 (= \mu_0)$ が母平均 $\mu_d$ の 95％信頼区間（$-4.19$ ～ $-0.21$）には含まれないが，99％信頼区間（$-5.06$ ～ 0.66）に含まれることと一致する（計算例 5-7 を参照）．

【計算例 5-9】　計算例 5-8 において，飼料 A 給与下と飼料 B 給与下の魚の活動性の差の母平均が 0 よりも小さい（飼料 B 給与下の方が飼料 A 給与下よりも活動性が高い）と予想できる場合には，これを対立仮説として検定を実施する．

①仮説の設定

$H_0 : \mu_d = 0$（飼料 A 給与下と飼料 B 給与下の魚の活動性の差の母平均 $\mu_d$ は 0 と異ならない）

$H_1 : \mu_d < 0$（$\mu_d$ は 0 より小さい）

②統計量 $t$ の計算

$t$ の計算は計算例 5-8 と同じである（$t = -2.502$）．

③棄却域の設定

対立仮説（$H_1 : \mu_d < 0$）に従って下側の片側検定を行う（図 5-6（c）；$\mu$ を $\mu_d$ に，$\mu_0$ を 0 に読み替える）．有意水準 $\alpha = 0.05$ を採用すると，付表 3 より，$-t(9, 0.05) = -1.833$ が得られ，棄却域は $t < -1.833$ となる．

④統計量と棄却域の照合

$t$ の値（$= -2.502$）は有意点（$-1.833$）よりも小さく，棄却域に含まれる．

$$t = -2.502 < -t(9, 0.05) = -1.833$$

⑤仮説の検証（棄却，採択）および結論

$t$ の値が棄却域に含まれるため，$H_0 : \mu_d = 0$ を棄却し，$H_1 : \mu_d < 0$ を採択する．すなわち，有意水準 0.05 で，飼料 A 給与下と飼料 B 給与下の魚の活動性の差の母平均は 0 よりも小さい（飼料 B 給与下の方が飼料 A 給与下よりも活動性が高い）といえる．

⑥追加検定

有意水準 0.05 で帰無仮説が棄却されたので，「仮説の正しさらしさ」に関するより

詳細な情報を得るために，有意水準 0.01 で検定してみる．有意水準 $\alpha=0.01$ を採用すると，付表３より $-t(9, 0.01)=-2.821$ が得られ，棄却域は $t<-2.821$ となる．$t$ の値（$=-2.502$）は有意点（$-2.821$）よりも大きく，棄却域に含まれない．

$$t=-2.502>-t(9, 0.01)=-2.821$$

そこで，$H_0: \mu_d=0$ を採択し，$H_1: \mu_d<0$ を棄却する．すなわち，有意水準 0.01 という高い有意性のもとでは，飼料Ａ給与下と飼料Ｂ給与下の魚の活動性の差の母平均は０と異ならない（飼料ＡとＢによって魚の活動性は異ならない）といえる．

### (2) データに対応がなく，母分散が等しい場合

データに対応がない場合には，２つの母平均は異なる母集団のものであるとみなす（図 5-7（b））．このとき，分散比に関する検定（5.3.2 を参照）により，２つの母集団の母分散が等しいと判定されるときには，以下の方法で母平均の差を推定あるいは検定する．

**(a) 母平均の差の推定**　母平均 $\mu_x$，母分散 $\sigma_x^2$（母標準偏差 $\sigma_x$）である正規母集団から抽出された $n_x$ 個のデータの平均（標本平均）を $\bar{x}$，母平均 $\mu_y$，母分散 $\sigma_y^2$（母標準偏差 $\sigma_y$）である正規母集団から抽出された $n_y$ 個のデータの平均（標本平均）を $\bar{y}$ とする時，$\bar{x}-\bar{y}$ は点推定における $\mu_x-\mu_y$ の推定値である．

$$\bar{x}=(x_1+x_2+\cdots+x_{n_x})/n_x=\frac{1}{n_x}\sum_{i=1}^{n_x}x_i \tag{5.24}$$

$$\bar{y}=(y_1+y_2+\cdots+y_{n_y})/n_y=\frac{1}{n_y}\sum_{i=1}^{n_y}y_i \tag{5.25}$$

区間推定における $\mu_x-\mu_y$ の推定値は，以下の統計量 $t$ が自由度 $f$ の $t$ 分布（4.4.4 参照）に従うことを利用して求める．

$$t=\frac{(\bar{x}-\bar{y})-(\mu_x-\mu_y)}{s_c\sqrt{1/n_x+1/n_y}} \tag{5.26}$$

ここで，$s_c$ は「共通の標準偏差」であり，分母 $s_c\sqrt{1/n_x+1/n_y}$ は「平均値の差 $\bar{x}-\bar{y}$ の標準偏差」である．共通の標準偏差 $s_c$ は，$x$ と $y$ の平方和（$S_x$，$S_y$）および自由度（$n_x-1$，$n_y-1$）から計算される共通の不偏分散 $s_c^2$ の平方根である．本推定・検定では母分散 $\sigma_x^2$ と $\sigma_y^2$ が等しい（母標準偏差 $\sigma_x$ と $\sigma_y$ が等しい）ので，共通の分散や共通の標準偏差を計算して用いるのである．

$$S_x=\sum_{i=1}^{n_x}(x_i-\bar{x})^2=\sum_{i=1}^{n_x}x_i^2-\frac{1}{n_x}\left(\sum_{i=1}^{n_x}x_i\right)^2 \tag{5.27}$$

$$S_y=\sum_{i=1}^{n_y}(y_i-\bar{y})^2=\sum_{i=1}^{n_y}y_i^2-\frac{1}{n_y}\left(\sum_{i=1}^{n_y}y_i\right)^2 \tag{5.28}$$

$$s_c^2=\frac{S_x+S_y}{(n_x-1)+(n_y-1)} \tag{5.29}$$

$$s_c=\sqrt{s_c^2} \tag{5.30}$$

ここで，共通の分散（$s_c^2$）は，不偏分散が平方和を自由度で除した商であること（3.2.2（2）を参照）にもとづき，2つの変数の平方和の合計を自由度の合計で除した商として定義される．

式（5.26）の分母 $s_c\sqrt{1/n_x+1/n_y}$ が平均値の差の標準偏差であることは次のように説明できる．すなわち，共通の分散 $s_c^2$ から，平均値 $\bar{x}$ の分散は $s_c^2/n_x$，平均値 $\bar{y}$ の分散は $s_c^2/n_y$ となる（平均値の分散はデータの分散をデータ数で除した商である；4.4.1 を参照）．2つの平均値の差の分散はそれぞれの平均値の分散の和なので，平均値の差 $\bar{x}-\bar{y}$ の分散は $s_c^2/n_x+s_c^2/n_y$ となり，平均値の差 $\bar{x}-\bar{y}$ の標準偏差は $\sqrt{s_c^2/n_x+s_c^2/n_y}=s_c\sqrt{1/n_x+1/n_y}$ となるのである．自由度（平均値の差の自由度）$f$ は次式により求められる（式（5.29）の分母と同じ）．

$$f=(n_x-1)+(n_y-1)=n_x+n_y-2 \tag{5.31}$$

自由度 $f$ の $t$ 分布において $t$ は（$1-\alpha$）の確率で $0\pm t(f,\alpha/2)$ の範囲にある（図5-5）ため，信頼係数 $100(1-\alpha)$% における母平均の差 $\mu_x-\mu_y$ の信頼区間ならびに信頼限界は以下のように計算される．

$$(\bar{x}-\bar{y})-t(f,\alpha/2)\times s_c\sqrt{1/n_x+1/n_y} \leqq \mu_x-\mu_y \leqq (\bar{x}-\bar{y})+t(f,\alpha/2)\times s_c\sqrt{1/n_x+1/n_y} \tag{5.32}$$

$$\text{下側信頼限界}=(\bar{x}-\bar{y})-t(f,\alpha/2)\times s_c\sqrt{1/n_x+1/n_y} \tag{5.33}$$

$$\text{上側信頼限界}=(\bar{x}-\bar{y})+t(f,\alpha/2)\times s_c\sqrt{1/n_x+1/n_y} \tag{5.34}$$

【計算例 5-10】　表 5-3 に示されたデータから，飼料 A 給与下と飼料 B 給与下の魚の活動性の母平均の差は以下のような手順で推定される．

飼料 A のデータを $x$，飼料 B のデータを $y$ とする．データ $x_i$（$i=1, 2, \cdots, n_x$；$n_x=8$）および $y_i$（$i=1, 2, \cdots, n_y$；$n_y=10$）の総和および 2 乗和を計算し（表 3-8 を参照），平均値 $\bar{x}$，$\bar{y}$ および平方和 $S_x$，$S_y$ を求めておく．

$$\sum_{i=1}^{n_x}x_i=65+72+\cdots+68=564, \quad \sum_{i=1}^{n_y}y_i=67+74+\cdots+73=732$$

$$\sum_{i=1}^{n_x}x_i^2=65^2+72^2+\cdots+68^2=39848, \quad \sum_{i=1}^{n_y}y_i^2=67^2+74^2+\cdots+73^2=53688$$

$\bar{x}=564/8=70.5, \quad \bar{y}=732/10=73.2$

$$S_x=39848-\frac{1}{8}\times564^2=86.0, \quad S_y=53688-\frac{1}{10}\times732^2=105.6$$

①点推定

点推定による母平均の差の推定値は $\bar{x}-\bar{y}$ である．

$$推定値=\bar{x}-\bar{y}=70.5-73.2=-2.7\ (分)$$

②区間推定

共通の標準偏差 $s_c$ および自由度 $f$ を計算する．

$$s_c=\sqrt{\frac{86.0+105.6}{(8-1)+(10-1)}}=\sqrt{11.975}=3.460$$

$$f=(8-1)+(10-1)=8+10-2=16$$

信頼係数（$100(1-\alpha)$）$=95\%$ を採用すると，$\alpha/2=0.025$ となり（図 5-5），付表 3 より $t(16, 0.025)=2.120$ が得られる．ゆえに，母平均の差の 95%信頼限界および 95%信頼区間は以下のように求められる．

$$下側\ 95\%信頼限界=-2.7-2.120\times3.460\times\sqrt{1/8+1/10}=-6.18$$

$$上側\ 95\%信頼限界=-2.7+2.120\times3.460\times\sqrt{1/8+1/10}=0.78$$

$$95\%信頼区間：-6.18\leqq\mu_x-\mu_y\leqq0.78$$

すなわち，信頼係数 95%で母平均の差は $-6.18$ ～ 0.78 分の範囲にあるといえる．

また，信頼係数（$100(1-\alpha)$）$=99\%$ を採用すると，$\alpha/2=0.005$ となり（図 5-5），付表 3 より $t(16, 0.005)=2.921$ が得られる．母平均の差の 99%信頼限界および 99%信頼区間は以下のようになる．

$$下側\ 99\%信頼限界=-2.7-2.921\times3.460\times\sqrt{1/8+1/10}=-7.49$$

$$上側\ 99\%信頼限界=-2.7+2.921\times3.460\times\sqrt{1/8+1/10}=2.09$$

$$99\%信頼区間：-7.49\leqq\mu_x-\mu_y\leqq2.09$$

すなわち，信頼係数 99%で母平均の差は $-7.49$ ～ 2.09 分の範囲にあるといえる．

95%信頼区間および 99%信頼区間の両方が 0 を含むことから，平均値の差の母平均の検定において，帰無仮説 $H_0：\mu_x-\mu_y=0$ が有意水準 0.05 および 0.01 の両水準で棄却されないことが予想できる．

(b)　**母平均の差の検定**　　帰無仮説 $H_0：\mu_x-\mu_y=\mu_0$ を立て，母平均の差 $\mu_x-\mu_y$ が任意の値 $\mu_0$ と等しいかどうかを検定する．通常は $\mu_0=0$，すなわち $H_0：\mu_x-\mu_y=0$（2 つの母平均 $\mu_x$ と $\mu_y$ の差は 0 である）とする．式（5.15）および（5.23）と同様に，以下の統計量 $t$ が，設定した有意水準 $\alpha$ に対応する棄却域にあれば，帰無仮説を棄却する．

$$t=\frac{(\bar{x}-\bar{y})-\mu_0}{s_c\sqrt{1/n_x+1/n_y}} \tag{5.35}$$

すなわち，図5-6（$\mu$ を $\mu_x-\mu_y$ に読み替える）に示されるように，対立仮説 $H_1$ が $\mu_x-\mu_y\neq\mu_0$ の場合には両側検定により，$t$ が $-t(f, \alpha/2)$ よりも小さいか，$t(f, \alpha/2)$ よりも大きければ帰無仮説を棄却する．また，$H_1$ が $\mu_x-\mu_y>\mu_0$ の場合には上側の片側検定により，$t$ が $t(f, \alpha)$ よりも大きければ帰無仮説を棄却する．$H_1$ が $\mu_x-\mu_y<\mu_0$ の場合には下側の片側検定により，$t$ が $-t(f, \alpha)$ よりも小さければ帰無仮説を棄却する．

【計算例5-11】　表5-3に示されたデータから，飼料A給与下と飼料B給与下の魚の活動性の母平均の差が0と異なる（飼料AとBによって魚の活動性が異なる）といえるかどうかについて検定する．すなわち $\mu_0=0$ とおく．

①仮説の設定

$H_0$：$\mu_x-\mu_y=0$（飼料A給与下と飼料B給与下の魚の活動性の母平均の差は0と異ならない）

$H_1$：$\mu_x-\mu_y\neq0$（$\mu_x-\mu_y$ は0と異なる）

②統計量 $t$ の計算

式（5.35）により統計量 $t$ を計算する．標本平均の差 $\bar{x}-\bar{y}$，データ数 $n_x$ と $n_y$，共通の標準偏差 $s_c$ および自由度 $f$ は計算例5-10に示したとおりである．

$$t=\frac{-2.7-0}{3.460\times\sqrt{1/8+1/10}}=-1.645$$

③棄却域の設定

上記の対立仮説（$H_1$：$\mu_x-\mu_y\neq0$）の場合，$\mu_x-\mu_y$ は0より大きくても小さくてもよいので，両側検定を行う（図5-6（a）；$\mu$ を $\mu_x-\mu_y$ に，$\mu_0$ を0に読み替える）．有意水準 $\alpha=0.05$ を採用すると，$\alpha/2=0.025$ となり，付表3より $t(16, 0.025)=2.120$ が得られ，棄却域は $t<-2.120$ および $t>2.120$ となる．

④統計量と棄却域の照合

$t$ の値（$=-1.645$）は下側有意点（$-2.120$）と上側有意点（2.120）の間に位置し，棄却域に含まれない．

$$-t(16, 0.025)=-2.120<t=-1.645<t(16, 0.025)=2.120$$

⑤仮説の検証（棄却，採択）および結論

$t$ の値が棄却域外にあるため，$H_0$：$\mu_x-\mu_y=0$ を採択し，$H_1$：$\mu_x-\mu_y\neq0$ を棄却する．すなわち，有意水準0.05で，飼料A給与下と飼料B給与下の魚の活動性の母平均の差は0と異ならない（飼料AとBによって魚の活動性は異ならない）といえる．なお，この判定（仮説の棄却と採択）と結論は有意水準 0.01 でも変わらない（計算例 5-2 を参照）．

本計算例の結果は，値 0（$=\mu_0$）が母平均の差 $\mu_x-\mu_y$ の 95％信頼区間（$-6.18$ ～ 0.78）と 99％信頼区間（$-7.49$ ～ 2.09）の両方に含まれることと一致する（計算例 5-10 を参照）．

【計算例 5-12】　計算例 5-11 において，飼料Ａ給与下と飼料Ｂ給与下の魚の活動性の母平均の差が 0 よりも小さい（飼料Ｂ給与下の方が飼料Ａ給与下よりも活動性が高い）と予想できる場合には，これを対立仮説として検定を実施する．

①仮説の設定

$H_0$：$\mu_x-\mu_y=0$（飼料Ａ給与下と飼料Ｂ給与下の魚の活動性の母平均の差は 0 と異ならない）

$H_1$：$\mu_x-\mu_y<0$（$\mu_x-\mu_y$ は 0 より小さい（$\mu_x<\mu_y$））

②統計量 $t$ の計算

$t$ の計算は計算例 5-11 と同じである（$t=-1.645$）．

③棄却域の設定

対立仮説（$H_1$：$\mu_x-\mu_y<0$）に従って下側の片側検定を行う（図 5-6（c）；$\mu$ を $\mu_x-\mu_y$ に，$\mu_0$ を 0 に読み替える）．有意水準 $\alpha=0.05$ を採用すると，付表 3 より $-t(16, 0.05)=-1.746$ が得られ，棄却域は $t<-1.746$ となる．

④統計量と棄却域の照合

$t$ の値（$=-1.645$）は有意点（$-1.746$）よりも大きく，棄却域に含まれない．

$$t=-1.645>-t(16, 0.05)=-1.746$$

⑤仮説の検証（棄却，採択）および結論

$t$ の値が棄却域外にあるため，$H_0$：$\mu_x-\mu_y=0$ を採択し，$H_1$：$\mu_x-\mu_y<0$ を棄却する．すなわち，有意水準 0.05 で，飼料Ａ給与下と飼料Ｂ給与下の魚の活動性の母平均の差は 0 と異ならない（飼料ＡとＢによって魚の活動性は異ならない）といえる．なお，この判定（仮説の棄却と採択）と結論は有意水準 0.01 でも変わらない（計算例 5-2 を参照）．

### (3)　データに対応がなく，母分散が異なる場合

データに対応がない場合には，2 つの母平均は異なる母集団のものであるとみなす（図 5-7（b））．このとき，分散比に関する検定（5.3.2 を参照）により，2 つの母集団の母分散が異なると判定されるときには，以下の方法（ウェルチ（Welch）の方法）で母平均の差を推定あるいは検定する．

(a) **母平均の差の推定** 母分散が異なる場合も，母分散が等しい場合と同様に，点推定における $\mu_x-\mu_y$ の推定値は $\bar{x}-\bar{y}$ である．

区間推定における $\mu_x-\mu_y$ の推定値は，以下の統計量 $t$ が自由度 $f$ の $t$ 分布（4.4.4 参照）に従うことを利用して求める．

$$t=\frac{(\bar{x}-\bar{y})-(\mu_x-\mu_y)}{\sqrt{s_x^2/n_x+s_y^2/n_y}} \tag{5.36}$$

ここで，$s_x^2$ と $s_y^2$ はそれぞれ $x$ と $y$ の不偏分散であり，分母 $\sqrt{s_x^2/n_x+s_y^2/n_y}$ は「平均値の差 $\bar{x}-\bar{y}$ の標準偏差」である．不偏分散 $s_x^2$ と $s_y^2$ は，$x$ と $y$ の平方和（$S_x$，$S_y$；式（5.27）と（5.28））および自由度（$n_x-1$，$n_y-1$）から計算される（3.2.2（2）を参照）．本推定・検定では母分散 $\sigma_x{}^2$ と $\sigma_y{}^2$ が異なるので，$x$ と $y$ それぞれの不偏分散を用いるのである．

$$s_x^2=\frac{S_x}{n_x-1} \tag{5.37}$$

$$s_y^2=\frac{S_y}{n_y-1} \tag{5.38}$$

式（5.36）の分母 $\sqrt{s_x^2/n_x+s_y^2/n_y}$ が平均値の差の標準偏差であることは次のように説明できる．すなわち，$x$ と $y$ それぞれの不偏分散とデータ数から，平均値 $\bar{x}$ の分散は $s_x^2/n_x$，平均値 $\bar{y}$ の分散は $s_y^2/n_y$ となる（平均値の分散はデータの分散をデータ数で除した商である；4.4.1 を参照）．2 つの平均値の差の分散はそれぞれの平均値の分散の和なので，平均値の差 $\bar{x}-\bar{y}$ の分散は $s_x^2/n_x+s_y^2/n_y$ となり，平均値の差 $\bar{x}-\bar{y}$ の標準偏差は $\sqrt{s_x^2/n_x+s_y^2/n_y}$ となるのである．自由度（平均値の差の自由度）$f$ はウェルチ-サタスウェイト（Welch-Satterthwaite）の式により近似される．

$$f=\frac{\left(\dfrac{s_x^2}{n_x}+\dfrac{s_y^2}{n_y}\right)^2}{\dfrac{1}{n_x-1}\left(\dfrac{s_x^2}{n_x}\right)^2+\dfrac{1}{n_y-1}\left(\dfrac{s_y^2}{n_y}\right)^2} \tag{5.39}$$

自由度 $f$ の $t$ 分布において $t$ は（$1-\alpha$）の確率で $0\pm t(f,\alpha/2)$ の範囲にある（図 5-5）ため，信頼係数 $100(1-\alpha)\%$ における母平均の差 $\mu_x-\mu_y$ の信頼区間ならびに信頼限界は以下のように計算される．

$$(\bar{x}-\bar{y})-t(f,\alpha/2)\times\sqrt{s_x^2/n_x+s_y^2/n_y} \le \mu_x-\mu_y \le (\bar{x}-\bar{y})+t(f,\alpha/2)\times\sqrt{s_x^2/n_x+s_y^2/n_y} \quad (5.40)$$

$$\text{下側信頼限界}=(\bar{x}-\bar{y})-t(f,\alpha/2)\times\sqrt{s_x^2/n_x+s_y^2/n_y} \quad (5.41)$$

$$\text{上側信頼限界}=(\bar{x}-\bar{y})+t(f,\alpha/2)\times\sqrt{s_x^2/n_x+s_y^2/n_y} \quad (5.42)$$

(b)　**母平均の差の検定**　帰無仮説 $H_0：\mu_x-\mu_y=\mu_0$ を立て，母平均の差 $\mu_x-\mu_y$ が任意の値 $\mu_0$ と等しいかどうかを検定する．通常は $\mu_0=0$，すなわち $H_0：\mu_x-\mu_y=0$（2 つの母平均 $\mu_x$ と $\mu_y$ の差は 0 である）とする．式（5.15），（5.23）および（5.35）と同様に，以下の統計量 $t$ が設定した有意水準 $\alpha$ に対応する棄却域にあれば，帰無仮説を棄却する．

$$t=\frac{(\bar{x}-\bar{y})-\mu_0}{\sqrt{s_x^2/n_x+s_y^2/n_y}} \quad (5.43)$$

すなわち，図 5-6（$\mu$ を $\mu_x-\mu_y$ に読み替える）に示されるように，対立仮説 $H_1$ が $\mu_x-\mu_y\neq\mu_0$ の場合には両側検定により，$t$ が $-t(f,\alpha/2)$ よりも小さいか，$t(f,\alpha/2)$ よりも大きければ帰無仮説を棄却する．また，$H_1$ が $\mu_x-\mu_y>\mu_0$ の場合には上側の片側検定により，$t$ が $t(f,\alpha)$ よりも大きければ帰無仮説を棄却する．$H_1$ が $\mu_x-\mu_y<\mu_0$ の場合には下側の片側検定により，$t$ が $-t(f,\alpha)$ よりも小さければ帰無仮説を棄却する．

### 5.2.3　3 つ以上の平均値の差に関する検定：分散分析と多重比較

調査や実験で比較したい平均値は 2 つとは限らず，実際には 3 つ以上のことも多い．3 つ以上の平均値を扱うとき，検定の関心はこれらの母平均が異なるかどうかである．このようなときに用いられる手法が分散分析と多重比較である．これらの解説は第 8 章「実験計画法と分散分析」にゆずる．

## 5.3　分散に関する推定と検定

### 5.3.1　1 つの分散に関する推定と検定

1 つの分散を扱うとき，推定の対象は母分散の値であり，検定の関心は母分散が任意の値（$\sigma_0^2$）と異なるかどうかである．

(1)　**母分散の推定**

母分散 $\sigma^2$ である正規母集団から無作為抽出された $n$ 個のデータにもとづく不偏分散を $s^2$ とするとき，$s^2$ は点推定における $\sigma^2$ の推定値である（3.2.2（2）を参照).

$$s^2=\frac{1}{n-1}\sum_{i=1}^{n}(x_i-\bar{x})^2=\frac{1}{n-1}\left\{\sum_{i=1}^{n}x_i^{\,2}-\frac{1}{n}\left(\sum_{i=1}^{n}x_i\right)^2\right\} \tag{5.44}$$

区間推定における $\sigma^2$ の推定値は，以下の統計量 $\chi^2$（カイ 2 乗）が自由度 $f$ の $\chi^2$ 分布（4.4.2 参照）に従うことを利用して求める.

$$\chi^2=S/\sigma^2 \tag{5.45}$$

ここで，$S$ はデータの平方和（3.2.2（1）を参照）であり，$S$ と自由度 $f$ は以下のように求められる.

$$S=\sum_{i=1}^{n}(x_i-\bar{x})^2=\sum_{i=1}^{n}x_i^{\,2}-\frac{1}{n}\left(\sum_{i=1}^{n}x_i\right)^2 \tag{5.46}$$

$$f=n-1 \tag{5.47}$$

自由度 $f$ の $\chi^2$ 分布において，$\chi^2$ が $\chi^2(f,p)$ よりも大きな値をとる確率は $p$ である（付表 4）．ここで，上側確率 $p$ の代わりに分布の両側に $\alpha/2$ の確率（上側と下側を合わせて $\alpha$）を考えると，$\chi^2$ の値は，$\alpha/2$ の確率で $\chi^2(f,1-\alpha/2)$ よりも小さく，$\alpha/2$ の確率で $\chi^2(f,\alpha/2)$ よりも大きく，$(1-\alpha)$ の確率で $\chi^2(f,1-\alpha/2)$ から $\chi^2(f,\alpha/2)$ の範囲にある（図 5-8）．すなわち，

$$\chi^2(f,1-\alpha/2)\leqq\frac{S}{\sigma^2}\leqq\chi^2(f,\alpha/2) \tag{5.48}$$

である確率は $(1-\alpha)$ である．この式を変形することにより，信頼係数（信頼率）$100(1-\alpha)$%における母分散 $\sigma^2$ の信頼区間が導かれる.

$$\frac{S}{\chi^2(f,\alpha/2)}\leqq\sigma^2\leqq\frac{S}{\chi^2(f,1-\alpha/2)} \tag{5.49}$$

また，信頼限界は以下のようになる.

$$下側信頼限界=\frac{S}{\chi^2(f,\alpha/2)} \tag{5.50}$$

$$上側信頼限界=\frac{S}{\chi^2(f,1-\alpha/2)} \tag{5.51}$$

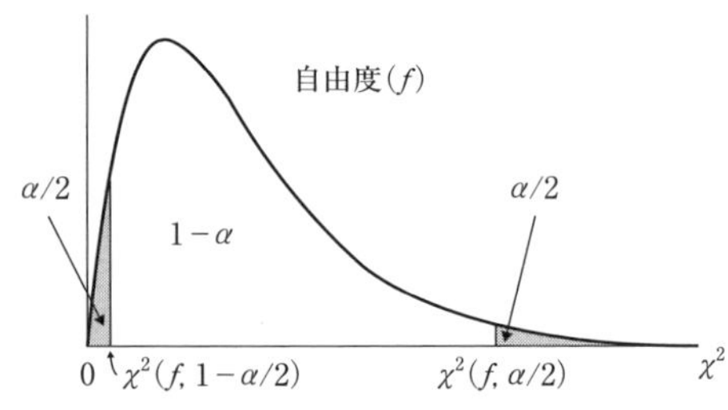


図 5-8　$\chi^2$ 分布における区間推定の考え方
$\chi^2$ の値は $(1-\alpha)$ の確率で $\chi^2(f,1-\alpha/2)$ から $\chi^2(f,\alpha/2)$ の範囲にある.

【計算例 5-13】　表 5-1 に示されたデータ（ある農場で生産された果実から無作為抽出された 20 個の重量）について，果実重量の母分散が未知であるとき，母分散は以下のように推定される．

計算例 5-4 と同様にデータ $x_i$（$i=1, 2, \cdots, n$；$n=20$）の総和（$=1100$）および 2 乗和（$=60758$）を計算する．そして，平方和 $S$（式（5.46））と自由度 $f$（式（5.47））を計算する．

$$S=60758-\frac{1}{20}\times 1100^2=258, \quad f=20-1=19$$

①点推定

点推定による母分散の推定値は不偏分散 $s^2$ であり，平方和を自由度で除して求められる（式（5.44）；単位は 3.2.2 で説明したように，g の 2 乗となる）．

$$推定値=s^2=258/19=13.58\ (\mathrm{g}^2)$$

②区間推定

信頼係数（$100(1-\alpha)$）$=95\%$ を採用すると，$\alpha/2=0.025$ となり（図 5-8），付表 4 より $\chi^2(19, 0.025)=32.852$ および $\chi^2(19, 1\text{-}0.025)=\chi^2(19, 0.975)=8.907$ が得られる．ゆえに，母分散の 95% 信頼限界および 95% 信頼区間は次のように求められる．

$$下側 95\% 信頼限界=258/32.852=7.85$$
$$上側 95\% 信頼限界=258/8.907=28.97$$
$$95\% 信頼区間：7.85 \leqq \sigma^2 \leqq 28.97$$

すなわち，信頼係数 95% で母分散は 7.85 ～ 28.97 $\mathrm{g}^2$ の範囲にあるといえる．

また，信頼係数（$100(1-\alpha)$）$=99\%$ を採用すると，$\alpha/2=0.005$ となり（図 5-8），付表 4 より $\chi^2(19, 0.005)=38.582$ および $\chi^2(19, 1-0.005)=\chi^2(19, 0.995)=6.844$ が得られる．母分散の 99% 信頼限界および 99% 信頼区間は次のように求められる．

$$下側 99\% 信頼限界=258/38.582=6.69$$
$$上側 99\% 信頼限界=258/6.844=37.70$$
$$99\% 信頼区間：6.69 \leqq \sigma^2 \leqq 37.70$$

すなわち，信頼係数 99% で母分散は 6.69 ～ 37.70 $\mathrm{g}^2$ の範囲にあるといえる．

### (2)　母分散の検定

帰無仮説 $\mathrm{H}_0$：$\sigma^2=\sigma_0{}^2$ を立て，母分散 $\sigma^2$ が任意の値 $\sigma_0{}^2$ と等しいかどうかを検定する．以下の統計量 $\chi^2$（カイ 2 乗）が，設定した有意水準 $\alpha$ に対応する棄却域にあれば，帰無仮説を棄却する．

$$\chi^2=S/\sigma_0{}^2 \tag{5.52}$$

すなわち，対立仮説 $\mathrm{H}_1$ が $\sigma^2 \neq \sigma_0{}^2$ の場合には，$\chi^2$ が $\chi^2(f, 1-\alpha/2)$ よりも小さい

か，$\chi^2(f, \alpha/2)$よりも大きければ，棄却域に入っていることになり（両側検定），帰無仮説を棄却する（図 5-9（a））．また，$H_1$ が $\sigma^2 > \sigma_0{}^2$ の場合には，$\chi^2$ が $\chi^2(f, \alpha)$よりも大きければ棄却域に入っていることになり（上側の片側検定），帰無仮説を棄却する（図 5-9（b））．$H_1$ が $\sigma^2 < \sigma_0{}^2$ の場合には，$\chi^2$ が $\chi^2(f, 1-\alpha)$よりも小さければ棄却域に入っていることになり（下側の片側検定），帰無仮説を棄却する（図 5-9（c））．

【計算例 5-14】　計算例 5-13 のデータに関して，果実重量の母分散が 7.0 g$^2$（$\sigma_0{}^2$）と異なるといえるかどうかについて検定する．

①仮説の設定

$H_0$：$\sigma^2 = \sigma_0{}^2$（果実重量の母分散は $\sigma_0{}^2$ と異ならない）

$H_1$：$\sigma^2 \neq \sigma_0{}^2$（$\sigma^2$ は $\sigma_0{}^2$ と異なる）

②統計量 $\chi^2$ の計算

式（5.52）により統計量 $\chi^2$ を計算する．平方和 $S$ と自由度 $f$ は計算例 5-13 に示したとおりである．

$$\chi^2 = 258/7.0 = 36.857$$

③棄却域の設定

上記の対立仮説（$H_1$：$\sigma^2 \neq \sigma_0{}^2$）の場合，$\sigma^2$ は $\sigma_0{}^2$ より大きくても小さくてもよいので，両側検定を行う（図 5-9（a））．有意水準 $\alpha = 0.05$ を採用すると，$\alpha/2 = 0.025$ となり，付表 4 より下側有意点 $\chi^2(19, 1\text{-}0.025) = \chi^2(19, 0.975) = 8.907$ および上側有意点 $\chi^2(19, 0.025) = 32.852$ が得られ，棄却域は $\chi^2 < 8.907$ および $\chi^2 > 32.852$ となる．

④統計量と棄却域の照合

$\chi^2$ の値（$= 36.857$）は上側有意点（32.852）よりも大きく，棄却域に含まれる．

$$\chi^2 = 36.857 > \chi^2(19, 0.025) = 32.852$$

⑤仮説の検証（棄却，採択）および結論

$\chi^2$ の値が棄却域に含まれるため，$H_0$：$\sigma^2 = \sigma_0{}^2$ を棄却し，$H_1$：$\sigma^2 \neq \sigma_0{}^2$ を採択する．

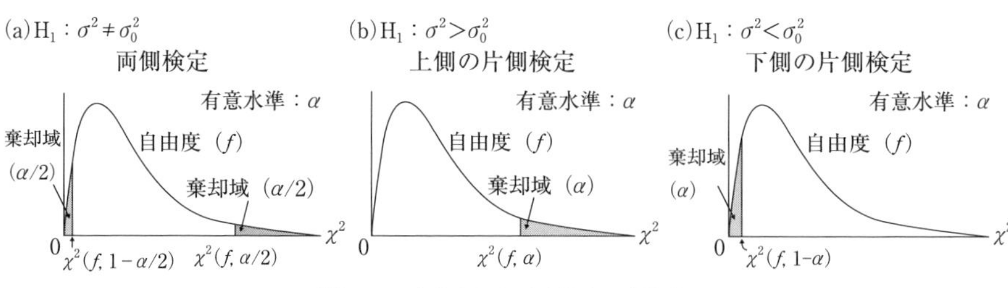


図 5-9　$\chi^2$ 分布における検定の考え方

すなわち，有意水準 0.05 で，農場の果実重量の母分散は 7.0 $g^2$ と異なるといえる．

⑥追加検定

有意水準 0.05 で帰無仮説が棄却されたので，「仮説の正しさらしさ」に関するより詳細な情報を得るために，有意水準 0.01 で検定してみる．有意水準 $\alpha = 0.01$ を採用すると，$\alpha/2 = 0.005$ となり，付表 4 より下側有意点 $\chi^2(19, 1\text{-}0.005) = \chi^2(19, 0.995) = 6.844$ および上側有意点 $\chi^2(19, 0.005) = 38.582$ が得られ，棄却域は $\chi^2 < 6.844$ および $\chi^2 > 38.582$ となる．$\chi^2$ の値（$= 36.857$）は下側有意点（6.844）と上側有意点（38.582）の間にあり，棄却域に含まれない．

$$\chi^2(19, 0.995) = 6.844 < \chi^2 = 36.857 < \chi^2(19, 0.005) = 38.582$$

そこで，$H_0 : \sigma^2 = {\sigma_0}^2$ を採択し，$H_1 : \sigma^2 \neq {\sigma_0}^2$ を棄却する．すなわち，有意水準 0.01 という高い有意性のもとでは，果実重量の母分散は 7.0 $g^2$ と異ならないといえる．

本計算例の結果は，${\sigma_0}^2$（$= 7.0$）が母分散 $\sigma^2$ の 95％信頼区間（7.85 ～ 28.97）には含まれないが，99％信頼区間（6.69 ～ 37.70）に含まれることと一致する（計算例 5-13 を参照）．

【計算例 5-15】　計算例 5-13 のデータに関して，果実重量の母分散が 7.0 $g^2$（${\sigma_0}^2$）よりも大きいと予想できる場合には，これを対立仮説として検定を行う．

①仮説の設定

$H_0 : \sigma^2 = {\sigma_0}^2$（果実重量の母分散は ${\sigma_0}^2$ と異ならない）

$H_1 : \sigma^2 > {\sigma_0}^2$（$\sigma^2$ は ${\sigma_0}^2$ よりも大きい）

②統計量 $\chi^2$ の計算

$\chi^2$ の計算は計算例 5-14 と同じである（$\chi^2 = 36.857$）．

③棄却域の設定

対立仮説（$H_1 : \sigma^2 > {\sigma_0}^2$）に従って上側の片側検定を行う（図 5-9（b））．有意水準 $\alpha = 0.05$ を採用すると，付表 4 より $\chi^2(19, 0.05) = 30.144$ が得られ，棄却域は $\chi^2 > 30.144$ となる．

④統計量と棄却域の照合

$\chi^2$ の値（$= 36.857$）は有意点（30.144）よりも大きく，棄却域に含まれる．

$$\chi^2 = 36.857 > \chi^2(19, 0.05) = 30.144$$

⑤仮説の検証（棄却，採択）および結論

$\chi^2$ の値が棄却域に含まれるため，$H_0 : \sigma^2 = {\sigma_0}^2$ を棄却し，$H_1 : \sigma^2 > {\sigma_0}^2$ を採択する．すなわち，有意水準 0.05 で，果実重量の母分散は 7.0 $g^2$ よりも大きいといえる．

⑥追加検定

有意水準 0.05 で帰無仮説が棄却されたので，「仮説の正しさらしさ」に関するより

詳細な情報を得るために，有意水準 0.01 で検定してみる．有意水準 $\alpha=0.01$ を採用すると，付表 4 より $\chi^2(19, 0.01)=36.191$ が得られ，棄却域は $\chi^2>36.191$ となる．$\chi^2$ の値（$=36.857$）は有意点（36.191）よりも大きく，棄却域に含まれる．

$$\chi^2=36.857>\chi^2(19, 0.01)=36.191$$

そこで，$H_0: \sigma^2={\sigma_0}^2$ を棄却し，$H_1: \sigma^2>{\sigma_0}^2$ を採択する．すなわち，有意水準 0.01 という高い有意性のもとでも，果実重量の母分散は 7.0 $g^2$ よりも大きいといえる．

### 5.3.2　2つの分散の違い（分散比）に関する検定

2つの正規母集団の母分散 ${\sigma_x}^2$，${\sigma_y}^2$ が等しいとき，それぞれの集団から無作為抽出された 2 組の標本（データ数 $n_x$，$n_y$）から得られる不偏分散 $s_x^2$，$s_y^2$ の比（分散比）$F$ は自由度 $f_1$，$f_2$ の $F$ 分布（4.4.3 参照）に従う．

$$F=s_x^2/s_y^2 \tag{5.53}$$

ここで，2つの自由度 $f_1$ および $f_2$ は分散比の分子と分母に対応し，以下のように定義される．

$$f_1=n_x-1 \tag{5.54}$$

$$f_2=n_y-1 \tag{5.55}$$

また，$x$ と $y$ の不偏分散 ${s_x}^2$ と ${s_y}^2$ はそれぞれの平方和（式（5.27）と（5.28））および自由度から式（5.37）および（5.38）と同様に求められる．

$${s_x}^2=S_x/f_1 \tag{5.56}$$

$${s_y}^2=S_y/f_2 \tag{5.57}$$

帰無仮説 $H_0: {\sigma_x}^2/{\sigma_y}^2=1$ を立て，母分散の比が 1 と等しいか（2つの母分散が等しいか）どうかを検定する．統計量 $F$ が，設定した有意水準 $\alpha$ に対応する棄却域にあれば，帰無仮説を棄却する．

対立仮説 $H_1$ が ${\sigma_x}^2/{\sigma_y}^2\neq 1$ の場合には，$F$ が $F(f_1, f_2, 1-\alpha/2)$ よりも小さいか，$F(f_1, f_2, \alpha/2)$ よりも大きければ，棄却域に入っていることになり（両側検定），帰無仮説を棄却する（図 5-10（a））．ここで，下側確率 $\alpha/2$ となる $F$ 値は，分散比の分子と分母を逆にした上側確率 $\alpha/2$ となる $F$ 値の逆数であることから，下側有意点は必ず 1 未満の値をとり，$F$ 値が 1 より大きければ下側棄却域に入ることはない．このことを利用して，実際の検定では，$F$ 値が 1 より大きくなるように分子と分母の変数 $x$，$y$ を決め，$F$ が $F(f_1, f_2, \alpha/2)$ より大きければ（上側棄却域に入れば），有意水準 $\alpha$ で帰無仮説を棄却する．

$$F(f_1, f_2, 1-\alpha/2) = \frac{1}{F(f_2, f_1, \alpha/2)} \tag{5.58}$$

また，$H_1$ が $\sigma_x^2/\sigma_y^2>1$ の場合には，$F$ が $F(f_1, f_2, \alpha)$ よりも大きければ棄却域に入っていることになり（上側の片側検定），帰無仮説を棄却する（図5-10（b））．$H_1$ が $\sigma_x^2/\sigma_y^2<1$ の場合には，$F$ が $F(f_1, f_2, 1-\alpha)$ よりも小さければ棄却域に入っていることになり（下側の片側検定），帰無仮説を棄却する（図5-10（c））．実際には，下側の片側検定は式（5.58）を利用して上側の片側検定として実施する．すなわち，$F$ 値が1より大きくなるように分子と分母の変数 $x$，$y$ を決め，$F$ が $F(f_1, f_2, \alpha)$ より大きければ，有意水準 $\alpha$ で帰無仮説を棄却する．

【計算例5-16】　表5-3に示されたデータ（魚18個体を8個体と10個体の2群に無作為に分け，前者に飼料Aを，後者に飼料Bを与えたときの活動性）について，飼料A給与下と飼料B給与下の魚の活動性の母分散が異なるといえるかどうかについて検定する．

①仮説の設定

$H_0$：$\sigma_x^2/\sigma_y^2=1$（飼料A給与下と飼料B給与下の魚の活動性の母分散比 $\sigma_x^2/\sigma_y^2$ は1と異ならない（2つの母分散は異ならない））

$H_1$：$\sigma_x^2/\sigma_y^2\neq 1$（$\sigma_x^2/\sigma_y^2$ は1と異なる（2つの母分散は異なる））

②統計量 $F$ の計算

計算例5-10と同様に，飼料Aのデータを $x$，飼料Bのデータを $y$ とし，データ $x_i$（$i=1, 2, \cdots, n_x$；$n_x=8$）および $y_i$（$i=1, 2, \cdots, n_y$；$n_y=10$）の総和（$\sum x_i=564$，$\sum y_i=732$）および2乗和（$\sum x_i^2=39848$，$\sum y_i^2=53688$）を計算し，平方和（$S_x=86.0$，$S_y=105.6$）を求める．それぞれの自由度 $f_1$，$f_2$（式（5.54）と（5.55））および不偏分散 $s_x^2$，$s_y^2$（式（5.56）と（5.57））は以下のようになる．

$$s_x^2=86.0/(8-1)=12.29, \quad f_1=8-1=7$$

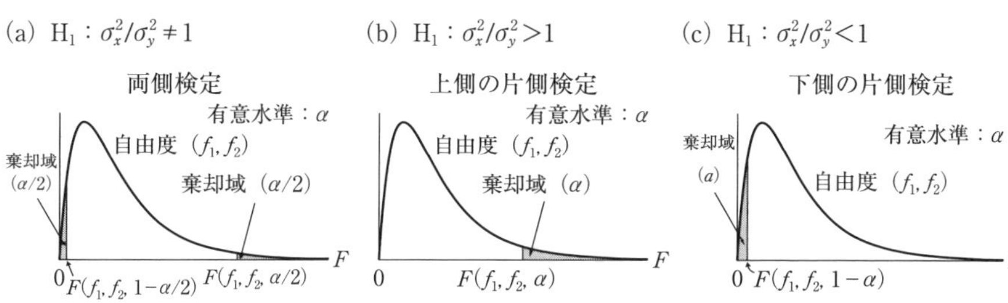


図5-10　$F$ 分布における検定の考え方

$$s_y^2 = 105.6/(10-1) = 11.73, \quad f_2 = 10-1 = 9$$

さらに，式（5.53）により，統計量 $F$ を，その値が 1 より大きくなるように計算する．

$$F = 12.29/11.73 = 1.047$$

ここで，本計算例の場合には $s_x{}^2 > s_y{}^2$ なので，飼料の種類と $x$，$y$ との対応は以上のままでよいが，$s_x{}^2 < s_y{}^2$ のときには，$F$ の値が 1 より大きくなるように $x$ と $y$ を逆にする（飼料 A を $y$，飼料 B を $x$ とし，自由度 $f_1$ と $f_2$，不偏分散 $s_x{}^2$ と $s_y{}^2$ などの統計量を入れ替える）．

③棄却域の設定

上記の対立仮説（$\mathrm{H}_1 : \sigma_x{}^2/\sigma_y{}^2 \neq 1$）の場合，$\sigma_x{}^2/\sigma_y{}^2$ は 1 より大きくても小さくてもよいので，両側検定を行う（図 5-10（a））．有意水準 $\alpha = 0.05$ を採用すると，$\alpha/2 = 0.025$ となり，付表 5 より $F(7, 9, 0.025) = 4.197$ が得られ，上側棄却域は $F > 4.197$ となる．

④統計量と棄却域の照合

$F$ の値（$=1.047$）は上側有意点（4.197）よりも小さく，上述したように下側有意点より必ず大きいので，棄却域に含まれない．ちなみに，下側有意点 $F(7, 9, 0.975)$ は $1/F(9, 7, 0.025) = 1/4.823 = 0.207$ となり，下側棄却域は $F < 0.207$ である．

$$F(7, 9, 0.975) = 0.207 < F = 1.047 < F(7, 9, 0.025) = 4.197$$

⑤仮説の検証（棄却，採択）および結論

$F$ の値が棄却域に含まれないため，$\mathrm{H}_0 : \sigma_x{}^2/\sigma_y{}^2 = 1$ を採択し，$\mathrm{H}_1 : \sigma_x{}^2/\sigma_y{}^2 \neq 1$ を棄却する．すなわち，有意水準 0.05 で，飼料 A 給与下と飼料 B 給与下の魚の活動性の母分散は異ならないといえる．なお，この判定（仮説の棄却と採択）と結論は有意水準 0.01 でも変わらない（計算例 5-2 を参照）．

【計算例 5-17】 計算例 5-16 のデータに関して，魚の活動性の母分散が飼料 A 給与下の方が飼料 B 給与下よりも大きいと予想される場合には，これを対立仮説として検定を行う．

①仮説の設定

$\mathrm{H}_0 : \sigma_x{}^2/\sigma_y{}^2 = 1$（飼料 A 給与下と飼料 B 給与下の魚の活動性の母分散比 $\sigma_x{}^2/\sigma_y{}^2$ は 1 と異ならない（2 つの母分散は異ならない））

$\mathrm{H}_1 : \sigma_x{}^2/\sigma_y{}^2 > 1$（$\sigma_x{}^2/\sigma_y{}^2$ は 1 よりも大きい（$\sigma_x{}^2 > \sigma_y{}^2$））

②統計量 $F$ の計算

$F$ の計算は計算例 5-16 と同じである（$F = 1.047$）．

③棄却域の設定

対立仮説（$\mathrm{H}_1 : \sigma_x{}^2/\sigma_y{}^2 > 1$）に従って上側の片側検定を行う（図 5-10（b））．有意水準 $\alpha = 0.05$ を採用すると，付表 5 より $F(7, 9, 0.05) = 3.293$ が得られ，棄却域は $F >$

3.293 となる.

④統計量と棄却域の照合

$F$ の値（$=1.047$）は有意点よりも小さく，棄却域に含まれない.

$$F=1.047<F(7, 9, 0.05)=3.293$$

⑤仮説の検証（棄却，採択）および結論

$F$ の値が棄却域に含まれないため，$H_0：\sigma_x^2/\sigma_y^2=1$ を採択し，$H_1：\sigma_x^2/\sigma_y^2>1$ を棄却する．すなわち，有意水準 0.05 で，飼料 A 給与下と飼料 B 給与下の魚の活動性の母分散は異ならないといえる．なお，この判定（仮説の棄却と採択）と結論は有意水準 0.01 でも変わらない（計算例 5-2 を参照).

［**平田昌彦**］

## 本章に関する Excel 関数

エクセル（Excel）の関数や計算式は，セルに「=」に続けて入力する．また多くの関数は，関数名(引数 1，引数 2，…）の形で利用する．以下の説明では最初の「=」を省略している.

☞データ数は COUNT 関数，合計は SUM 関数，平均値は AVERAGE 関数，平方和は DEVSQ 関数，不偏分散は VAR 関数，標準偏差（母標準偏差の推定値）は STDEV 関数，平方根は SQRT 関数を用いて求める.

◆正規分布に関する関数

☞正規分布関数の値は NORMDIST 関数を用いて求める．$z$ 値，平均値，標準偏差および関数形式（TRUE＝累積分布関数の値，FALSE＝確率密度関数の値）を引数とする．図 5-3 および 5-4 の関数値は，平均値＝0，標準偏差＝1，関数形式＝FALSE として求めたものである．また，付表 2 の上側確率 $p$ は，1－NORMDIST ($z(p)$, 0, 1, TRUE）として計算したものである．標準正規分布（平均値＝0，標準偏差＝1）の場合は NORMSDIST 関数が利用できる.

☞任意の累積確率に対応する $z$ 値は NORMINV 関数を用いて求める．累積確率，平均値および標準偏差を引数とする．上側確率 $p$ に対応する $z(p)$は，－NORMINV($p$, 平均値 , 標準偏差）として計算できる．標準正規分布（平均値＝0，標準偏差＝1）の場合は NORMSINV 関数が利用できる.

☞正規分布にもとづく母平均の信頼限界は，平均値 ± CONFIDENCE.NORM 関数値として得られる．有意水準 $\alpha$（信頼係数％＝$100(1-\alpha)$)，標準偏差および標本数を引数とする.

◆$t$ 分布に関する関数

☞任意の確率に対応する $t$ 値は TINV 関数を用いて求める．両側確率と自由度を引数とする．付表 3 の $t(f, p)$ は，TINV（$p$*2, $f$）として計算したものである．

☞逆に，$t$ 分布の確率は TDIST 関数を用いて求める．$t$ 値，自由度および尾部（片側 =1，両側 =2）を引数とする．$t$ 値が負のときの確率は正のときと同じとなる．

☞ $t$ 分布にもとづく母平均の信頼限界は，平均値 ± CONFIDENCE.T 関数値として得られる．有意水準 $\alpha$(信頼係数% = 100(1 − $\alpha$))，標準偏差（母標準偏差の推定値）および標本数を引数とする．

☞ 2 つの平均値の差に関する検定には TTEST 関数が利用できる．2 つのデータのセル範囲，尾部（片側検定 =1，両側検定 =2）および検定の種類を引数とし，検定結果（確率水準）を返す．検定の種類は，対応がある場合 =1，対応がなく等分散の場合 =2，対応がなく非等分散の場合 =3 である．

◆$\chi^2$ 分布に関する関数

☞任意の上側確率に対応する $\chi^2$ 値は CHIINV 関数を用いて求める．確率と自由度を引数とする．付表 4 の $\chi^2(f, p)$ は，CHIINV($p$, $f$) として計算したものである．

☞逆に，$\chi^2$ 分布の上側確率は CHIDIST 関数を用いて求める．$\chi^2$ 値および自由度を引数とする．

◆$F$ 分布に関する関数

☞任意の上側確率に対応する $F$ 値は FINV 関数を用いて求める．確率および $F$ 値の分子と分母の自由度を引数とする．付表 5 の $F(f_1, f_2, p)$ は，FINV($p$, $f_1$, $f_2$) として計算したものである．

☞逆に，$F$ 分布の上側確率は FDIST 関数を用いて求める．$F$ 値および $F$ 値の分子と分母の自由度を引数とする．

☞ 2 つの分散の違いに関する検定には FTEST 関数が利用できる．2 つのデータのセル範囲を引数とし，検定結果（両側確率水準）を返す．

## 練習問題 5

**【5-1】** ある養魚場の養成池で飼育されている魚から無作為に 20 個体を選び，体重（g）を測定したところ，以下のような値が得られた．

| | | | | | | | | | |
|---|---|---|---|---|---|---|---|---|---|
| 81 | 95 | 113 | 74 | 97 | 105 | 62 | 86 | 91 | 110 |
| 103 | 82 | 94 | 100 | 98 | 71 | 102 | 122 | 82 | 92 |

(1) 養成池で飼育されている魚の平均体重（母平均）を点推定と区間推定により推定しなさい．区間推定では95%信頼区間および99%信頼区間を求めなさい．

(2) この養魚場では「魚の平均重量が100 gになったら出荷する」という．養成池で飼育されている魚の平均体重（母平均）は出荷基準に達しているといえるかどうか，有意水準0.05および0.01で両側検定をしなさい．

(3) 養成池で飼育されている魚の体重の分散（母分散）を点推定と区間推定により推定しなさい．区間推定では95%信頼区間および99%信頼区間を求めなさい．

(4) この養魚場では「魚の体重の分散が121 $g^2$（標準偏差＝11 g）以下になることを目標としている」という．養成池で飼育されている魚の体重の分散（母分散）は目標に達しているといえるかどうか，有意水準0.05および0.01で両側検定をしなさい．

**【5-2】** 牧草の新品種Aと従来品種Bを日本の10地点において栽培し，収量（$g/m^2$）を測定したところ，以下のような値が得られた．

| 品種 | 地点 | | | | | | | | | |
|---|---|---|---|---|---|---|---|---|---|---|
| | 1 | 2 | 3 | 4 | 5 | 6 | 7 | 8 | 9 | 10 |
| A | 884 | 840 | 757 | 1181 | 1080 | 324 | 620 | 322 | 692 | 1250 |
| B | 831 | 847 | 703 | 1152 | 956 | 294 | 643 | 300 | 607 | 1125 |

(1) 品種AとBの収量の差の母平均を点推定と区間推定により推定しなさい．区間推定では95%信頼区間および99%信頼区間を求めなさい．

(2) 品種AとBの収量の優劣は不明であるとする．品種によって収量が異なるといえるかどうか，有意水準0.05および0.01で両側検定をしなさい．

(3) 新品種育成の狙いは収量の増加であるとする．品種によって収量が異なるといえるかどうか，有意水準0.05および0.01で片側検定をしなさい．

(4) 収量増加を目標として育成された新品種Aと従来品種Bの収量の差は20 $g/m^2$を超えるといえるかどうか，有意水準0.05および0.01で片側検定をしなさい．

**【5-3】** 宮崎大学農学部の1つの圃場内に15の試験区を設け，牧草の新品種Aを8つの試験区に，従来品種Bを7つの試験区に無作為に割付けて栽培し，収量（$g/m^2$）を測定したところ，以下のような値が得られた．

| 品種 | 1 | 2 | 3 | 4 | 5 | 6 | 7 | 8 |
|---|---|---|---|---|---|---|---|---|
| A | 1120 | 1050 | 980 | 1210 | 1090 | 1000 | 970 | 1060 |
| B | 900 | 1030 | 990 | 1070 | 960 | 930 | 840 | — |

(1) 品種AとBの収量の母分散が異なるといえるかどうか，有意水準0.05および0.01

で両側検定をしなさい．そして，この結果にもとづいて以下の統計解析を実施しなさい．

(2) 品種 A と B の収量の母平均の差を点推定と区間推定により推定しなさい．区間推定では 95%信頼区間および 99%信頼区間を求めなさい．

(3) 品種 A と B の収量の優劣は不明であるとする．品種によって収量が異なるといえるかどうか，有意水準 0.05 および 0.01 で両側検定をしなさい．

(4) 新品種育成の狙いは収量の増加であるとする．品種によって収量が異なるといえるかどうか，有意水準 0.05 および 0.01 で片側検定をしなさい．

第6章

# 2つの正規変量間の関係

変数間の関係は，複数の変数を扱う統計解析における重要な関心事である．本章では，2つの正規変量間の関係を解析するための手法として，相関分析ならびに単回帰分析について解説する．単回帰分析については最も基本的な関数のみを扱う．

## 6.1 相関分析

### 6.1.1 相関分析とは

相関分析は組になった2つの変数間の関係を検討するための手法である．次節の回帰分析と異なり，相関分析は，単純に2つの変数間に直線的な関係があるかどうか（一方が増加すれば他方が増加するか，減少するか）を検討するものであり，「一方の変数が他方に依存する」という概念を含んではいない．これゆえ，変数を $x$ と $y$ ではなく，$x_1$ と $x_2$ で表記することもある．2つの変数を入れ替えても，得られる結果は同じである．

2つの変数が正規変量である（母集団のデータ分布が正規分布に従う）ときにはパラメトリック手法を用いる．非正規変量であるときには，変数変換によりデータ分布を正規分布に近似させたうえでパラメトリック手法を用いるか，そのままのデータにノンパラメトリック手法を適用する．ここではパラメトリック手法であるピアソン（Pearson）の積率相関について解説する．正規分布については第4章を，変数変換と正規性の確認手法については第7章を，ノンパラメトリック手法については第9章を参照されたい．

### 6.1.2 散布図

2つの変数間の関係は散布図により視覚的に把握することができる．表6-1はS大学の学生から無作為に抽出した20名の被験者における血中の中性脂肪と総コレステロールの濃度であり，これらのデータから描いた散布図が図6-1である．上述の通り，相関分析では一方の変数が他方に依存するという概念はないため，どちらの変数を縦（$y$），横（$x$）どちらの軸にとるかは任意である．散布図から，

表 6-1　被験者 20 名における血中の中性脂肪と総コレステロールの濃度

| 被験者 | 中性脂肪 (mg/dL) | 総コレステロール (mg/dL) |
|---|---|---|
| 1 | 34 | 179 |
| 2 | 51 | 202 |
| 3 | 54 | 163 |
| 4 | 56 | 215 |
| 5 | 59 | 199 |
| 6 | 63 | 173 |
| 7 | 72 | 217 |
| 8 | 72 | 197 |
| 9 | 78 | 254 |
| 10 | 87 | 180 |
| 11 | 90 | 202 |
| 12 | 115 | 226 |
| 13 | 120 | 203 |
| 14 | 124 | 206 |
| 15 | 128 | 220 |
| 16 | 145 | 231 |
| 17 | 167 | 277 |
| 18 | 176 | 222 |
| 19 | 210 | 308 |
| 20 | 243 | 346 |

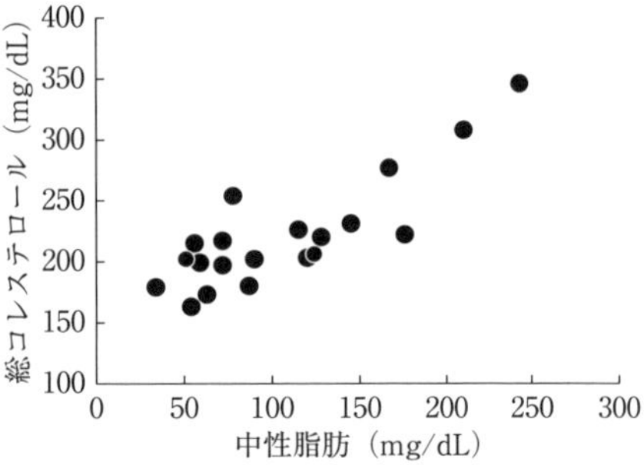


図 6-1　血中の中性脂肪濃度と総コレステロール濃度の関係

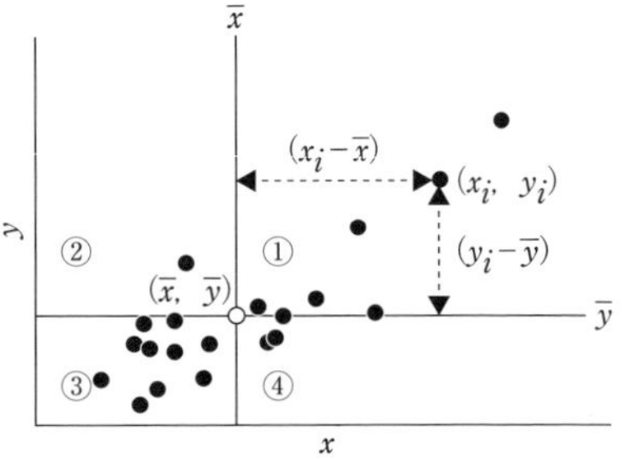


図 6-2　共分散の考え方

中性脂肪濃度の高い被験者は総コレステロール濃度も高いことが見てとれる．このように 2 つの変数の関係について視覚的に把握できるものの，散布図からは，2 つの変数の関係についての定量的な情報（数値としての情報）を得ることはできない．

### 6.1.3　共分散

共分散は 2 つの変数間の関係を表す統計量である．共分散の考え方を，図 6-2 を用いて説明する．2 つの変数のデータを $x_i$ および $y_i$ $(i=1, 2, \cdots, n)$（図中の黒丸），平均値を $\bar{x}$ および $\bar{y}$（図中の白丸）とするとき，$x_i$ の $\bar{x}$ からの偏差と $y_i$ の $\bar{y}$ からの偏差の積 $(x_i-\bar{x})(y_i-\bar{y})$ は，データ $(x_i, y_i)$ が図 6-2 の領域①あるいは③にある場合は正の値を，領域②あるいは④にある場合は負の値をとる．

したがって，$(x_i-\bar{x})$と$(y_i-\bar{y})$の積和である$\sum_{i=1}^{n}(x_i-\bar{x})(y_i-\bar{y})$は，データが全体として領域①および③に散らばっているときには正の値を，全体として領域②および④に散らばっているときには負の値をとり，2つの変数間の関係を表す．ここで，積和の値はデータ数の影響を受けるため，共分散は「データ１つ当たりの積和」として定義される．

不偏共分散$s_{xy}^2$は標本にもとづく母共分散$\sigma_{xy}^2$の推定値であり，$(x_i-\bar{x})$と$(y_i-\bar{y})$の積和を自由度$n-1$で除したものである．実際の計算では，以下の変形の最終形を利用して，データ数$n$ならびに$x$と$y$の総和および積和から求めるのが便利である．

$$
\begin{aligned}
s_{xy}^2 &= \frac{1}{n-1}\sum_{i=1}^{n}(x_i-\bar{x})(y_i-\bar{y}) \\
&= \frac{1}{n-1}\left\{\sum_{i=1}^{n}(x_i y_i-\bar{y}x_i-\bar{x}y_i+\bar{x}\,\bar{y})\right\} \\
&= \frac{1}{n-1}\left\{\sum_{i=1}^{n}x_i y_i-\bar{y}\sum_{i=1}^{n}x_i-\bar{x}\sum_{i=1}^{n}y_i+n\bar{x}\,\bar{y}\right\} \\
&= \frac{1}{n-1}\left\{\sum_{i=1}^{n}x_i y_i-\frac{1}{n}\sum_{i=1}^{n}y_i\sum_{i=1}^{n}x_i-\frac{1}{n}\sum_{i=1}^{n}x_i\sum_{i=1}^{n}y_i+\frac{1}{n}\sum_{i=1}^{n}x_i\sum_{i=1}^{n}y_i\right\} \\
&= \frac{1}{n-1}\left\{\sum_{i=1}^{n}x_i y_i-\frac{1}{n}\sum_{i=1}^{n}x_i\sum_{i=1}^{n}y_i\right\} \qquad (6.1)
\end{aligned}
$$

以上の計算は，3.2.2（2）で解説した「1変数の分散」を2変数に当てはめたものであり，$(x_i-\bar{x})^2$を$(x_i-\bar{x})(y_i-\bar{y})$に，$\sum_{i=1}^{n}x_i^2$を$\sum_{i=1}^{n}x_i y_i$に，$(\sum_{i=1}^{n}x_i)^2$を$\sum_{i=1}^{n}x_i\sum_{i=1}^{n}y_i$に置き換えたものである．そこで説明したのと同様に，データが全数調査（$i=1, 2, \cdots, N$）から得られたものである場合には，母共分散${\sigma_{xy}}^2$は次式のように定義される．

$$
\sigma_{xy}^2=\frac{1}{N}\sum_{i=1}^{N}(x_i-\mu_x)(y_i-\mu_y)=\frac{1}{N}\left\{\sum_{i=1}^{N}x_i y_i-\frac{1}{N}\sum_{i=1}^{N}x_i\sum_{i=1}^{N}y_i\right\} \qquad (6.2)
$$

ここで，$\mu_x$と$\mu_y$は$x$と$y$の母平均である．

このように，統計処理ではデータの由来（全数調査か標本調査）によって統計量の計算が異なるが，以後，本章では特に断らない限りは，標本データについて解説することとする．

### 6.1.4　ピアソンの積率相関係数

前項で定義した共分散は2つの変数間の関係を表す統計量であるが，現実には

2つの変数は平均値も分散もさまざまであるため，変数のデータをそのまま用いて計算される共分散は普遍的な指標として使えない．そこで，$x$ と $y$ を標準化（平均値＝0，標準偏差＝1；4.2.3 を参照）して求められる共分散をピアソンの積率相関係数（$r$）として定義する．

$$r=\frac{1}{n-1}\sum_{i=1}^{n}\left\{\frac{(x_i-\bar{x})}{s_x}-0\right\}\left\{\frac{(y_i-\bar{y})}{s_y}-0\right\}$$
$$=\frac{1}{n-1}\sum_{i=1}^{n}\frac{(x_i-\bar{x})}{s_x}\frac{(y_i-\bar{y})}{s_y}=\frac{s_{xy}^2}{s_x s_y} \qquad (6.3)$$

ここで $s_x$ と $s_y$ は $x$ と $y$ の標準偏差（母標準偏差の推定値）である．

この式から分かるように，$(x_i-\bar{x})>0$ のときに $(y_i-\bar{y})>0$，$(x_i-\bar{x})<0$ のときに $(y_i-\bar{y})<0$ の傾向があるときには $r>0$（正の相関）となり，$(x_i-\bar{x})>0$ のときに $(y_i-\bar{y})<0$，$(x_i-\bar{x})<0$ のときに $(y_i-\bar{y})>0$ の傾向があるときには $r<0$（負の相関）となる．また，必ず，$-1\leqq r\leqq 1$ の範囲にある．

相関係数の値にもとづく2つの変数の関係は表6-2のように評価することができる．すなわち，$r$ が1に近づくほど，2つの変数間に強い正の相関があり，逆に $-1$ に近づくほど強い負の相関がある．他方，$r$ が0の場合には，2つの変数間には相関関係はない．ここで注意しなければならない点を，さまざまなタイプの散布図とその相関係数を示した図6-3を用いて説明する．まず，図6-3（g）や（h）

**表6-2　相関係数の値にもとづく2つの変数間の関係の評価**

| 相関係数（$r$） | 変数間の関係の評価 |
|---|---|
| $r=-1$ | 完全な負の相関がある |
| $-1<r\leqq-0.8$ | 強い負の相関がある |
| $-0.8<r\leqq-0.6$ | やや強い負の相関がある |
| $-0.6<r\leqq-0.4$ | 中程度の負の相関がある |
| $-0.4<r\leqq-0.2$ | 弱い負の相関がある |
| $-0.2<r<0$ | ほとんど相関がない |
| $r=0$ | 無相関 |
| $0<r<0.2$ | ほとんど相関がない |
| $0.2\leqq r<0.4$ | 弱い正の相関がある |
| $0.4\leqq r<0.6$ | 中程度の正の相関がある |
| $0.6\leqq r<0.8$ | やや強い正の相関がある |
| $0.8\leqq r<1$ | 強い正の相関がある |
| $r=1$ | 完全な正の相関がある |

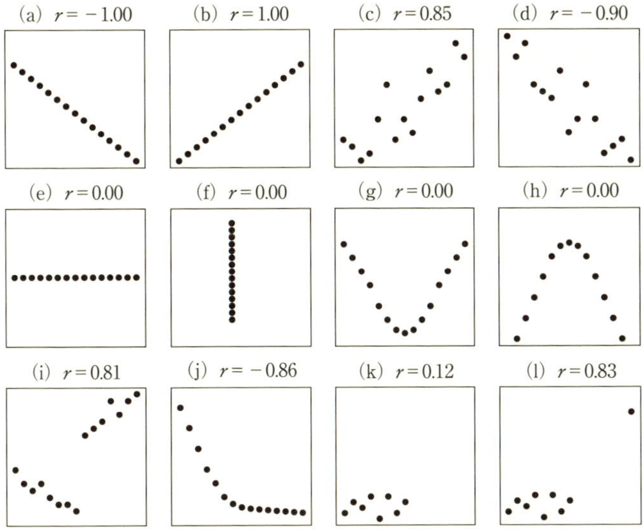


図 6-3　さまざまなタイプの散布図とその相関係数

のように $x$ と $y$ の間に明らかな曲線関係があっても $r=0$ となることで，相関係数は 2 変数間の直線関係の強さしか教えてくれないことである．また，図 6-3（l）は図 6-3（k）のデータに 1 組の飛び離れたデータを加えたものであるが，このようなデータ組があると，相関係数の値は大きく変わる．さらに，図 6-3（i）のように異なる集団が混合している場合にも注意が必要である．これらのことから，2 つの変数の関係を検討するときには，相関係数のみに頼らず，必ず散布図を描くべきである．

ピアソンの積率相関は広く使われている．このため，単に「相関」と表現される場合はピアソンの積率相関を指すことが多い．単に「相関係数」の場合も同様である．

### 6.1.5　母相関係数の検定

式（6.3）によって計算される相関係数 $r$ は標本にもとづくものであり，母集団において 2 変数の間に相関関係が成立するかどうかを判定するためには，母相関係数に関する検定が必要となる．相関係数 $r$ の有意性の検定は，帰無仮説 $H_0$：$\rho=0$ を立て，母相関係数 $\rho$ が 0 と等しいかどうか（2 つの変数が無相関かどうか）

を検定する．以下の統計量 $t$（自由度 $f=n-2$）が設定した有意水準 $\alpha$ に対応する棄却域にあれば帰無仮説を棄却する．

$$t=\frac{r\sqrt{n-2}}{\sqrt{1-r^2}} \tag{6.4}$$

すなわち，図 5-6（$\mu$ を $\rho$ に，$\mu_0$ を 0 に読み替える）に示されるように，対立仮説 $H_1$ が $\rho \neq 0$ の場合には，$t$ が $-t(f, \alpha/2)$ よりも小さいか，$t(f, \alpha/2)$ よりも大きければ，棄却域に入っていることになり（両側検定），帰無仮説を棄却する．また，$H_1$ が $\rho>0$ の場合には，$t$ が $t(f, \alpha)$ よりも大きければ棄却域に入っていることになり（上側の片側検定），帰無仮説を棄却する．$H_1$ が $\rho<0$ の場合には，$t$ が $-t(f, \alpha)$ よりも小さければ棄却域に入っていることになり（下側の片側検定），帰無仮説を棄却する．

この検定は，式（6.4）を変形して得られる $r=t(f, p)/\sqrt{f+t(f, p)^2}$ を利用して，任意の自由度 $f$ と上側確率水準 $p$ から計算される $r$ の絶対値を示した付表 6 を用いることによって，計算を省略できる．すなわち，相関係数 $r$ の絶対値が，付表 6 の自由度 $f$，両側あるいは片側確率 $p$ に対応する値よりも大きければ，帰無仮説を棄却する．

【計算例 6-1】　表 6-3 は T 大学の学生から無作為に抽出した 11 名の被験者における血中の成分 A と B の濃度である．これら 2 変量のデータをもとに，(1) 散布図を描き，(2) 相関係数 $r$ を計算し，(3) 両者の間に相関関係があるといえるかどうかについて検定する．

表 6-3　被験者 11 名における血中の成分 A と B の濃度

| 被験者 | 成分 A (mg/dL) | 成分 B (mg/dL) |
|---|---|---|
| 1 | 223 | 131 |
| 2 | 170 | 77 |
| 3 | 217 | 134 |
| 4 | 198 | 115 |
| 5 | 197 | 101 |
| 6 | 190 | 115 |
| 7 | 199 | 128 |
| 8 | 199 | 114 |
| 9 | 254 | 163 |
| 10 | 179 | 92 |
| 11 | 229 | 153 |

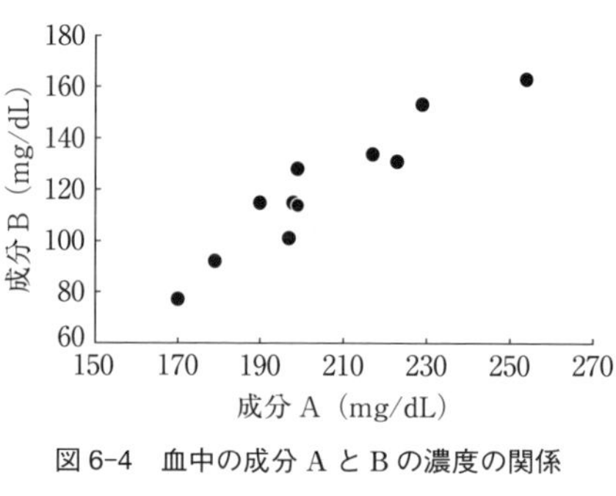


図 6-4　血中の成分 A と B の濃度の関係

(1) 散布図の作成

成分ＡとＢの濃度の散布図は図6-4のようになる．この図とは逆に，縦軸に成分Ａを，横軸に成分Ｂを取っても構わない．散布図から，血中の成分Ａの濃度が高い被験者は成分Ｂの濃度も高いことが見てとれる．

(2) 相関係数の計算

表6-4のようにデータの総和，2乗和および積和を計算し，これらを用いて以下の計算を行う．データ数 $n=11$ である．

$$s_x=\sqrt{\frac{1}{11-1}\left(468031-\frac{1}{11}\times 2255^2\right)}=23.992$$

$$s_y=\sqrt{\frac{1}{11-1}\left(165519-\frac{1}{11}\times 1323^2\right)}=25.295$$

$$s_{xy}^2=\frac{1}{11-1}\left(276963-\frac{1}{11}\times 2255\times 1323\right)=574.8$$

$$r=\frac{574.8}{23.992\times 25.295}=0.9471$$

(3) 相関係数の検定

①仮説の設定

$H_0$：$\rho=0$（成分ＡとＢの濃度に相関関係がない）

$H_1$：$\rho\neq 0$（成分ＡとＢの濃度に相関関係がある）

②統計量 $t$ の計算

式（6.4）により統計量 $t$ を求める．自由度 $f=11-2=9$ である．

$$t=\frac{0.9471\times\sqrt{11-2}}{\sqrt{1-0.9471^2}}=8.853$$

表6-4　データの総和，2乗和および積和の計算（表6-3のデータ）

| $i$ | $x_i$ | $y_i$ | $x_i^2$ | $y_i^2$ | $x_iy_i$ |
|---|---|---|---|---|---|
| 1 | 223 | 131 | 49729 | 17161 | 29213 |
| 2 | 170 | 77 | 28900 | 5929 | 13090 |
| 3 | 217 | 134 | 47089 | 17956 | 29078 |
| ⋮ | ⋮ | ⋮ | ⋮ | ⋮ | ⋮ |
| 9 | 254 | 163 | 64516 | 26569 | 41402 |
| 10 | 179 | 92 | 32041 | 8464 | 16468 |
| 11 | 229 | 153 | 52441 | 23409 | 35037 |
| 合計 | 2255 | 1323 | 468031 | 165519 | 276963 |

③棄却域の設定

上記の対立仮説（$H_1$：$\rho \neq 0$）の場合，正の相関でも負の相関でもよいので，両側検定を行う．有意水準 $\alpha=0.05$ を採用すると，$\alpha/2=0.025$ となり，付表 3 より $t(9, 0.025)=2.262$ が得られ，棄却域は $t<-2.262$ および $t>2.262$ となる．

④統計量と棄却域の照合

$t$ の値（$=8.853$）は上側有意点（2.262）よりも大きく，棄却域に含まれる．

$$t=8.853>t(9, 0.025)=2.262$$

⑤仮説の検証（棄却，採択）および結論

$t$ の値が棄却域に含まれるため，帰無仮説 $H_0$：$\rho=0$ を棄却し，対立仮説 $H_1$：$\rho \neq 0$ を採択する．すなわち，有意水準 0.05 で，成分 A と B の濃度の間には相関関係があるといえる．

この結論は，相関係数 $r=0.9471$ が，付表 6 における $f=9$，両側確率 $p=0.05$ に対応する値 0.6021 よりも大きいことからも導かれる．

⑥追加検定

有意水準 $\alpha=0.01$ を採用すると，$\alpha/2=0.005$ となり，付表 3 より $t(9, 0.005)=3.250$ が得られ，棄却域は $t<-3.250$ および $t>3.250$ となる．$t$ の値（$=8.853$）は上側有意点（3.250）よりも大きく，棄却域に含まれる．

$$t=8.853>t(9, 0.005)=3.250$$

そこで，帰無仮説 $H_0$：$\rho=0$ を棄却し，対立仮説 $H_1$：$\rho \neq 0$ を採択する．すなわち，有意水準 0.01 のもとでも，成分 A と B の濃度の間には相関関係があるといえる．

この結論は，相関係数 $r=0.9471$ が，付表 6 における $f=9$，両側確率 $p=0.01$ に対応する値 0.7348 よりも大きいことからも導かれる．

**【計算例 6-2】** 計算例 6-1 において，成分 A の濃度が高い人は成分 B の濃度も高いと予想できる場合には，これを対立仮説として検定を実施する．

①仮説の設定

$H_0$：$\rho=0$（成分 A と B の濃度に相関関係がない）

$H_1$：$\rho>0$（成分 A と B の濃度に正の相関関係がある）

②統計量 $t$ の計算

統計量 $t$ の計算は計算例 6-1 と同じである（$t=8.853$）．

③棄却域の設定

$H_1$：$\rho>0$ に従って上側の片側検定を行う．有意水準 $\alpha=0.05$ を採用すると，付表 3 より $t(9, 0.05)=1.833$ が得られ，棄却域は $t>1.833$ となる．

④統計量と棄却域の照合

$t$ の値（$=8.853$）は有意点（1.833）よりも大きく，棄却域に含まれる．

$$t=8.853>t(9,\ 0.05)=1.833$$

⑤仮説の検証（棄却，採択）および結論

$t$ の値が棄却域に含まれるため，帰無仮説 $H_0: \rho=0$ を棄却し，対立仮説 $H_1: \rho>0$ を採択する．すなわち，有意水準 0.05 で，成分 A と B の濃度の間には正の相関関係があるといえる．

この結論は，相関係数 $r=0.9471$ が，付表 6 における $f=9$，片側確率 $p=0.05$ に対応する値 0.5214 よりも大きいことからも導かれる．

⑥追加検定

有意水準 $\alpha=0.01$ を採用すると，付表 3 より $t(9,\ 0.01)=2.821$ が得られ，棄却域は $t>2.821$ となる．$t$ の値（$=8.853$）は有意点（2.821）よりも大きく，棄却域に含まれる．

$$t=8.853>t(9,\ 0.01)=2.821$$

そこで，帰無仮説 $H_0: \rho=0$ を棄却し，対立仮説 $H_1: \rho>0$ を採択する．すなわち，有意水準 0.01 のもとでも，成分 A と B の濃度の間には正の相関関係があるといえる．

この結論は，相関係数 $r=0.9471$ が，付表 6 における $f=9$，片側確率 $p=0.01$ に対応する値 0.6851 よりも大きいことからも導かれる．

## 6.2　単回帰分析：$y=a+bx$

### 6.2.1　単回帰分析とは

単回帰分析は，相関分析と同様に，組になった 2 つの変数間の関係を検討するための手法であるが，相関分析と異なり，「変数 $y$（結果）が変数 $x$（原因）に依存する」という因果関係を内包し，変数 $y$ の変動を変数 $x$ によって説明（推測）しようとするものである（図 6-5）．これゆえ，原因となる変数（$x$）は独立変数，結果となる変数（$y$）は従属変数と呼ばれる．それぞれは説明変数および目的変数とも呼ばれる．単回帰分析では，2 つの変数を入れ替えると，異なった結果が得られる．

本節では，正規変量を対象とする単回帰分析のうち，最も基本的な形である $y=a+bx$ で表される関係について解説する．この式で表される関係以外にも単回帰式にはさまざまなものがあり，これらについては 10.2 で扱う．また，重回帰をはじめ，3 つ以上の正規変量間の関係を扱う手法については 10.3 で概説する．

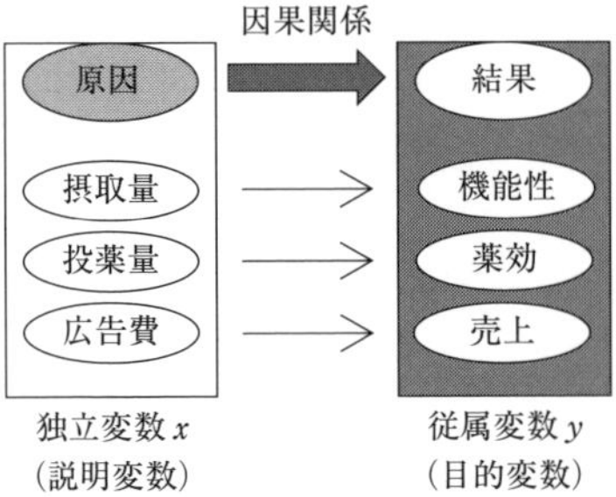


**図 6-5　回帰分析の概念**
食品成分の摂取量（原因）と機能性（結果），薬剤の投薬量（原因）と薬効（結果），投資する広告費（原因）と売上（結果）のような因果関係を内包し，原因から結果を推定・予測しようとする手法である．

なお，解析対象とする変数が非正規変量の場合には，変数変換によりデータ分布を正規分布に近似させるか，非正規変量に対応した回帰分析を用いる．変数変換と正規性の確認手法については第 7 章を参照されたい．非正規変量に対応した回帰分析については，10.4 で概念のみに触れる（一般化線形モデル）ので，実際の手法については他書を参照されたい．

### 6.2.2　回帰定数と回帰係数の推定

組になった $n$ 個の観測値（実測値）$x_i$，$y_i$ $(i=1, 2, \cdots, n)$ からなる 2 つの変数 $x$ と $y$ の間に

$$y=a+bx \tag{6.5}$$

の回帰式を当てはめる．ここで，$a$ は回帰定数（切片），$b$ は回帰係数（傾き，勾配）と呼ばれる．

回帰式を仮定すると，観測値 $y_i$ と回帰式を用いて $x_i$ から推定される $y_i$ の回帰推定値

$$\widehat{y}_i=a+bx_i \tag{6.6}$$

との間には残差（誤差）

$$e_i=y_i-\widehat{y}_i \tag{6.7}$$

が生じる（図 6-6）．

回帰式のパラメータ（回帰定数と回帰係数）は，残差の 2 乗和

$$\sum_{i=1}^{n}e_i^2=\sum_{i=1}^{n}(y_i-\widehat{y}_i)^2=\sum_{i=1}^{n}\{y_i-(a+bx_i)\}^2 \tag{6.8}$$

を最小にするように，すなわち回帰式がデータに最もよく適合するように求められる（この方法を最小 2 乗法という）．標本データにもとづく推定値は

$$b = \frac{s_{xy}^2}{s_x^2} \qquad (6.9)$$

$$a = \overline{y} - b\overline{x} \qquad (6.10)$$

となる．

式（6.10）を式（6.5）に代入すると，$y = a + bx = \overline{y} - b\overline{x} + bx = \overline{y} + b(x - \overline{x})$ となり，回帰直線は重心としての（$\overline{x}, \overline{y}$）を必ず通ることが分かる．

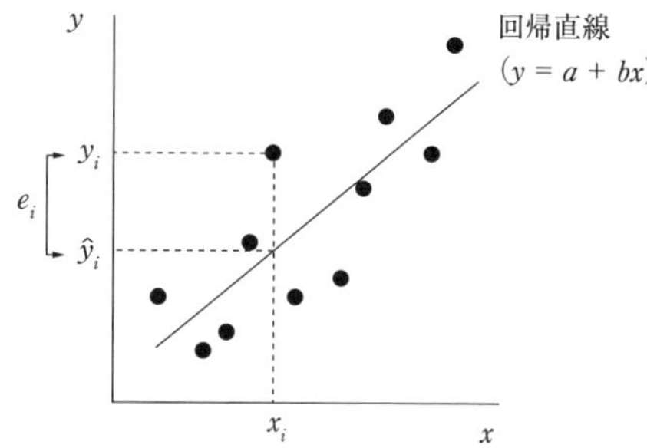


図 6-6　回帰式 $y=a+bx$ における観測値（$x_i, y_i$），$y$ の回帰推定値（$\hat{y}_i$）および残差（$e_i$）の関係

### 6.2.3　回帰式の評価

回帰式の性能はいくつかの統計量により評価され，これらの統計量は分散分析により求められる（分散分析については第8章で詳しく解説されている）．表 6-5 は回帰分析（$y = a + bx$）の分散分析表である．データ全体の変動は回帰変動と残差変動の2つに分解される．回帰の効果は回帰分散（$V_R$）の残差分散（$V_e$）に対する比（$F$）にもとづいて評価される．

全体の平方和（$S_{Total}$）は目的変数 $y$ の平方和であり，その自由度は $f_{Total} = n - 1$ である（$y$ の母平均を標本平均 $\overline{y}$ で代替するため）．

$$S_{Total} = \sum_{i=1}^{n} (y_i - \overline{y})^2 = \sum_{i=1}^{n} y_i^2 - \frac{1}{n}\left(\sum_{i=1}^{n} y_i\right)^2 \qquad (6.11)$$

残差（式（6.7））の平方和（$S_e$）は次式で表され，その自由度は $f_e = n - 2$ である（$a$ と $b$ の2つのパラメータを標本から推定するため）．残差の平均値 $\overline{e} = 0$ なので，平方和は $e_i$ の2乗和となる．

$$S_e = \sum_{i=1}^{n} e_i^2 = \sum_{i=1}^{n} (y_i - \hat{y}_i)^2 \qquad (6.12)$$

回帰の平方和（$S_R$）は $y$ の回帰推定値（$\hat{y}$）の平方和であり，その自由度は $f_R = 1$ である（説明変数の数）．

表 6-5　回帰分析（$y=a+bx$）の分散分析表

| 変動因 | 平方和 | 自由度 | 分散 | 分散比（$F$） | 有意性 |
|---|---|---|---|---|---|
| 回帰 | $S_R$ | $f_R$ | $V_R(=S_R/f_R)$ | $F(=V_R/V_e)$ | $P$ |
| 残差 | $S_e$ | $f_e$ | $V_e(=S_e/f_e)$ | — | — |
| 全体 | $S_{Total}$ | $f_{Total}$ | — | — | — |

$$S_R=\sum_{i=1}^{n}(\hat{y}_i-\bar{y})^2=\sum_{i=1}^{n}\hat{y}_i^2-\frac{1}{n}\left(\sum_{i=1}^{n}\hat{y}_i\right)^2 \qquad (6.13)$$

回帰分析の分散分析では加法定理 $S_{Total}=S_R+S_e$ および $f_{Total}=f_R+f_e$ が成り立つ．これを利用して，例えば，$S_R$ は $S_{Total}$ から $S_e$ を差し引いて求めてもよい．

回帰分散 $V_R$ と残差分散 $V_e$ はそれぞれの平方和（$S_R$, $S_e$）を自由度（$f_R$, $f_e$）で除したものであり，これらの分散の比が残差に対する回帰の $F$ 比である．

$$V_R=\frac{S_R}{f_R} \qquad (6.14)$$

$$V_e=\frac{S_e}{f_e} \qquad (6.15)$$

$$F=\frac{V_R}{V_e} \qquad (6.16)$$

回帰（回帰式）の有意性は，帰無仮説 $H_0$：母分散比＝1（回帰の効果はない），対立仮説 $H_1$：母分散比＞1（回帰の効果がある）を立て，有意水準 $\alpha$ のもとで上側の片側検定を行うことにより評価する．すなわち，$F$ が $F(f_R, f_e, \alpha)$ よりも大きければ棄却域に入ることになり，帰無仮説を棄却する．

分散分析表に含まれる統計量からは，回帰式の性能を表す2つの統計量が得られる．全体の平方和（$S_{Total}$）のうち，回帰の平方和（$S_R$）の占める割合を，決定係数あるいは寄与率という．

$$R^2=\frac{S_R}{S_{Total}}=1-\frac{S_e}{S_{Total}} \qquad (6.17)$$

決定係数 $R^2$ は，$0\leqq R^2\leqq 1$ の範囲にあり，$R^2$ が1に近ければ目的変数の変動の大部分が回帰式によって説明されることを示し，$R^2$ が0に近ければ回帰式の説明力はほとんどないことになる．

また，残差分散の平方根 $s_e$ は残差標準偏差あるいは回帰推定の標準誤差と呼ばれ，回帰式による目的変数の推定精度にあたる．

$$s_e=\sqrt{V_e} \qquad (6.18)$$

分散の平方根をとることにより，単位を元にもどしたもの（3.2.2（3）を参照）であり，$y$ の観測値と回帰推定値の差（図6-6）の大きさを全データについて平均した値と捉えられる．

### 6.2.4　回帰式による推定

決定係数 $R^2$ が十分に高い回帰式が得られれば，任意の説明変数の値 $x$ を回帰式に代入して，目的変数の値 $y$ を推定（推測）することができる．ただし，回帰式は測定データの範囲内で成立し，範囲外における変数間の関係については保証しないため，説明変数の測定範囲外の値から目的変数の値を推定すること（外挿）をしてはならない．回帰式が $F$ 検定で有意であっても，決定係数が高くないとき，すなわち回帰式の推定精度が高くないときには，計算される推定値は誤差が大きく，信頼性は低い．

### 6.2.5　パラメータの推定と検定

式（6.9）と（6.10）で計算されるパラメータ $a$，$b$ は標本にもとづく推定値であるため，母集団のものとは必ずしも一致しない．これらのパラメータの不偏分散は以下のように推定される．

$$s_a^2 = \frac{V_{\mathrm{e}}}{nS_{xx}} \sum_{i=1}^{n} x_i^2 \tag{6.19}$$

$$s_b^2 = \frac{V_{\mathrm{e}}}{S_{xx}} \tag{6.20}$$

ここで $S_{xx}$ は $x$ の平方和である．

#### (1)　母回帰係数の推定

点推定における母回帰係数 $A$ および $B$ の推定値はそれぞれ標本回帰係数 $a$ および $b$ である．信頼係数（信頼率）$100(1-\alpha)$％における母回帰係数 $A$ および $B$ の信頼区間は次のように求まる．自由度 $f=n-2$ である．

$$a - t(f, \alpha/2)\sqrt{s_a^2} \leqq A \leqq a + t(f, \alpha/2)\sqrt{s_a^2} \tag{6.21}$$

$$b - t(f, \alpha/2)\sqrt{s_b^2} \leqq B \leqq b + t(f, \alpha/2)\sqrt{s_b^2} \tag{6.22}$$

#### (2)　母回帰係数の検定

パラメータ $a$ の有意性の検定は，帰無仮説 $\mathrm{H}_0$：$A=0$ を立て，母回帰係数 $A$ が 0 と等しいかどうかを検定する．以下の統計量 $t_a$（自由度 $f=n-2$）が設定した有意水準 $\alpha$ に対応する棄却域にあれば帰無仮説を棄却する．

$$t_a = \frac{a-0}{\sqrt{s_a^2}} \tag{6.23}$$

すなわち，図 5-6（$\mu$ を $A$ に，$\mu_0$ を 0 に読み替える）に示されるように，対立仮説 $\mathrm{H}_1$ が $A \neq 0$ の場合には，$t_a$ が $-t(f, \alpha/2)$ よりも小さいか，$t(f, \alpha/2)$ よりも大き

ければ，棄却域に含まれることになり（両側検定），帰無仮説を棄却する．また，$H_1$ が $A>0$ の場合には，$t_a$ が $t(f, \alpha)$ よりも大きければ棄却域に含まれることになり（上側の片側検定），帰無仮説を棄却する．$H_1$ が $A<0$ の場合には，$t_a$ が $-t(f, \alpha)$ よりも小さければ棄却域に含まれることになり（下側の片側検定），帰無仮説を棄却する．

パラメータ $b$ についても同様に，帰無仮説 $H_0：B=0$ を立て，母回帰係数 $B$ が 0 と等しいかどうかを検定する．以下の統計量 $t_b$（自由度 $f=n-2$）が設定した有意水準 $\alpha$ に対応する棄却域にあれば帰無仮説を棄却する．

$$t_b=\frac{b-0}{\sqrt{s_b^2}} \tag{6.24}$$

【計算例 6-3】　表 6-6 は，林内放牧されている牛群から無作為に選ばれた 14 個体における 1 日当たりの反芻時間と増体重を示したものである．増体重は反芻時間に依存する（採食量が増えると，反芻時間が増え，運動エネルギー消費量の減少の効果も加わり，体重が増加しやすい）と考えられる．増体重を $y$，反芻時間を $x$ として，(1) 回帰式 $y=a+bx$ を求め，(2) 散布図と回帰直線を描き，(3) 回帰式を評価する．

(1) 回帰式 $y=a+bx$ の計算

表 6-7 のようにデータの総和，2 乗和および積和を計算し，これらを用いて以下の計算を行う．データ数 $n=14$ である．

$\bar{x}=6090/14=435$，$\bar{y}=0.50/14=0.0357$

$$s_x^2=\frac{1}{14-1}\left(2660900-\frac{1}{14}\times 6090^2\right)=903.846$$

$$s_{xy}^2=\frac{1}{14-1}\left(373.3-\frac{1}{14}\times 6090\times 0.50\right)=11.985$$

$$b=\frac{11.985}{903.846}=0.01326,$$

$$a=0.0357-0.01326\times 435=-5.7324$$

ゆえに，回帰式：$y=-5.7324+0.01326x$

(2) 散布図と回帰直線の描画

反芻時間と増体重の散布図と回帰直線は図 6-7 のようになる．増体重は反芻時間の増加とともに増加する傾向があることが見てとれる．

(3) 回帰式の評価

分散分析表は表 6-8 のとおりである．帰無仮

表 6-6　ウシ 14 個体における 1 日当たりの反芻時間と増体重

| ウシ番号 | 反芻時間（分／日） | 増体重（kg/日） |
|---|---|---|
| 1 | 420 | 0.10 |
| 2 | 420 | 0.40 |
| 3 | 450 | −0.06 |
| 4 | 460 | 0.37 |
| 5 | 430 | −0.01 |
| 6 | 480 | 0.89 |
| 7 | 420 | 0.13 |
| 8 | 440 | −0.71 |
| 9 | 470 | 0.60 |
| 10 | 460 | −0.20 |
| 11 | 440 | 0.28 |
| 12 | 370 | −1.32 |
| 13 | 440 | 0.37 |
| 14 | 390 | −0.34 |

表 6-7　データの総和，2 乗和および積和の計算（表 6-6 のデータ）

| $i$ | $x_i$ | $y_i$ | $x_i^2$ | $y_i^2$ | $x_iy_i$ |
|---|---|---|---|---|---|
| 1 | 420 | 0.10 | 176400 | 0.0100 | 42.0 |
| 2 | 420 | 0.40 | 176400 | 0.1600 | 168.0 |
| 3 | 450 | −0.06 | 202500 | 0.0036 | −27.0 |
| ⋮ | ⋮ | ⋮ | ⋮ | ⋮ | ⋮ |
| 12 | 370 | −1.32 | 136900 | 1.7424 | −488.4 |
| 13 | 440 | 0.37 | 193600 | 0.1369 | 162.8 |
| 14 | 390 | −0.34 | 152100 | 0.1156 | −132.6 |
| 合計 | 6090 | 0.50 | 2660900 | 4.0970 | 373.3 |

説 $H_0$：母分散比＝1（回帰の効果はない），対立仮説 $H_1$：母分散比＞1（回帰の効果がある）を立て，上側の片側検定で有意水準 $\alpha=0.01$ を採用すると，付表5より $F(1, 12, 0.01)=9.330$ が得られ，棄却域は $F>9.330$ となる．$F$（＝12.3）は有意点より大きく棄却域に含まれるため，帰無仮説 $H_0$ を棄却し，対立仮説 $H_1$ を採択する．すなわち，有意水準 0.01 で回帰の効果があるといえる．決定係数 $R^2$ と残差標準偏差 $s_e$ は以下のようになる．

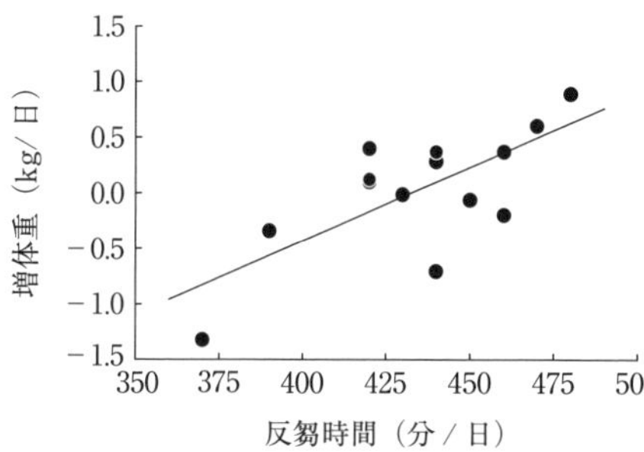


図 6-7　ウシにおける 1 日当たりの反芻時間と増体重の関係

$$R^2=2.066/4.079=0.506$$

$$s_e=\sqrt{0.168}=0.410$$

以上より，増体重の反芻時間に対する回帰式は有意水準 0.01 で有意であるが，増体重の変動の約 51％しか説明できず，増体重の推定誤差が 0.410 kg/日と大きいため，反芻時間から増体重を推測する回帰式としては十分ではない．

表 6-8　ウシの増体重の反芻時間に対する回帰分析（$y=a+bx$）の分散分析表

| 変動因 | 平方和 | 自由度 | 分散 | 分散比（$F$） | 有意性 |
|---|---|---|---|---|---|
| 回帰 | 2.066 | 1 | 2.066 | 12.3 | ＜0.01 |
| 残差 | 2.013 | 12 | 0.168 | — | — |
| 全体 | 4.079 | 13 | — | — | — |

表 6-6 のデータより．

［榊原啓之］

### 本章に関するExcel関数

エクセル（Excel）の関数や計算式は，セルに「＝」に続けて入力する．また多くの関数は，関数名(引数1，引数2，…) の形で利用する．以下の説明では最初の「＝」を省略している．

☞データ数はCOUNT関数，合計はSUM関数，平均値はAVERAGE関数，平方根はSQRT関数を用いて求める．2乗などの累乗（べき乗）計算には，累乗（べき乗）演算子 ^ あるいはPOWER関数を用いる．

☞平方和はDEVSQ関数を用いて求める．データのセル範囲を引数とする．

☞標本調査による不偏分散はVAR関数またはVAR.S関数を，標準偏差（母標準偏差の推定値）はSTDEV関数またはSTDEV.S関数を，不偏共分散はCOVARIANCE.S関数を用いて求める．

☞全数調査による母分散はVARP関数またはVAR.P関数を，母標準偏差はSTDEVP関数またはSTDEV.P関数を，母共分散はCOVARIANCE.P関数を用いて求める．

☞ピアソンの積率相関係数はPEARSON関数またはCORREL関数により計算する．組になった2変数のデータのセル範囲を引数とする．標本調査と全数調査の違いがあるが計算結果は同じになる．

☞直線回帰 $y=a+bx$ の回帰定数（$a$）はINTERCEPT関数，回帰係数（$b$）はSLOPE関数，決定係数はRSQ関数，残差標準偏差はSTEYX関数を利用して求める．いずれも，目的変数 $y$ と説明変数 $x$ のデータのセル範囲を引数とする．

☞任意の確率に対応する $t$ 値はTINV関数を用いて求める．両側確率と自由度を引数とする．付表3の $t(f, p)$ は，TINV($p$*2, $f$) として計算したものである．

☞逆に，$t$ 分布の確率はTDIST関数を用いて求める．$t$ 値，自由度および尾部（片側＝1，両側＝2）を引数とする．$t$ 値が負のときの確率は正のときと同じとなる．

☞任意の上側確率に対応する $F$ 値はFINV関数を用いて求める．確率および $F$ 値の分子と分母の自由度を引数とする．付表5の $F(f_1, f_2, p)$ は，FINV($p, f_1, f_2$) として計算したものである．

☞逆に，$F$ 分布の上側確率はFDIST関数を用いて求める．$F$ 値および $F$ 値の分子と分母の自由度を引数とする．

## 練習問題 6

【6-1】 10匹のラットに化合物Qを投与し，薬物代謝系酵素AとBの発現量を測定し

たところ，以下のような値が得られた.

| ラット番号 | 酵素 A の発現量（相対値） | 酵素 B の発現量（相対値） |
|---|---|---|
| 1 | 1.2 | 2.2 |
| 2 | 1.4 | 2.3 |
| 3 | 1.3 | 1.8 |
| 4 | 0.7 | 1.2 |
| 5 | 1.5 | 0.9 |
| 6 | 1.6 | 2.0 |
| 7 | 2.4 | 2.6 |
| 8 | 2.9 | 3.7 |
| 9 | 4.0 | 2.8 |
| 10 | 2.1 | 2.5 |

（1）酵素 A の発現量と酵素 B の発現量の散布図を描きなさい.（2）酵素 A の発現量と酵素 B の発現量の相関係数を求めなさい.（3）両者の間に相関関係があるといえるかどうか，有意水準 0.05 および 0.01 で両側検定しなさい.

**【6-2】** 草地内の 10 地点の草量を，草量計と刈取法により測定したところ，以下のような値が得られた.

| 地点 | 草量計による測定値 | 刈取草量（g 乾物 /0.25 $m^2$） |
|---|---|---|
| 1 | 56 | 6 |
| 2 | 68 | 16 |
| 3 | 126 | 40 |
| 4 | 217 | 65 |
| 5 | 236 | 109 |
| 6 | 284 | 107 |
| 7 | 289 | 117 |
| 8 | 370 | 147 |
| 9 | 402 | 189 |
| 10 | 414 | 177 |

刈取草量を $y$，草量計による測定値を $x$ として，（1）回帰式 $y=a+bx$ を求めなさい.（2）散布図と回帰直線を描きなさい.（3）回帰式の妥当性を分散分析（$F$ 検定）により有意水準 0.01 で検定しなさい.（4）決定係数 $R^2$ と残差標準偏差 $s_e$ を求めなさい.（5）決定係数が 0.9 を超えるとき，回帰式を使って草量計による測定値が 350 の地点の刈取草量を推定しなさい.

# 第 7 章

# 非正規変量への対応：変数変換

第 5，6，8 章および第 10 章の一部で紹介する統計的手法は，母集団の正規性（母集団のデータ分布が正規分布に従うこと）を仮定している．しかし，私たちが実際に扱うデータは必ずしもこの条件を満足するとは限らない．例えば，母集団が正規分布に従わないことが，あらかじめ分かっている場合や，度数分布（3.1 を参照）から推測されることがある．また，母集団に関する知識が十分でなく，度数分布図を描いてみても，母集団の分布型がどのようなものか推測しかねる場合もある．前者の場合には，①変数の変換によってデータ分布を正規分布に近似させたうえで，正規変数を対象とする手法（パラメトリック手法）を用いて統計解析を行うか，②分布型によらない（母集団分布を仮定しない）手法（ノンパラメトリック手法；第 9 章）や非正規分布に対応した手法（一般化線形モデルなど；第 10 章）を採用する．後者の場合には②の方法を採用する．

変数変換には，一般に，平方根変換，対数変換あるいは逆正弦変換（角度変換）が用いられる（表 7-1）．平方根変換はポアソン分布に近似される離散データ（個数，回数など数えられるデータ）に用いられ，元データ（$x$）を $\sqrt{x}$ に変換する．元データに 0 が含まれる場合や，元データの値が小さい場合には $\sqrt{x+1}$ に変換する．

対数変換は一般に大きな正の値をとるデータに用いられ，元データ（$x$）を $\log x$ に変換する．元データに 0 が含まれる場合や，元データの値が小さい場合には $\log(x+1)$ に変換する．自然対数（ln）を用いてもよい．

逆正弦変換は割合（2 項確率）データに用いられ，元データ（$x$；$0 \leqq x \leqq 1$）を $\sin^{-1}\sqrt{x}$ に変換する．元データの単位が%の場合には 100 で除してから変換する．変換データの単位にはラジアンではなく度を用いるため，変換後の値は 0 ～ 90 の範囲となる．

図 7-1 は投網により採捕された魚の重量の度数分布を示している．元データの分布が左右非対称で歪んでいる（非正規に分布している）のに対し，対数変換（$\log(x+1)$）後のデータの分布は統計的に正規分布とみなされ（検定法について

表 7-1　変数変換と逆変換の例

| 変換 | 値 | 標本番号 | | | | | 平均値 |
|---|---|---|---|---|---|---|---|
| | | 1 | 2 | 3 | 4 | 5 | |
| 平方根変換，$\sqrt{x}$ | 元の値 | 219 | 159 | 221 | 200 | 190 | 197.8 |
| | 変換値 | 14.80 | 12.61 | 14.87 | 14.14 | 13.78 | 14.04 |
| | 逆変換値 | — | — | — | — | — | 197.1 |
| 平方根変換，$\sqrt{x+1}$ | 元の値 | 3 | 8 | 2 | 0 | 6 | 3.8 |
| | 変換値 | 2.00 | 3.00 | 1.73 | 1.00 | 2.65 | 2.08 |
| | 逆変換値 | — | — | — | — | — | 3.3 |
| 対数変換，$\log x$ | 元の値 | 1525 | 1900 | 990 | 1960 | 2400 | 1755 |
| | 変換値 | 3.18 | 3.28 | 3.00 | 3.29 | 3.38 | 3.23 |
| | 逆変換値 | — | — | — | — | — | 1683 |
| 対数変換，$\log(x+1)$ | 元の値 | 12 | 2 | 7 | 0 | 5 | 5.2 |
| | 変換値 | 1.11 | 0.48 | 0.90 | 0.00 | 0.78 | 0.65 |
| | 逆変換値 | — | — | — | — | — | 3.5 |
| 逆正弦変換，$\sin^{-1}\sqrt{x}$ | 元の値 | 0.333 | 0.162 | 0.325 | 0.234 | 0.286 | 0.268 |
| | 変換値 | 35.24 | 23.73 | 34.76 | 28.93 | 32.33 | 31.00 |
| | 逆変換値 | — | — | — | — | — | 0.265 |

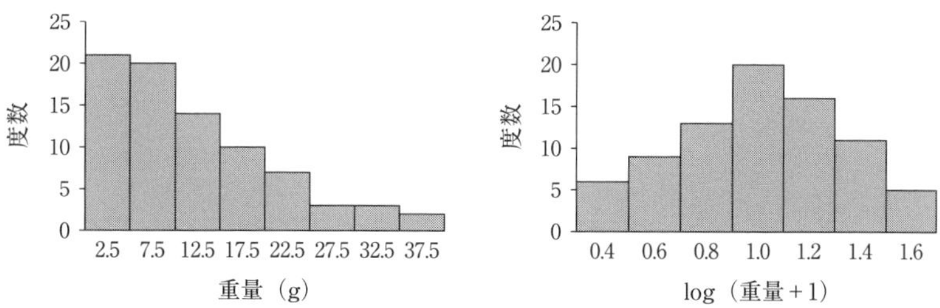


図 7-1　投網により採捕された魚の重量（投網 1 回当たりの重量）の度数分布
左：元データ，右：対数変換（log（$x$＋1））後のデータ．

は後述），変数変換によりデータが正規化されている．図 7-2 は牛群により草地に排泄された糞塊個数の度数分布であり，図 7-1 と同様に，元データは左右非対称に歪んで分布している．データ分布は，平方根変換（$\sqrt{x+1}$）により正規分布に近づいているが，正規化は不十分であり，視覚的にも統計的にも正規分布とはみなされない．

非正規変量を変数変換し，パラメトリック手法により解析する方法は広く採用

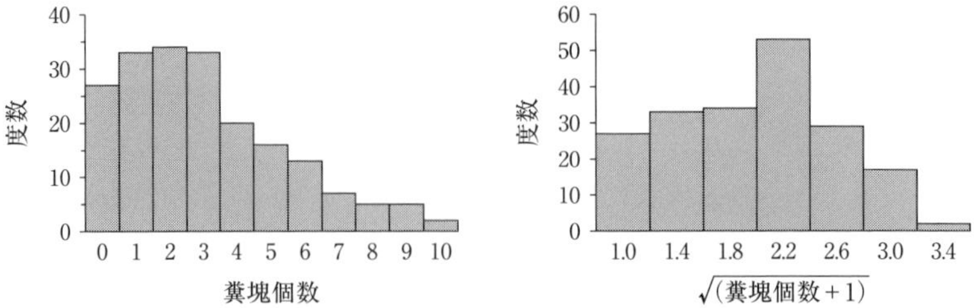


図 7-2　牛群により草地に排泄された糞塊の個数（3 m×3 m の土地面積当たりの個数）の度数分布
左：元データ，右：平方根変換（$\sqrt{x+1}$）後のデータ．

されている．しかし，変数変換の利用においては，①変換後のデータが必ずしも正規分布に従うとは限らないこと（図 7-2），②変数変換を用いた統計解析の結果は，あくまでも変換データにおけるものであって，元データにおけるものではないことに注意すべきである．特に，変換後のデータの正規性については，シャピロ-ウィルク検定（Shapiro-Wilk test）などによる確認が必要である．

なお，変換データを処理して得られる平均値などの統計量は，元データとは単位が異なるため，元データの単位における値が分かりづらい．これに対応するために，変換データにもとづく統計量を逆変換した値を併記することがある（表 7-1）．逆変換して得られる統計量の値は，元データにもとづく統計量の値とは一致しないことが多い．　　　　　　　　　　　　　　　　　　　　　　［**平田昌彦**］

## 本章に関する Excel 関数

エクセル（Excel）の関数や計算式は，セルに「＝」に続けて入力する．また多くの関数は，関数名(引数 1，引数 2，…）の形で利用する．以下の説明では最初の「＝」を省略している．

☞平方根変換では SQRT 関数を用い，SQRT($x$) により $x$ を $\sqrt{x}$ に変換する．逆変換では，累乗（べき乗）演算子あるいは POWER 関数を用い，前者では $x$^2 により，後者では POWER($x$, 2) により，$x$ の 2 乗（$x^2$）を計算する．

☞対数変換では LOG10 関数を用い，LOG10($x$) により $x$ を $\log x$ に変換する．逆変換では，累乗演算子あるいは POWER 関数を用い，前者では 10^$x$ により，後者では POWER(10, $x$) により，10 の $x$ 乗（$10^x$）を計算する．

☞逆正弦変換では SQRT 関数，ASIN 関数および DEGREES 関数を組み合わせ，

DEGREES(ASIN(SQRT($x$))) により，割合 $x$ の平方根を正弦（サイン）とする角度をラジアンで求め，これを度に変換する．逆変換では，RADIANS 関数，SIN 関数および累乗演算子あるいは累乗関数を組み合わせ，SIN(RADIANS($x$))^2 あるいは POWER(SIN(RADIANS($x$)),2) により，角度 $x$ を度からラジアンに変換し，その正弦値を 2 乗する．

## 練習問題 7

**【7-1】**

(1) 以下の表は 1 枚の葉に付着する昆虫 A の幼虫の数を示している．データを平方根変換し，変換値の平均値を計算するとともに，平均値の逆変換値を計算しなさい．

| | | | | | | | | | |
|---|---|---|---|---|---|---|---|---|---|
| 5 | 0 | 0 | 3 | 12 | 0 | 0 | 4 | 1 | 0 |
| 8 | 15 | 0 | 0 | 1 | 16 | 0 | 0 | 0 | 3 |

(2) 以下の表は南アフリカのサバンナに生息する 20 種の哺乳動物の体重（kg）を示している．データを対数変換し，変換値の平均値を計算するとともに，平均値の逆変換値を計算しなさい．

| | | | | | | | | | |
|---|---|---|---|---|---|---|---|---|---|
| 55 | 750 | 4900 | 205 | 1850 | 230 | 130 | 270 | 170 | 27 |
| 230 | 215 | 1200 | 1500 | 245 | 575 | 950 | 50 | 70 | 45 |

(3) 以下の表は 20 種の植物の発芽率（%）を示している．データを逆正弦変換し，変換値の平均値を計算するとともに，平均値の逆変換値を計算しなさい．

| | | | | | | | | | |
|---|---|---|---|---|---|---|---|---|---|
| 43 | 73 | 22 | 40 | 55 | 49 | 29 | 15 | 11 | 17 |
| 19 | 23 | 34 | 9 | 67 | 18 | 14 | 30 | 26 | 12 |

(4) 以下の表はある地域内の 20 の草地における外来種の割合（%）を示している．データを逆正弦変換し，変換値の平均値を計算するとともに，平均値の逆変換値を計算しなさい．

| | | | | | | | | | |
|---|---|---|---|---|---|---|---|---|---|
| 17.8 | 30.5 | 21.1 | 24.7 | 32.1 | 18.9 | 19.2 | 2.2 | 27.1 | 23.5 |
| 29.6 | 26.4 | 11.0 | 25.5 | 6.6 | 20.1 | 16.2 | 20.8 | 28.8 | 10.4 |

## 第8章

# 実験計画法と分散分析

実験とは，「魚の増体重（事象）が給与される飼料の種類（条件）によって異なるか？」といった疑問や，「ある物質の添加（条件）は細胞増殖（事象）を促進する」といった仮説のもとで，「比較する条件」を設定し，これらの条件によって「対象とする事象」が異なるかどうかを確かめることである．実験に際しては，最小限の労力や費用で実験目的（疑問の解決，仮説の検証）が達成できるように計画を立てる必要がある．このための手法が実験計画法である．

分散分析は3つ以上の正規変量の平均値の差を検定するために最初に実施される手法であり，比較する条件によるデータ変動の大きさを偶然誤差（後述）によるデータ変動の大きさと比べることにより，比較する条件の効果を数量的に評価するものである．分散分析により「対象とする事象が比較する条件によって異なる」と判定されれば条件間の比較（多重比較）に進む．分散分析は実験計画法の実験配置と厳密に対応しており，どの実験配置を採用するかによって，分散分析におけるデータの処理方法が決まる．このことは，5.2.2「2つの平均値の差に関する推定と検定」において，データの構造（データに対応があるか否か）によって推定と検定の方法が大きく異なることと同じである．

本章では，まず実験計画に関わる基本的事項について説明し，次に実験配置と分散分析について具体例を示しつつ解説する．さらに，多重比較についても触れる．分散分析は3.2.2「分布の広がりを表す統計量」および5.3.2「2つの分散の違い（分散比）に関する検定」と関連し，多重比較は5.2.2（2）「データに対応がなく，母分散が等しい場合」の2つの平均値の差に関する推定と検定と関連するので，必要に応じてこれらの関連部分を参照されたい．

## 8.1 実験計画の考え方

### 8.1.1 実験条件：因子，水準および処理

実験において，①動物に与える飼料の種類，②細胞培養におけるある物質の添加の有無，③植物を植え付ける密度（植栽密度），④植物に与える肥料の量（施肥量）など，その条件を変えて対象とする事象を比較するものを因子と呼ぶ．水準

とは因子のとる条件であり，①の場合には「飼料A，飼料B，飼料C」など，②の場合には「無添加，添加」，③の場合には「1，2，4，8 個体 /$m^2$」など，④の場合には「0，5，10，20 g/$m^2$」などである．処理とは実験で設定される条件のうち，すべての試験区（後述）に平等に施される条件を除いたものである．因子が1つの場合には，その因子の各水準，因子が複数の場合には，通常，全因子の全水準の組合せの各々を指す．上記①の１因子実験では飼料の種類１つ１つが，②の１因子実験では「無添加」と「添加」が処理である．また，③と④を組み合わせた２因子要因実験では，例えば「植栽密度２個体 /$m^2$ で施肥量 10 g/$m^2$」が１つの処理となる．実験は，２つ以上の水準からなる１つ以上の因子，すなわち２つ以上の処理により構成される．

### 8.1.2　実験誤差

実験には必ず誤差が含まれる．実験に含まれる誤差には２種類がある．１つは，天秤で測定を繰り返すときの測定値のばらつきのように，まったく偶然に起こると考えてよい誤差で，偶然誤差と呼ばれる．もう１つは，化学分析における室温の違い，圃場の肥沃度や植生のむら，動物の個体間差，観察者の違いなどのように，実験結果に特定方向の偏りを生じるかも知れない誤差で，定誤差と呼ばれる．

### 8.1.3　反復および試験区

反復とは同一処理を繰り返すことであり，誤差の減少と評価のために必要である．試験区（プロット）は処理が施される単位を指し，圃場（土地）に限らず，植物栽培用のポット，シャーレや試験管などの容器，植物や動物の個体など様々である．試験区数は，一般に，処理数と反復数の積となる．反復数は，利用できる資源（実験施設・機材，圃場，供試材料など），時間および労力，目標とする誤差分散（後述）などを考慮して決める．一般には誤差の自由度（後述）は 6 ～ 20 程度が適当とされている．なお，同一試験区において同時に実施される複数の測定は「繰り返し」であり，反復として扱うことはできない．

### 8.1.4　実験配置に関する原則

実験処理の効果を適正に検出するためには２つのことが重要である．第１は実験に伴う誤差の制御と評価である．このために，実験計画法では，「反復」，「無作為化」，「局所管理」の３つを原則とする（8.2「基本配置」を参照）．反復は，上述のように，同一処理を繰り返すことであり，誤差の減少と評価のために行われる．無作為化は，存在する，または存在するかもしれない定誤差を偶然誤差に転化し，その大きさを評価して，処理間の差を偏りなく評価するために行われる．局所管理とは，処理以外の条件が類似した試験区でブロックを構成し，ブロック内をできるだけ均一に管理し，定誤差の大部分をブロック間の差として評価し，除去することである．

第２は処理および試験区の独立性を保証することである．すなわち，ある処理（試験区）が他の処理（試験区）に影響しない（影響されない）ことである．例えば，肥料や薬剤の効果を調べる圃場実験では多量施用区の肥料や薬剤が雨水（表面流出）や風によって隣の少量施用区に侵入しない（少量施用区が多量施用区に影響されない）ように，また，牧草の生産性などに対する刈取高さの効果を調べる圃場実験あるいはポット実験では高刈り区が低刈り区の光条件に影響しない（低刈り区が高刈り区に影響されない）ように，試験区の配置（例えば，十分な試験区間隔の確保）および処理の配置（例えば，分割区法（後述）の利用）に配慮することが必要である．

### 8.1.5　水準の設定

因子には，上記①や②の因子のように質的変数であるもの（質的因子）と，上記③や④の因子のように量的変数であるもの（量的因子）がある（第２章参照）．

質的因子の水準は，一般に，実験の目的と利用可能な条件によって決まる．量的因子の水準数は，２から無限大の間でいくつも設定することができるが，水準数の増加は処理数および試験区数を増加させ，ひいては実験に要する労力や費用を増大させることから，通常の実験では２～５で十分と考えられている．

水準の範囲は，上記③や④の因子のように，実験者により制御できるものである場合には，因子の水準変化に対する対象事象の反応様式の全体像が把握できるように十分に広くとることが望ましい．例えば，対象事象が因子の水準変化に対して上に凸な反応を示す（因子の最適値が存在する）場合，最適値以下あるいは最適値以上の範囲のみに水準を設定してしまうと，反応を正しく捉えることができない．他方，生産現場などで現実に適用できる水準の範囲に制限がある場合には，その範囲内で水準を設定することもある．

### 8.1.6　データ解析の手順

実験計画法にもとづいた実験から得られたデータの解析では，一般に，まず，分散分析（ANOVA；analysis of variance）により処理効果を評価する．そして，処理効果が有意であると判定された場合にのみ，処理平均の比較（多重比較）へと進むことになる．

### 8.1.7　その他

分散分析はイギリスの統計学者かつ遺伝学者であるフィッシャー（R. A. Fisher）によって確立された手法で，後述のように，観測データの変動を実験因子による変動と誤差による変動に分け，これらの相対的大きさ（分散比）にもとづいて実験因子の効果を評価するものである．分散分析や分散比に関する検定（5.3.2）で用いられる $F$ 比（＝分散比），$F$ 検定，$F$ 分布などの用語における「$F$」は Fisher の頭文字に因んでいる．また，実験配置における「反復」，「無作為化」，「局所管理」の３原則（上述）は「フィッシャーの３原則」と呼ばれる．

## 8.2　基 本 配 置

### 8.2.1　完全無作為化法

#### (1)　特　徴

完全無作為化法は，図 8-1 に示されるように，処理を試験区に無作為に割付ける方法である．完全無作為化法は，局所管理の原則（ブロック化）を無視しているので，これを考慮する計画に比べて誤差分散は大きくなるかもしれないが，誤差の自由度も大きい（表 8-3 および表 8-6 を参照）ため，試験区全体が処理条件を除いて比較的均一な場合には，処理効果の検出感度は必ずしも悪くはない．また，処理ごとに反復数が異なってもよいので，欠測値が出たときの取扱いが容易（測定値のみで解析が可能）である．

他方，完全無作為化法では，定誤差を偶然誤差と区別して評価することができないため，試験区全体が均一でない場合（定誤差が存在する場合）には，試験区への処理の割付によっては，定誤差が偶然誤差として扱われてしまい，処理効果を適正に評価できない．例えば，図 8-1 では，無作為割付にもかかわらず，処理 A と C が上方に，処理 B と D が下方に偏って配置されている．このような配置では，上方の試験区と下方の試験区の間で対象とする事象に一定の傾向が存在するとき，処理 A，B，C，D の効果を正しく評価できない．例えば，試験区が圃場

| | | | |
|---|---|---|---|
| A | C | A | C |
| C | A | B | A |
| D | A | C | C |
| A | C | B | B |
| B | D | B | D |
| D | B | D | D |

**図 8-1 完全無作為化法による処理の割付例**
4つの処理（A，B，C，D）が6反復され，24の試験区に無作為に割付けられている．実験によっては試験区の間に十分な間隔が必要である．

の場合，上方の場所が下方に比べて土壌肥沃度が低いとか，日陰になりやすいとか，土壌が乾燥しやすいというような傾向があれば，植物の成長にも一定の傾向が生じるであろう．あるいは，試験区が動物個体の場合，上方の個体が下方の個体よりも体重が大きい傾向にあれば，動物の飼料摂取量や成長にも一定の傾向が生じるであろう．

5.2.2（2）「データに対応がなく，母分散が等しい場合」の2つの平均値の差に関する推定と検定は完全無作為化法に相当し，表5-3では魚18個体（試験区）に，飼料AとBの2つの処理がそれぞれ8および10反復で無作為に割付けられている．

### (2) 割　付

あらかじめ決めておいた試験区の順番に従って，一様乱数表（付表1）を用いて，試験区ごとに処理を割付ける．各処理の反復番号はその処理の割付順とする．図8-1では，例えば，「左上の試験区から始めて右へ進み，右端の試験区まで来たら次行の左端から始める」というように試験区の順番を決めておく．そして，乱数表の数字を1つずつ順に読み，0もしくは1のときに処理Aを，2もしくは3のときに処理Bを，4もしくは5のときに処理Cを，6もしくは7のときに処理Dを割付ける（8と9は捨てる）．各処理において最初に割付けられた試験区を反復1，2番目に割付けられた試験区を反復2というようにする．反復6まで割付が終了した処理は，それ以上は割付けない．

### (3) 分散分析表

完全無作為化法の分散分析表は表8-1のようになる．データ全体の変動は処理変動と誤差変動の2つに分解される．すなわち，処理以外による変動はすべて誤差によるものとみなされる．処理効果は処理分散（$V_{\mathrm{Trt}}$）の誤差分散（$V_{\mathrm{e}}$）に対する比（$F_{\mathrm{Trt}}$）にもとづいて評価される．

表 8-1　完全無作為化法の分散分析表

| 変動因 | 平方和 | 自由度 | 分散 | 分散比（$F$） | 有意性 |
|---|---|---|---|---|---|
| 処理 | $S_{\mathrm{Trt}}$ | $f_{\mathrm{Trt}}$ | $V_{\mathrm{Trt}}$（$=S_{\mathrm{Trt}}/f_{\mathrm{Trt}}$） | $F_{\mathrm{Trt}}$（$=V_{\mathrm{Trt}}/V_{\mathrm{e}}$） | $P_{\mathrm{Trt}}$ |
| 誤差 | $S_{\mathrm{e}}$ | $f_{\mathrm{e}}$ | $V_{\mathrm{e}}$（$=S_{\mathrm{e}}/f_{\mathrm{e}}$） | — | — |
| 全体 | $S_{\mathrm{Total}}$ | $f_{\mathrm{Total}}$ | — | — | — |

### (4)　計算例

表 8-2 は完全無作為化法による実験における 4 種類の肥料の施用下での植物の成長量であり，これらのデータから作成した分散分析表が表 8-3 である．

全体の平方和（$S_{\mathrm{Total}}$）は全データの平方和で，その自由度（$f_{\mathrm{Total}}$）は全データ数 − 1 = 23 である．

$$S_{\mathrm{Total}} = \text{全データ}\ (60, 65, \cdots, 56)\ \text{の平方和} = 1736.5$$

処理の平方和（$S_{\mathrm{Trt}}$）は処理平均の平方和に反復数（処理平均が由来するデータ数）を乗じたものであり，その自由度（$f_{\mathrm{Trt}}$）は処理数 − 1 = 3 である．

$$S_{\mathrm{Trt}} = \text{処理平均}\ (71.0, 73.5, 80.0, 66.5)\ \text{の平方和} \times 6 = 571.5$$

処理平方和の計算で，処理平均の平方和に反復数を乗じるのは，処理平均が［母

表 8-2　完全無作為化法による実験における 4 種類の肥料の施用下での植物の成長量（g）

| 反復 | 肥料 A | 肥料 B | 肥料 C | 肥料 D |
|---|---|---|---|---|
| 1 | 60 | 65 | 70 | 78 |
| 2 | 74 | 74 | 79 | 57 |
| 3 | 69 | 71 | 89 | 69 |
| 4 | 80 | 77 | 78 | 80 |
| 5 | 70 | 72 | 84 | 59 |
| 6 | 73 | 82 | 80 | 56 |
| 処理平均 | 71.0 | 73.5 | 80.0 | 66.5 |

表 8-3　完全無作為化法による実験における 4 種類の肥料の施用下での植物の成長量（表 8-2）の分散分析表

| 変動因 | 平方和 | 自由度 | 分散 | 分散比（$F$） | 有意水準 |
|---|---|---|---|---|---|
| 処理 | 571.5 | 3 | 190.50 | 3.27 | $<0.05$ |
| 誤差 | 1165.0 | 20 | 58.25 | — | — |
| 全体 | 1736.5 | 23 | — | — | — |

分散／データ数］の分散をもつため，処理平均の平方和が［母集団の平方和／データ数］の推定値となるためである．

完全無作為化法では同一処理内のデータ変動は誤差によるものとみなすため，誤差の平方和（$S_e$）は各処理の反復データの平方和を合計したものとなり，その自由度（$f_e$）は各処理の自由度（反復数−1）の合計$=(6-1)+(6-1)+(6-1)+(6-1)=20$である．

$$S_e=\sum 各処理の反復データの平方和=220.0+165.5+202.0+577.5=1165.0$$

完全無作為化法の分散分析では$S_{Total}=S_{Trt}+S_e$および$f_{Total}=f_{Trt}+f_e$が成り立つ．この加法定理を利用して，例えば，$S_{Trt}$は$S_{Total}$から$S_e$を差し引いて求めてもよい．

平方和はデータ分布の広がりを表す最も基本的な統計量であるが，その大きさは自由度の影響を受けるため，そのままでは比較できない．そこで，平方和を自由度で除した分散（平均平方）として処理分散（$V_{Trt}=190.50$）と誤差分散（$V_e=58.25$）を求め，これらの比（$F_{Trt}=3.27$）を得る．

この分散比（$F$比）が1よりも大きければ，処理によるデータ変動が誤差によるデータ変動よりも大きいことになり，処理効果があると判定できる．そこで，帰無仮説$H_0$：母分散比$=1$，対立仮説$H_1$：母分散比$>1$を立て，検定を行う．上側の片側検定で有意水準$\alpha=0.05$を採用すると，付表5より$F(3, 20, 0.05)=3.098$が得られ，棄却域は$F>3.098$となる．$F_{Trt}$（$=3.27$）は有意点より大きく棄却域に含まれるため，$H_0$を棄却し，$H_1$を採択する．すなわち，有意水準0.05で処理効果がある（すなわち，肥料の種類によって植物の成長量が異なる）といえる．この結果を受けて，処理平均の比較（8.4 多重比較）へ進むことになる．

### 8.2.2　乱塊法

#### (1)　特　徴

乱塊法は，図8-2のように，試験区全体をいくつかのブロック（反復でもある）に分け，各ブロック内に処理の一揃いを無作為に割付ける方法で，反復，無作為化および局所管理の3原則を満足する最も基本的な実験計画である．乱塊法では，定誤差の大きな部分をブロック間の差として取り除くことができるが，それでも除去しきれない定誤差は，ブロック内の処理配置の無作為化によって偶然誤差に転化される．

5.2.2（1）「データに対応がある場合」の2つの平均値の差に関する推定と検定

(a)

| ブロック | | | | |
|---|---|---|---|---|
| 1 | C | A | D | B |
| 2 | D | A | B | C |
| 3 | D | C | A | B |
| 4 | A | C | B | D |
| 5 | A | B | C | D |
| 6 | D | C | B | A |

(b)

ブロック

| 1 | | 2 | | 3 | |
|---|---|---|---|---|---|
| C | A | D | B | B | C |
| B | D | C | A | D | A |

| 4 | | 5 | | 6 | |
|---|---|---|---|---|---|
| A | C | A | B | D | C |
| D | B | D | C | A | B |

図 8-2　乱塊法による処理の割付例

(a) と (b) はブロック配置が異なる例である．いずれの例でも 24 の試験区が 6 つのブロックに分けられ，各ブロック内に 4 つの処理（A，B，C，D）が無作為に割付けられている．

は乱塊法に相当し，表 5-2 では魚 10 個体の各個体をブロックとし，飼料 A と B の 2 つの処理が各個体（各ブロック）に割付けられている．これを拡張し，ブロックとしての対象（個体や被験者など同一群）に 3 つ以上の処理を経時的に設定して処理効果を評価する実験配置は乱塊法とみなされ，その分散分析は反復測定分散分析と呼ばれる．

乱塊法では，完全無作為化法とは異なり，実験中の事故などにより欠測値が生じたら，測定値のみでは解析ができない．このため，欠測値を推定し，分散分析を補正する方法が開発されている（専門書を参照されたい）．

### (2)　割　付

乱塊法では，処理以外の条件がブロック間で大きく異なり，ブロック内で均一になるように，ブロックを配置する．圃場実験では，土壌条件（肥沃度，乾燥度）などの空間的偏りに合わせたブロック配置を行う．いくつかの異なる圃場や試験地をブロックとして扱ってもよい（練習問題 5-2 を参照）．植物個体や動物個体を試験区とする実験では，大きさや重量が比較的そろった個体を処理数ずつまとめてブロックとすることによって実験精度を向上できる．また，定誤差を生ずる恐れのある条件はすべてブロックと交絡させるのがよい．例えば，試験区の管理や測定などはすべてブロック単位で行い，同一ブロックの作業は同じ日に終えるようにする．複数の観察者により測定を行う場合には，分担する試験区の割当てもブロック単位で行うようにする．各ブロック内の試験区への処理の割付は，1 処理 1 回として，完全無作為化法と同様に行う．

### (3)　分散分析表

乱塊法の分散分析表は表 8-4 のようにまとめられる．データ全体の変動は処理

表 8-4 乱塊法の分散分析表

| 変動因 | 平方和 | 自由度 | 分散 | 分散比（$F$） | 有意性 |
|---|---|---|---|---|---|
| 処理 | $S_{Trt}$ | $f_{Trt}$ | $V_{Trt}$（$=S_{Trt}/f_{Trt}$） | $F_{Trt}$（$=V_{Trt}/V_e$） | $P_{Trt}$ |
| ブロック | $S_{Blk}$ | $f_{Blk}$ | $V_{Blk}$（$=S_{Blk}/f_{Blk}$） | $F_{Blk}$（$=V_{Blk}/V_e$） | $P_{Blk}$ |
| 誤差 | $S_e$ | $f_e$ | $V_e$（$=S_e/f_e$） | — | — |
| 全体 | $S_{Total}$ | $f_{Total}$ | — | — | — |

変動，ブロック変動および誤差変動の 3 つに分解され，定誤差（ブロック変動）と偶然誤差（誤差変動）が別々に数値化される．処理効果は処理分散（$V_{Trt}$）の誤差分散（$V_e$）に対する比（$F_{Trt}$）にもとづいて，ブロック効果はブロック分散（$V_{Blk}$）の誤差分散（$V_e$）に対する比（$F_{Blk}$）にもとづいて評価される．

### (4) 計算例

表 8-5 は乱塊法による実験における 4 種類の肥料の施用下での植物の成長量である．試験区全体の環境に偏りがあり，植物の成長にとっての好ましさに従って 6 つのブロックを設定したと想定し，表 8-2 の各処理内のデータを昇順に並び替えて作成したものである．表 8-6 はこれらのデータから作成した分散分析表である．

全体の平方和（$S_{Total}$）は全データの平方和で，その自由度（$f_{Total}$）は全データ数 $-1=23$ である．

$$S_{Total}=\text{全データ}（60, 65, \cdots, 80）\text{の平方和}=1736.5$$

処理の平方和（$S_{Trt}$）は処理平均の平方和にブロック数（処理平均が由来するデータ数）を乗じたものであり，その自由度（$f_{Trt}$）は処理数 $-1=3$ である．また，

表 8-5 乱塊法による実験における 4 種類の肥料の施用下での植物の成長量（g）

| ブロック | 肥料 A | 肥料 B | 肥料 C | 肥料 D | ブロック平均 |
|---|---|---|---|---|---|
| 1 | 60 | 65 | 70 | 56 | 62.75 |
| 2 | 69 | 71 | 78 | 57 | 68.75 |
| 3 | 70 | 72 | 79 | 59 | 70.00 |
| 4 | 73 | 74 | 80 | 69 | 74.00 |
| 5 | 74 | 77 | 84 | 78 | 78.25 |
| 6 | 80 | 82 | 89 | 80 | 82.75 |
| 処理平均 | 71.0 | 73.5 | 80.0 | 66.5 | — |

表 8-2 の各処理のデータを大きさの順にブロックに配置して作成したもの．

表 8-6　乱塊法による実験における 4 種類の肥料の施用下での植物の成長量（表 8-5）の分散分析表

| 変動因 | 平方和 | 自由度 | 分散 | 分散比（$F$） | 有意水準 |
|---|---|---|---|---|---|
| 処理 | 571.5 | 3 | 190.50 | 19.91 | <0.01 |
| ブロック | 1021.5 | 5 | 204.30 | 21.35 | <0.01 |
| 誤差 | 143.5 | 15 | 9.57 | — | — |
| 全体 | 1736.5 | 23 | — | — | — |

ブロックの平方和（$S_{\mathrm{Blk}}$）はブロック平均の平方和に処理数（ブロック平均が由来するデータ数）を乗じたものであり，その自由度（$f_{\mathrm{Blk}}$）はブロック数 − 1 = 5 である．

$$S_{\mathrm{Trt}} = \text{処理平均（71.0, 73.5, 80.0, 66.5）の平方和} \times 6 = 571.5$$

$$S_{\mathrm{Blk}} = \text{ブロック平均（62.75, 68.75, …, 82.75）の平方和} \times 4 = 1021.5$$

乱塊法では同一処理内のデータ変動はブロックによる変動と誤差による変動であるため，誤差の平方和（$S_{\mathrm{e}}$）は各処理の反復データの平方和の合計から $S_{\mathrm{Blk}}$ を差し引いたものとなる．また，誤差の自由度（$f_{\mathrm{e}}$）は各処理の自由度（ブロック数 − 1）の合計から $f_{\mathrm{Blk}}$ を差し引いたものとなる．

$$S_{\mathrm{e}} = \sum \text{各処理の反復データの平方和} - 1021.5$$

$$= (220.0 + 165.5 + 202.0 + 577.5) - 1021.5 = 1165.0 - 1021.5 = 143.5$$

$$f_{\mathrm{e}} = (6-1) + (6-1) + (6-1) + (6-1) - 5 = 20 - 5 = 15$$

乱塊法の分散分析では $S_{\mathrm{Total}} = S_{\mathrm{Trt}} + S_{\mathrm{Blk}} + S_{\mathrm{e}}$ および $f_{\mathrm{Total}} = f_{\mathrm{Trt}} + f_{\mathrm{Blk}} + f_{\mathrm{e}}$ が成り立つ．この加法定理を利用して，$S_{\mathrm{e}}$ は $S_{\mathrm{Total}}$ から $S_{\mathrm{Trt}}$ と $S_{\mathrm{Blk}}$ を，$f_{\mathrm{e}}$ は $f_{\mathrm{Total}}$ から $f_{\mathrm{Trt}}$ と $f_{\mathrm{Blk}}$ を差し引くことでも求められる．実際の計算ではこちらの方が便利である．

$$S_{\mathrm{e}} = 1736.5 - 571.5 - 1021.5 = 143.5$$

$$f_{\mathrm{e}} = 23 - 3 - 5 = 15$$

さらに，平方和を自由度で除した分散（平均平方）として，処理分散（$V_{\mathrm{Trt}} = 190.50$），ブロック分散（$V_{\mathrm{Blk}} = 204.30$）および誤差分散（$V_{\mathrm{e}} = 9.57$）を求め，処理の $F$ 比（$F_{\mathrm{Trt}} = 19.91$）およびブロックの $F$ 比（$F_{\mathrm{Blk}} = 21.35$）を得る．

処理効果について，帰無仮説 $\mathrm{H}_0$：母分散比 = 1，対立仮説 $\mathrm{H}_1$：母分散比 > 1 を立て，上側の片側検定で有意水準 $\alpha = 0.05$ を採用すると，付表 5 より $F(3, 15, 0.05) = 3.287$ が得られる．$F_{\mathrm{Trt}}$（= 19.91）は有意点より大きく棄却域に含まれるため，$\mathrm{H}_0$ を棄却し，$\mathrm{H}_1$ を採択する．すなわち，有意水準 0.05 で処理効果がある（すなわち，肥料の種類によって植物の成長量が異なる）といえる．この判定はよ

り高い有意水準 $\alpha=0.01$ でも同じである（$F(3, 15, 0.01)=5.417$）．次の解析として，処理平均の比較（8.4 多重比較）へ進むことになる．

ブロック効果について，処理効果と同じ仮説を立て，上側の片側検定で有意水準 $\alpha=0.05$ を採用すると，付表 5 より $F(5, 15, 0.05)=2.901$ が得られる．$F_{\mathrm{Blk}}$（$=21.35$）は有意点より大きく棄却域に含まれるため，有意水準 0.05 でブロック効果がある（ブロックによって植物の成長量が異なる）といえる．この判定はより高い有意水準 $\alpha=0.01$ でも同じである（$F(5, 15, 0.01)=4.556$）．これらの検定結果は乱塊法の採用が処理効果の検出に非常に有効であったことを示している．

乱塊法の計算結果（表 8-6）を完全無作為化法のもの（表 8-3）と比較すると，試験地において処理以外の条件に明らかな偏りがあるときには，乱塊法を採用することにより，処理分散はそのままであるが，試験地の偏りをブロック変動として評価し除去できるために，誤差の自由度は減少するが，誤差分散が小さくなり，結果として $F$ 比が高まり，処理効果の検出感度を増加できることが分かる．

### 8.2.3　ラテン方格法

#### (1)　特　徴

ラテン方格法は，図 8-3 の 4×4 ラテン方格に示されるように，各処理が試験地のどの行にも，どの列にも 1 回ずつ現れるように割付ける方法である．ラテン方格法では 2 方向の定誤差が行と列の 2 種類のブロック因子により偶然誤差と区別されるために，誤差平方和は完全無作為化法や乱塊法に比べて小さくなる．しかし，行と列に自由度をとられ誤差自由度が小さくなるため，処理効果の検出感度は必ずしも向上しない．また，処理数と反復数が等しくなければならないという制限がある．ラテン方格法では，乱塊法と同様に，実験中の事故などにより欠測値が生じると測定値のみでは解析ができない．このため，欠測値を推定し，分散分析を補正する方法が開発されている（専門書を参照されたい）．

#### (2)　割　付

行と列の数が処理数（＝反復数）に等しい試験区行列において，第 1 行に左から番号 1，2，3，…を順に付し，次行以降は番号を 1 つずつ左へずらして，標準方格を作成する（図 8-3（a））．次に，この方格の行を無作為に入れ替え（図 8-3（b）），さらに，列を無作為に入れ替える（図 8-3（c））．最後に，番号に処理を無作為に割当てる（図 8-3（d））．行および列の入れ替え回数や入れ替え対象（どれとどれを入れ替えるか）の決定ならびに番号と処理の対応付けには乱数を用いる．

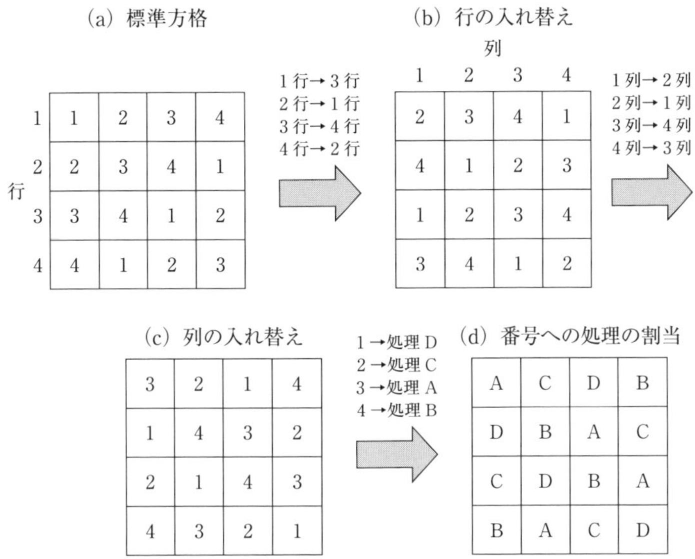


**図 8-3　4×4 ラテン方格法による処理の割付例**

4つの処理（A，B，C，D）が4反復され，どの行にも，どの列にも1つずつ存在するように割付けられている．番号1～4を付した標準方格（a）の行と列を無作為に入れ替え（b と c），番号に処理を無作為に割り当てる（d）．

## (3)　分散分析表

ラテン方格法の分散分析表は表 8-7 のようにまとめられる．データ全体の変動は処理変動，行変動，列変動および誤差変動の4つに分解され，2つの定誤差（行変動と列変動）と偶然誤差（誤差変動）が別々に数値化される．処理効果は処理分散（$V_{\mathrm{Trt}}$）の誤差分散（$V_{\mathrm{e}}$）に対する比（$F_{\mathrm{Trt}}$）にもとづいて，行と列の効果はそれぞれの分散（$V_{\mathrm{Row}}$，$V_{\mathrm{Col}}$）の誤差分散（$V_{\mathrm{e}}$）に対する比（$F_{\mathrm{Row}}$，$F_{\mathrm{Col}}$）にもとづいて評価される．

**表 8-7　ラテン方格法の分散分析表**

| 変動因 | 平方和 | 自由度 | 分散 | 分散比（$F$） | 有意性 |
|---|---|---|---|---|---|
| 処理 | $S_{\mathrm{Trt}}$ | $f_{\mathrm{Trt}}$ | $V_{\mathrm{Trt}}$（$=S_{\mathrm{Trt}}/f_{\mathrm{Trt}}$） | $F_{\mathrm{Trt}}$（$=V_{\mathrm{Trt}}/V_{\mathrm{e}}$） | $P_{\mathrm{Trt}}$ |
| 行 | $S_{\mathrm{Row}}$ | $f_{\mathrm{Row}}$ | $V_{\mathrm{Row}}$（$=S_{\mathrm{Row}}/f_{\mathrm{Row}}$） | $F_{\mathrm{Row}}$（$=V_{\mathrm{Row}}/V_{\mathrm{e}}$） | $P_{\mathrm{Row}}$ |
| 列 | $S_{\mathrm{Col}}$ | $f_{\mathrm{Col}}$ | $V_{\mathrm{Col}}$（$=S_{\mathrm{Col}}/f_{\mathrm{Col}}$） | $F_{\mathrm{Col}}$（$=V_{\mathrm{Col}}/V_{\mathrm{e}}$） | $P_{\mathrm{Col}}$ |
| 誤差 | $S_{\mathrm{e}}$ | $f_{\mathrm{e}}$ | $V_{\mathrm{e}}$（$=S_{\mathrm{e}}/f_{\mathrm{e}}$） | — | — |
| 全体 | $S_{\mathrm{Total}}$ | $f_{\mathrm{Total}}$ | — | — | — |

### (4) 計算例

表 8-8 はラテン方格法による実験における 4 種類の肥料の施用下での植物の成長量であり，これらのデータから作成した分散分析表が表 8-9 である．

全体の平方和（$S_{\mathrm{Total}}$）は全データの平方和で，その自由度（$f_{\mathrm{Total}}$）は全データ数－1＝15 である．

$$S_{\mathrm{Total}} = \text{全データ}\ (70, 69, \cdots, 80)\ \text{の平方和} = 1491.0$$

処理の平方和（$S_{\mathrm{Trt}}$）は処理平均の平方和に反復数（処理平均が由来するデータ数）を乗じたものであり，その自由度（$f_{\mathrm{Trt}}$）は処理数－1＝3 である．

$$S_{\mathrm{Trt}} = \text{処理平均}\ (79.00, 57.25, 71.75, 73.00)\ \text{の平方和} \times 4 = 1021.5$$

行の平方和（$S_{\mathrm{Row}}$）は行平均の平方和に列数（行平均が由来するデータ数）を乗じたものであり，その自由度（$f_{\mathrm{Row}}$）は行数－1＝3 である．また，列の平方和（$S_{\mathrm{Col}}$）は列平均の平方和に行数（列平均が由来するデータ数）を乗じたものであ

表 8-8 ラテン方格法による実験における 4 種類の肥料の施用下での植物の成長量（g）

| 行 | 列 | | | | 行平均 |
|---|---|---|---|---|---|
| | 1 | 2 | 3 | 4 | |
| 1 | 70（A） | 69（C） | 74（D） | 57（B） | 67.50 |
| 2 | 60（D） | 56（B） | 78（A） | 70（C） | 66.00 |
| 3 | 71（C） | 78（D） | 59（B） | 79（A） | 71.75 |
| 4 | 57（B） | 89（A） | 77（C） | 80（D） | 75.75 |
| 列平均 | 64.50 | 73.00 | 72.00 | 71.50 | — |

4 つの処理（肥料 A，B，C，D）の試験区への割付は図 8-3（d）のとおりであり，表中のカッコ内に示されている．処理平均は肥料 A が 79.00，肥料 B が 57.25，肥料 C が 71.75，肥料 D が 73.00 である．平方和は肥料 A が 182.00，肥料 B が 4.75，肥料 C が 38.75，肥料 D が 244.00 である．

表 8-9 ラテン方格法による実験における 4 種類の肥料の施用下での植物の成長量（表 8-8）の分散分析表

| 変動因 | 平方和 | 自由度 | 分散 | 分散比（$F$） | 有意水準 |
|---|---|---|---|---|---|
| 処理 | 1021.5 | 3 | 340.50 | 36.50 | ＜0.01 |
| 行 | 232.5 | 3 | 77.50 | 8.31 | ＜0.05 |
| 列 | 181.0 | 3 | 60.33 | 6.47 | ＜0.05 |
| 誤差 | 56.0 | 6 | 9.33 | — | — |
| 全体 | 1491.0 | 15 | — | — | — |

り，その自由度（$f_{Col}$）は列数−1＝3 である．

$$S_{Row} = \text{行平均}（67.50, 66.00, 71.75, 75.75）\text{の平方和} \times 4 = 232.5$$

$$S_{Col} = \text{列平均}（64.50, 73.00, 72.00, 71.50）\text{の平方和} \times 4 = 181.0$$

ラテン方格法では同一処理内のデータ変動は行，列および誤差による変動であるため，誤差の平方和（$S_e$）は各処理の反復データの平方和の合計から $S_{Row}$ と $S_{Col}$ を差し引いたものとなる．また，誤差の自由度（$f_e$）は各処理の自由度（反復数−1）の合計から $f_{Row}$ と $f_{Col}$ を差し引いたものとなる．

$$S_e = \sum \text{各処理の反復データの平方和} - 232.5 - 181.0$$
$$= (182.00 + 4.75 + 38.75 + 244.00) - 232.5 - 181.0 = 469.5 - 232.5 - 181.0 = 56.0$$

$$f_e = (4-1) + (4-1) + (4-1) + (4-1) - 3 - 3 = 12 - 6 = 6$$

ラテン方格法の分散分析では $S_{Total} = S_{Trt} + S_{Row} + S_{Col} + S_e$ および $f_{Total} = f_{Trt} + f_{Row} + f_{Col} + f_e$ が成り立つ．この加法定理を利用して，$S_e$ は $S_{Total}$ から $S_{Trt}$，$S_{Row}$ および $S_{Col}$ を，$f_e$ は $f_{Total}$ から $f_{Trt}$，$f_{Row}$ および $f_{Col}$ を差し引くことでも求められる．実際の計算ではこちらの方が便利である．

$$S_e = 1491.0 - 1021.5 - 232.5 - 181.0 = 56.0$$

$$f_e = 15 - 3 - 3 - 3 = 6$$

さらに，平方和を自由度で除した分散（平均平方）として，処理分散（$V_{Trt} = 340.50$），行分散（$V_{Row} = 77.50$），列分散（$V_{Col} = 60.33$）および誤差分散（$V_e = 9.33$）を求め，処理の $F$ 比（$F_{Trt} = 36.50$），行の $F$ 比（$F_{Row} = 8.31$）および列の $F$ 比（$F_{Col} = 6.47$）を得る．

処理効果について，帰無仮説 $H_0$：母分散比＝1，対立仮説 $H_1$：母分散比＞1 を立て，上側の片側検定で有意水準 $\alpha = 0.05$ を採用すると，付表 5 より $F(3, 6, 0.05) = 4.757$ が得られる．$F_{Trt}$（＝36.50）は有意点より大きく棄却域に含まれるため，$H_0$ を棄却し，$H_1$ を採択する．すなわち，有意水準 0.05 で処理効果がある（肥料の種類によって植物の成長量が異なる）といえる．この判定はより高い有意水準 $\alpha = 0.01$ でも同じである（$F(3, 6, 0.01) = 9.780$）．次の解析として，処理平均の比較（8.4 多重比較）へ進むことになる．

行と列の効果について，処理効果と同じ仮説を立て，上側の片側検定で有意水準 $\alpha = 0.05$ を採用すると，付表 5 より $F(3, 6, 0.05) = 4.757$ が得られる．$F_{Row}$（＝8.31）および $F_{Col}$（＝6.47）はいずれも有意点より大きく棄却域に含まれるため，有意水準 0.05 で行と列の効果がある（行と列によって植物の成長量が異なる）といえる．これらの検定結果はラテン方格法を採用したことが処理効果の検出に有効であったことを示している．

## 8.3　要因実験と分割区法

### 8.3.1　要因実験

#### (1)　特　徴

要因実験とは，2つ以上の因子について，全因子の水準のすべての組合せを実験するものである．要因実験は，因子それぞれの効果を単独に評価する1因子実験の組合せと比較して，①各因子の各水準の効果に関する情報量が多く，適用範囲の広い結論が得られること，②各因子の主効果だけでなく，因子間の交互作用の効果を検出できることを利点とする．他方，要因実験は因子や水準の数が多くなると実施が困難になるという問題も有しているが，これを克服する方法も開発されている（専門書を参照されたい）．

#### (2)　割　付

要因実験における実験配置には，すでに解説した完全無作為化法（図8-1），乱塊法（図8-2）およびラテン方格法（図8-3）を用いることができる．例えば，因子が施肥量と植栽密度の2因子，施肥量の水準が「低」と「高」の2水準，植栽密度の水準が「低」，「中」および「高」の3水準の要因実験の場合，それぞれの方法に従って，6つ（2水準×3水準）の処理を，設定した反復数あるいはブロック数だけ配置すればよい（ラテン方格法の場合には反復数は処理数と等しく6となる）．図8-4は乱塊法による割付例である．

#### (3)　分散分析表

要因実験の分散分析表は，実験配置に完全無作為化法，乱塊法あるいはラテン

ブロック

| 1 | | | 2 | | | 3 | | |
|---|---|---|---|---|---|---|---|---|
| $A_2B_2$ | $A_1B_1$ | $A_2B_1$ | $A_2B_1$ | $A_2B_2$ | $A_2B_3$ | $A_2B_1$ | $A_2B_3$ | $A_1B_2$ |
| $A_1B_3$ | $A_2B_3$ | $A_1B_2$ | $A_1B_3$ | $A_1B_1$ | $A_1B_2$ | $A_2B_2$ | $A_1B_3$ | $A_1B_1$ |

| 4 | | | 5 | | | 6 | | |
|---|---|---|---|---|---|---|---|---|
| $A_1B_3$ | $A_2B_2$ | $A_1B_1$ | $A_2B_2$ | $A_2B_3$ | $A_1B_3$ | $A_1B_3$ | $A_1B_1$ | $A_2B_3$ |
| $A_2B_1$ | $A_2B_3$ | $A_1B_2$ | $A_1B_2$ | $A_1B_1$ | $A_2B_1$ | $A_2B_2$ | $A_2B_1$ | $A_1B_2$ |

図8-4　乱塊法による2因子要因実験の処理の割付例

実験因子はAとBの2因子，Aの水準は$A_1$，$A_2$の2水準，Bの水準は$B_1$，$B_2$，$B_3$の3水準である．24の試験区が6つのブロックに分けられ，各ブロック内に6つの処理（$A_1$，$A_2$と$B_1$，$B_2$，$B_3$の組合せ）が無作為に割付けられている．

表 8-10　乱塊法による 2 因子要因実験の分散分析表

| 変動因 | 平方和 | 自由度 | 分散 | 分散比（$F$） | 有意性 |
|---|---|---|---|---|---|
| 処理 | $S_{Trt}$ | $f_{Trt}$ | $V_{Trt}(=S_{Trt}/f_{Trt})$ | $F_{Trt}(=V_{Trt}/V_e)$ | $P_{Trt}$ |
| 因子 1 主効果 | $S_{F1}$ | $f_{F1}$ | $V_{F1}(=S_{F1}/f_{F1})$ | $F_{F1}(=V_{F1}/V_e)$ | $P_{F1}$ |
| 因子 2 主効果 | $S_{F2}$ | $f_{F2}$ | $V_{F2}(=S_{F2}/f_{F2})$ | $F_{F2}(=V_{F2}/V_e)$ | $P_{F2}$ |
| 因子 1×2 交互作用 | $S_{F1\times2}$ | $f_{F1\times2}$ | $V_{F1\times2}(=S_{F1\times2}/f_{F1\times2})$ | $F_{F1\times2}(=V_{F1\times2}/V_e)$ | $P_{F1\times2}$ |
| ブロック | $S_{Blk}$ | $f_{Blk}$ | $V_{Blk}(=S_{Blk}/f_{Blk})$ | $F_{Blk}(=V_{Blk}/V_e)$ | $P_{Blk}$ |
| 誤差 | $S_e$ | $f_e$ | $V_e(=S_e/f_e)$ | — | — |
| 全体 | $S_{Total}$ | $f_{Total}$ | — | — | — |

方格法が用いられる場合には，それぞれの分散分析表（表 8-1，8-4，8-7）の処理項目がさらに細かく，各因子の主効果（他の因子の影響を受けない効果）と因子間の交互作用（因子間の影響のもとで及ぼされる効果）に分割される．例えば，2 因子要因実験の場合には，「因子 1 の主効果」，「因子 2 の主効果」および「因子 1 と 2 の交互作用」（因子 1×因子 2）に分けられ，乱塊法の分散分析表は表 8-10 のようにまとめられる．処理全体の効果は処理分散（$V_{Trt}$）の誤差分散（$V_e$）に対する比（$F_{Trt}$）にもとづいて，因子 1 の主効果，因子 2 の主効果および因子 1 と 2 の交互作用はそれぞれの分散（$V_{F1}$，$V_{F2}$，$V_{F1\times2}$）の誤差分散（$V_e$）に対する比（$F_{F1}$，$F_{F2}$，$F_{F1\times2}$）にもとづいて評価される．また，ブロック効果はブロック分散（$V_{Blk}$）の誤差分散（$V_e$）に対する比（$F_{Blk}$）にもとづいて評価される．

### (4)　計算例

表 8-11 は乱塊法による 2 因子要因実験における 2 水準の施肥量と 3 水準の植栽密度下での植物の成長量であり，表 8-12 は処理ごと，因子・水準ごとの平均値である．これらのデータから作成した分散分析表が表 8-13 である．

全体の平方和（$S_{Total}$）は全データ（表 8-11）の平方和であり，その自由度（$f_{Total}$）は全データ数 $-1=35$ である．

$$S_{Total}=\text{全データ}\ (61, 60, \cdots, 62)\ \text{の平方和}=3710.75$$

処理の平方和（$S_{Trt}$）は 6 つの処理平均（表 8-12）の平方和にブロック数（処理平均が由来するデータ数）を乗じたものであり，その自由度（$f_{Trt}$）は処理数 $-1=5$ である．うち，施肥量（因子 1）の主効果の平方和（$S_{F1}$）は施肥量の水準平均の平方和に［植栽密度（因子 2）の水準数×ブロック数］（施肥量の水準平均が由来するデータ数）を乗じたものであり，その自由度（$f_{F1}$）は施肥量の水準数 $-1=1$ である．同様に，植栽密度（因子 2）の主効果の平方和（$S_{F2}$）は植栽密度の

表 8-11 乱塊法による 2 因子要因実験における 2 水準の施肥量と 3 水準の植栽密度下での植物の成長量（g）

| ブロック | 施肥量（因子 1） | 植栽密度（因子 2） | | | ブロック平均 |
|---|---|---|---|---|---|
| | | 低 | 中 | 高 | |
| 1 | 低 | 61 | 60 | 62 | 61.50 |
| | 高 | 71 | 60 | 55 | |
| 2 | 低 | 66 | 65 | 64 | 66.00 |
| | 高 | 77 | 63 | 61 | |
| 3 | 低 | 71 | 70 | 72 | 72.00 |
| | 高 | 80 | 71 | 68 | |
| 4 | 低 | 76 | 77 | 76 | 75.83 |
| | 高 | 80 | 75 | 71 | |
| 5 | 低 | 81 | 75 | 70 | 78.00 |
| | 高 | 90 | 88 | 64 | |
| 6 | 低 | 87 | 74 | 65 | 80.17 |
| | 高 | 98 | 95 | 62 | |

表 8-12 乱塊法による 2 因子要因実験における 2 水準の施肥量と 3 水準の植栽密度下での植物の成長量の処理平均および因子・水準平均（g）

| 施肥量（因子 1） | 植栽密度（因子 2） | | | 施肥量の水準平均 |
|---|---|---|---|---|
| | 低 | 中 | 高 | |
| 低 | 73.67 | 70.17 | 68.17 | 70.67 |
| 高 | 82.67 | 75.33 | 63.50 | 73.83 |
| 植栽密度の水準平均 | 78.17 | 72.75 | 65.83 | — |

表 8-11 のデータから計算.

表 8-13 乱塊法による 2 因子要因実験における 2 水準の植栽密度と 3 水準の施肥量下での植物の成長量（表 8-11 および表 8-12）の分散分析表

| 変動因 | 平方和 | 自由度 | 分散 | 分散比（$F$） | 有意水準 |
|---|---|---|---|---|---|
| 処理 | 1305.58 | 5 | 261.12 | 7.91 | $<0.01$ |
| 　施肥量の主効果 | 90.25 | 1 | 90.25 | 2.73 | $>0.05$ |
| 　植栽密度の主効果 | 917.17 | 2 | 458.59 | 13.89 | $<0.01$ |
| 　施肥量×植栽密度の交互作用 | 298.16 | 2 | 149.08 | 4.51 | $<0.05$ |
| ブロック | 1579.58 | 5 | 315.92 | 9.57 | $<0.01$ |
| 誤差 | 825.59 | 25 | 33.02 | — | — |
| 全体 | 3710.75 | 35 | — | — | — |

水準平均の平方和に［施肥量（因子 1）の水準数×ブロック数］（植栽密度の水準平均が由来するデータ数）を乗じたものであり，その自由度（$f_{F2}$）は植栽密度の水準数－1＝2 である．

$S_{Trt}$＝処理平均（73.67, 70.17, …, 63.50）の平方和×6＝1305.58

$S_{F1}$＝施肥量（因子 1）の水準平均（70.67, 73.83）の平方和×18＝90.25

$S_{F2}$＝植栽密度（因子 2）の水準平均（78.17, 72.75, 65.83）の平方和×12
＝917.17

残りの部分，すなわち施肥量×植栽密度の交互作用について，その平方和（$S_{F1\times2}$）は $S_{Trt}$ から $S_{F1}$ と $S_{F2}$ を，自由度（$f_{F1\times2}$）は $f_{Trt}$ から $f_{F1}$ と $f_{F2}$ を差し引いて得られる．

$$S_{F1\times2} = 1305.58 - 90.25 - 917.17 = 298.16$$

$$f_{F1\times2} = 5 - 1 - 2 = 2$$

ブロックの平方和（$S_{Blk}$）はブロック平均の平方和に処理数（ブロック平均が由来するデータ数）を乗じたものであり，その自由度（$f_{Blk}$）はブロック数－1＝5 である．

$S_{Blk}$＝ブロック平均（61.50, 66.00, …, 80.17）の平方和×6＝1579.58

誤差について，その平方和（$S_e$）は $S_{Total}$ から $S_{Trt}$ と $S_{Blk}$ を，自由度（$f_e$）は $f_{Total}$ から $f_{Trt}$ と $f_{Blk}$ を差し引いて求める．

$$S_e = 3710.75 - 1305.58 - 1579.58 = 825.59$$

$$f_e = 35 - 5 - 5 = 25$$

さらに，平方和を自由度で除した分散（平均平方）として，処理分散（$V_{Trt}$＝261.12），施肥量の主効果の分散（$V_{F1}$＝90.25），植栽密度の主効果の分散（$V_{F2}$＝458.59），施肥量と植栽密度の交互作用の分散（$V_{F1\times2}$＝149.08），ブロック分散（$V_{Blk}$＝315.92）および誤差分散（$V_e$＝33.02）を求め，処理の $F$ 比（$F_{Trt}$＝7.91），施肥量の主効果の $F$ 比（$F_{F1}$＝2.73），植栽密度の主効果の $F$ 比（$F_{F2}$＝13.89），施肥量と植栽密度の交互作用の $F$ 比（$F_{F1\times2}$＝4.51）およびブロックの $F$ 比（$F_{Blk}$＝9.57）を得る．

以上の $F$ 比をもとに因子の効果を検定すると，処理効果は有意水準 0.01 で有意（$F_{Trt} = 7.91 > F(5, 25, 0.01) = 3.855$）であり，うち，施肥量の主効果は有意水準 0.05 で非有意（$F_{F1} = 2.73 < F(1, 25, 0.05) = 4.242$），植栽密度の主効果は有意水準 0.01 で有意（$F_{F2} = 13.89 > F(2, 25, 0.01) = 5.568$），施肥量と植栽密度の交互作用は有意水準 0.05 で有意（$F_{F1\times2} = 4.51 > F(2, 25, 0.05) = 3.385$）である．また，ブロッ

ク効果は有意水準 0.01 で有意（$F_{\mathrm{Blk}}=9.57>F(5, 25, 0.01)=3.855$）である．これらの検定結果から，植物の成長量は植栽密度によって異なり，植栽密度の変化に対する成長量の反応は施肥量によって異なるといえる（交互作用が有意であるということは，一方の因子の効果が他方の因子の水準によって異なることを示している）．実際，表 8-12 から，植物の成長量は植栽密度の増加に伴って減少するが，その減少程度は高施肥量下で大きいことが分かる．また，乱塊法を採用したことが処理効果の検出に有効であったといえる．次の解析として，処理平均の比較（8.4 多重比較）へ進むことになる．

### 8.3.2　分割区法

#### (1)　特　徴

要因実験では，因子の種類によっては，その水準を図 8-4 のように無作為に割付けることが困難な場合がある．例えば，水田での実験において施肥量が因子である場合，施用した肥料成分の試験区間移動を防ぐために試験区を仕切る必要があるが，1 つ 1 つの試験区を仕切るには費用と労力がかかる．このようなときには分割区法（図 8-5）を採用すると，設置する仕切りを最小限にすることができ，実験がやりやすい．

#### (2)　割　付

図 8-5 は，図 8-4 と同じ構造の 2 因子要因実験を，分割区法により割付けた例である．ここでは，A 因子が主試験区に，B 因子が副試験区に配置されている．すなわち，各ブロックにおいて，$A_1$ の 3 試験区と $A_2$ の 3 試験区がまとめられ，

ブロック

1

| | | |
|---|---|---|
| $A_1B_2$ | $A_1B_3$ | $A_1B_1$ |
| $A_2B_1$ | $A_2B_3$ | $A_2B_2$ |

2

| | | |
|---|---|---|
| $A_2B_2$ | $A_2B_3$ | $A_2B_1$ |
| $A_1B_1$ | $A_1B_2$ | $A_1B_3$ |

3

| | | |
|---|---|---|
| $A_1B_1$ | $A_1B_3$ | $A_1B_2$ |
| $A_2B_3$ | $A_2B_1$ | $A_2B_2$ |

4

| | | |
|---|---|---|
| $A_1B_2$ | $A_1B_3$ | $A_1B_1$ |
| $A_2B_2$ | $A_2B_3$ | $A_2B_1$ |

5

| | | |
|---|---|---|
| $A_2B_3$ | $A_2B_1$ | $A_2B_2$ |
| $A_1B_3$ | $A_1B_2$ | $A_1B_1$ |

6

| | | |
|---|---|---|
| $A_2B_3$ | $A_2B_2$ | $A_2B_1$ |
| $A_1B_2$ | $A_1B_1$ | $A_1B_3$ |

図 8-5　分割区法による 2 因子要因実験の処理の割付例

実験因子は A と B の 2 因子，A の水準は $A_1$，$A_2$ の 2 水準，B の水準は $B_1$，$B_2$，$B_3$ の 3 水準である．24 の試験区が 6 つのブロックに分けられ，各ブロック内では A 因子が主試験区に，B 因子が副試験区に割付けられている．主試験区への $A_1$，$A_2$ の割当と副試験区への $B_1$，$B_2$，$B_3$ の割当は無作為である．

これらの主試験区のなかに $B_1$ ～ $B_3$ が割付けられている．主試験区への $A_1$，$A_2$ の割当と副試験区への $B_1$，$B_2$，$B_3$ の割当は乱数を用いて無作為に行う．

### (3) 分散分析表

分割区法による２因子要因実験の分散分析表は表 8-14 のようにまとめられる．データ全体の変動は主試験区（１次単位）の部分（因子１主効果，ブロック，１次誤差および主試験区全体）と副試験区（２次単位）の部分（因子２主効果，因子１と２の交互作用および２次誤差）に分解される．因子１の主効果およびブロックの効果はそれぞれの分散（$V_{F1}$，$V_{Blk}$）の１次誤差分散（$V_{e1}$）に対する比（$F_{F1}$，$F_{Blk}$）にもとづいて，因子２の主効果と因子１と２の交互作用の効果はそれぞれの分散（$V_{F2}$，$V_{F1\times2}$）の２次誤差分散（$V_{e2}$）に対する比（$F_{F2}$，$F_{F1\times2}$）にもとづいて評価される．

### (4) 計算例

表 8-11 と表 8-12 に示したデータが，施肥量を主試験区，植栽密度を副試験区とする分割区法による２因子要因実験から得られたものであるとき，主試験区における植物の成長量は表 8-15 のようにまとめられる．表 8-16 はこれらのデータから作成した分散分析表である．

全体の平方和（$S_{Total}$）は全データ（表 8-11）の平方和であり，その自由度（$f_{Total}$）は全データ数 − 1 = 35 である．

$$S_{Total} = \text{全データ}（61, 60, \cdots, 62）\text{の平方和} = 3710.75$$

処理の平方和（$S_{Trt}$）は６つの処理平均（表 8-12）の平方和にブロック数（処理平均が由来するデータ数）を乗じたものであり，その自由度（$f_{Trt}$）は処理数 − 1 = 5 である．

表 8-14　分割区法による２因子要因実験の分散分析表

| 変動因 | 平方和 | 自由度 | 分散 | 分散比（$F$） | 有意性 |
|---|---|---|---|---|---|
| 因子１主効果 | $S_{F1}$ | $f_{F1}$ | $V_{F1}$（$=S_{F1}/f_{F1}$） | $F_{F1}$（$=V_{F1}/V_{e1}$） | $P_{F1}$ |
| ブロック | $S_{Blk}$ | $f_{Blk}$ | $V_{Blk}$（$=S_{Blk}/f_{Blk}$） | $F_{Blk}$（$=V_{Blk}/V_{e1}$） | $P_{Blk}$ |
| １次誤差 | $S_{e1}$ | $f_{e1}$ | $V_{e1}$（$=S_{e1}/f_{e1}$） | — | — |
| 主試験区全体 | $S_{Main}$ | $f_{Main}$ | — | — | — |
| 因子２主効果 | $S_{F2}$ | $f_{F2}$ | $V_{F2}$（$=S_{F2}/f_{F2}$） | $F_{F2}$（$=V_{F2}/V_{e2}$） | $P_{F2}$ |
| 因子 1×2 交互作用 | $S_{F1\times2}$ | $f_{F1\times2}$ | $V_{F1\times2}$（$=S_{F1\times2}/f_{F1\times2}$） | $F_{F1\times2}$（$=V_{F1\times2}/V_{e2}$） | $P_{F1\times2}$ |
| ２次誤差 | $S_{e2}$ | $f_{e2}$ | $V_{e2}$（$=S_{e2}/f_{e2}$） | — | — |
| 全体 | $S_{Total}$ | $f_{Total}$ | — | — | — |

表 8-15　分割区法による 2 因子要因実験における植物の成長量の主試験区（2 水準の施肥量）平均ならびにブロック平均と施肥量の水準平均（g）

| ブロック | 施肥量（因子 1） | | ブロック平均 |
|---|---|---|---|
| | 低 | 高 | |
| 1 | 61.00 | 62.00 | 61.50 |
| 2 | 65.00 | 67.00 | 66.00 |
| 3 | 71.00 | 73.00 | 72.00 |
| 4 | 76.33 | 75.33 | 75.83 |
| 5 | 75.33 | 80.67 | 78.00 |
| 6 | 75.33 | 85.00 | 80.17 |
| 施肥量の水準平均 | 70.67 | 73.83 | — |

表 8-11 および表 8-12 のデータが分割区法による 2 因子要因実験から得られたものとして計算.

表 8-16　分割区法による 2 因子要因実験における 2 水準の植栽密度と 3 水準の施肥量下での植物の成長量の分散分析表

| 変動因 | 平方和 | 自由度 | 分散 | 分散比（$F$） | 有意水準 |
|---|---|---|---|---|---|
| 施肥量の主効果 | 90.25 | 1 | 90.25 | 4.19 | ＞0.05 |
| ブロック | 1579.58 | 5 | 315.92 | 14.68 | ＜0.01 |
| 1 次誤差 | 107.59 | 5 | 21.52 | — | — |
| 主試験区全体 | 1777.42 | 11 | — | — | — |
| 植栽密度の主効果 | 917.17 | 2 | 458.59 | 12.77 | ＜0.01 |
| 施肥量×植栽密度の交互作用 | 298.16 | 2 | 149.08 | 4.15 | ＜0.05 |
| 2 次誤差 | 718.00 | 20 | 35.90 | — | — |
| 全体 | 3710.75 | 35 | — | — | — |

表 8-11 および表 8-12 のデータが分割区法による 2 因子要因実験から得られたものとし，表 8-15 と合わせて計算.

$$S_{\mathrm{Trt}} = \text{処理平均（73.67, 70.17, ⋯, 63.50）の平方和} \times 6 = 1305.58$$

処理の項は分割区法の分散分析表（表 8-14 および表 8-16）には含まれないが，$S_{\mathrm{Trt}}$ と $f_{\mathrm{Trt}}$ は，以下に説明するように，施肥量×植栽密度の交互作用の平方和と自由度の計算に必要である.

主試験区は施肥量（因子 1）についての乱塊法となっているので，これにもとづいて作成した表 8-15 を用いて，主試験区全体の平方和（$S_{\mathrm{Main}}$），施肥量の主効果の平方和（$S_{\mathrm{F1}}$）およびブロックの平方和（$S_{\mathrm{Blk}}$）は以下のように計算される.

$S_{Main}$ = 主試験区平均（61.00, 62.00, …, 85.00）の平方和×3＝1777.42
$S_{F1}$ = 施肥量（因子 1）の水準平均（70.67, 73.83）の平方和×18＝90.25
$S_{Blk}$ = ブロック平均（61.50, 66.00, …, 80.17）の平方和×6＝1579.58

それぞれの自由度（$f_{Main}$, $f_{F1}$, $f_{Blk}$）は 11（主試験区数－1），1（施肥量の水準数－1）および 5（ブロック数－1）である．残りの部分，すなわち 1 次誤差について，その平方和（$S_{e1}$）は $S_{Main}$ から $S_{F1}$ と $S_{Blk}$ を，自由度（$f_{e1}$）は $f_{Main}$ から $f_{F1}$ と $f_{Blk}$ を差し引いて得られる．

$$S_{e1} = 1777.42 - 90.25 - 1579.58 = 107.59$$
$$f_{e1} = 11 - 1 - 5 = 5$$

副試験区について，植栽密度（因子 2）の主効果の平方和（$S_{F2}$）は植栽密度の水準平均（表 8-12）の平方和に［施肥量（因子 1）の水準数×ブロック数］（植栽密度の水準平均が由来するデータ数）を乗じたものであり，その自由度（$f_{F2}$）は植栽密度の水準数－1＝2 である．

$S_{F2}$ = 植栽密度（因子 2）の水準平均（78.17, 72.75, 65.83）の平方和×12
＝917.17

施肥量×植栽密度の交互作用について，その平方和（$S_{F1\times 2}$）は $S_{Trt}$ から $S_{F1}$ と $S_{F2}$ を，自由度（$f_{F1\times 2}$）は $f_{Trt}$ から $f_{F1}$ と $f_{F2}$ を差し引いて得られる．

$$S_{F1\times 2} = 1305.58 - 90.25 - 917.17 = 298.16$$
$$f_{F1\times 2} = 5 - 1 - 2 = 2$$

残りの部分，すなわち 2 次誤差について，その平方和（$S_{e2}$）は $S_{Total}$ から $S_{Main}$, $S_{F2}$ および $S_{F1\times 2}$ を，自由度（$f_{e2}$）は $f_{Total}$ から $f_{Main}$, $f_{F2}$ および $f_{F1\times 2}$ を差し引いて得られる．

$$S_{e2} = 3710.75 - 1777.42 - 917.17 - 298.16 = 718.00$$
$$f_{e2} = 35 - 11 - 2 - 2 = 20$$

さらに，平方和を自由度で除した分散（平均平方）として，施肥量の主効果の分散（$V_{F1} = 90.25$），ブロック分散（$V_{Blk} = 315.92$），1 次誤差分散（$V_{e1} = 21.52$），植栽密度の主効果の分散（$V_{F2} = 458.59$），施肥量と植栽密度の交互作用の分散（$V_{F1\times 2} = 149.08$）および 2 次誤差分散（$V_e = 35.90$）を求め，施肥量の主効果の $F$ 比（$F_{F1} = 4.19$），植栽密度の主効果の $F$ 比（$F_{F2} = 12.77$），施肥量と植栽密度の交互作用の $F$ 比（$F_{F1\times 2} = 4.15$）およびブロックの $F$ 比（$F_{Blk} = 14.68$）を得る．

以上の $F$ 比をもとに因子の効果を検定すると，施肥量の主効果は有意水準 0.05 で非有意（$F_{F1} = 4.19 < F(1, 5, 0.05) = 6.608$），植栽密度の主効果は有意水準 0.01 で

有意（$F_{F2}=12.77>F(2, 20, 0.01)=5.849$），施肥量と植栽密度の交互作用は有意水準 0.05 で有意（$F_{F1\times 2}=4.15>F(2, 20, 0.05)=3.493$）である．また，ブロック効果は有意水準 0.01 で有意（$F_{Blk}=14.68>F(5, 5, 0.01)=10.967$）である．これらの検定結果から，植物の成長量は植栽密度によって異なり，植栽密度の変化に対する成長量の反応は施肥量によって異なるといえる．また，乱塊法を採用したことが処理効果の検出に有効であったといえる．次の解析として，処理平均の比較（8.4 多重比較）へ進むことになる．

## 8.4　多 重 比 較

分散分析（$F$ 検定）において処理効果が有意となった場合，処理平均間に何かしらの差があることは分かるが，すべての処理平均間に有意差があるとは限らず，どの処理とどの処理の平均値間に有意差があるのか（ないのか）については明らかではない．このため，分散分析で処理効果が有意となったときには，事後検定（post-hoc test）として処理平均の多重比較を行い，平均値のあらゆる対の差を検定する．本節では，多重比較の手法として，$t$ 検定による方法，テューキーの方法およびシェッフェの方法を紹介する．なお，多重比較には，分散分析で処理効果が有意でないときにも利用できるものがあり，その1つとして，ボンフェローニの方法を紹介する．

### 8.4.1　$t$ 検定による方法

5.2.2（2）「データに対応がなく，母分散が等しい場合の2つの平均値の差に関する推定と検定」で説明した方法である．

分散分析における誤差分散（$V_e$）が全処理に共通な不偏分散（全処理の母分散が等しいと仮定したもので，5.2.2（2）の $s_c^2$ に相当）であることから，処理平均 $\bar{x}_i$ および $\bar{x}_j$ がそれぞれ $n_i$ および $n_j$ 個のデータに由来するとき，$\bar{x}_i$ および $\bar{x}_j$ の分散はそれぞれ $V_e/n_i$ および $V_e/n_j$ となり，$\bar{x}_i$ と $\bar{x}_j$ の差の分散は $V_e/n_i+V_e/n_j=V_e(1/n_i+1/n_j)$ となる．帰無仮説 $H_0: \mu_i-\mu_j=0$，対立仮説 $H_1: \mu_i-\mu_j\neq 0$ を立て，自由度 $f_e$ の $t$ 分布に従う以下の統計量 $t$ が，設定した有意水準 $\alpha$ に対応する棄却域にあるかどうか照合することで，$\mu_i$ と $\mu_j$ の差が0かどうかを検定する．

$$t=\frac{\bar{x}_i-\bar{x}_j-0}{\sqrt{V_e(1/n_i+1/n_j)}} \tag{8.1}$$

表 8-2 に示された 4 種類の肥料の施用下での植物の成長量の場合，分散分析（表 8-3）により有意水準 0.05 で処理効果がある（肥料の種類によって植物の成長量が異なる）といえるので，多重比較では 4 つの処理平均のあらゆる対である 6 つ（$={}_4C_2$）の組合せ（A 対 B，A 対 C，A 対 D，B 対 C，B 対 D，C 対 D）について処理平均の差を検定する．いずれの対でも誤差自由度（$f_e$）= 20 なので，付表 3 より，有意水準 0.05 での棄却域は $t < -t(20, 0.025) = -2.086$ および $t > t(20, 0.025) = 2.086$ となる．6 つの対のうち，例えば，肥料 A と D の間の成長量の差については，

$$t = \frac{71.0 - 66.5 - 0}{\sqrt{58.25 \times (1/6 + 1/6)}} = \frac{4.5}{4.406} = 1.021$$

となり，$t$ の値は棄却域に含まれないので，帰無仮説を採択し，有意水準 0.05 で肥料 A と D の施用下の成長量には差がないといえる．また，肥料 C と D の施用下での成長量の差については，

$$t = \frac{80.0 - 66.5 - 0}{\sqrt{58.25 \times (1/6 + 1/6)}} = \frac{13.5}{4.406} = 3.064$$

となり，$t$ の値は棄却域に含まれるので，対立仮説を採択し，有意水準 0.05 で肥料 C と D の施用下の成長量には差があるといえる．さらに，$t$ の値は有意水準 0.01 での棄却域，$t < -t(20, 0.005) = -2.845$ および $t > t(20, 0.005) = 2.845$ にも含まれるため，肥料 C と D の施用下の成長量は有意水準 0.01 でも異なるといえる．

以上のように処理平均の対の 1 つ 1 つについて差を検定する代わりに，最小有意差（LSD；least significant difference）法を用いて検定を簡便化できる．すなわち，以下の式により有意水準 $\alpha$ における最小有意差（$LSD_\alpha$）を求めておくと，差の絶対値が最小有意差を超える処理平均間には有意水準 $\alpha$ で差があるといえる．

$$LSD_\alpha = t(f_e, \alpha/2) \times \sqrt{V_e(1/n_i + 1/n_j)} \tag{8.2}$$

表 8-2 に示されたデータの場合，有意水準 0.05 での最小有意差は次のように計算される．

$$LSD_{0.05} = t(20, 0.025) \times \sqrt{58.25 \times (1/6 + 1/6)} = 2.086 \times 4.406 = 9.192$$

処理平均の 6 つの対のうち，差の絶対値が $LSD_{0.05}$（= 9.192）を超えるのは肥料 C と D の対のみであることから，有意水準 0.05 ではこれら 2 種類の肥料施用下の成長量にのみ差があるといえる．

$t$ 検定による方法（最小有意差法）は本来 2 つの平均値の差を検定するためのものであるため，比較する平均値の数が多くなると有意差が出やすく，誤判定を

犯しやすい．このことから，処理数がそれほど多くないとき（通常3つまで）にのみ使用できる．分散分析で処理効果が有意でないときに使用してはならないのは言うまでもない．

### 8.4.2　テューキーの方法およびシェッフェの方法

テューキー（Tukey）の方法およびシェッフェ（Scheffé）の方法は，分散分析で処理効果が有意となったときの事後検定として用いられる．テューキーの方法では，$t$ 検定による方法における最小有意差に相当するものとしてテューキーのHSD（honestly significant difference）が計算される．また，処理によって標本の大きさが異なる場合の方法はテューキー-クレイマー（Tukey-Kramer）の方法と呼ばれることがある．

いずれの方法も，比較する処理数が多いほど処理平均の差をより厳しく評価するため，$t$ 検定による方法（最小有意差法）と比較して厳密であり，シェッフェの方法はテューキーの方法よりも控え目（有意差が出にくい）である（表8-17）．このことから，シェッフェの方法で有意差が検出されれば，処理平均間に差が存在することに関する説得力が高い．また，シェッフェの方法はテューキーの方法よりも，処理数が多い場合の多重比較に適している．これらの方法の詳細については専門書を参照されたい．

### 8.4.3　ボンフェローニの方法

ボンフェローニ（Bonferroni）の方法は，比較する処理平均の数が多くなると有意差が出やすくなり，誤判定を招きやすくなることを避けるために，有意水準

表8-17　異なる多重比較法における処理平均値の対の差の有意性

| 対 | 差の絶対値 | $t$ 検定（LSD） | テューキー（HSD） | シェッフェ | ボンフェローニ |
|---|---|---|---|---|---|
| A－B | 2.5 | NS | NS | NS | NS |
| A－C | 9.0 | *** | *** | ** | *** |
| A－D | 4.5 | * | NS | NS | NS |
| B－C | 6.5 | ** | * | * | * |
| B－D | 7.0 | ** | ** | * | ** |
| C－D | 13.5 | *** | *** | *** | *** |

表8-5のデータへの適用．

有意水準：$^*<0.05$，$^{**}<0.01$，$^{***}<0.001$，NS $\geqq 0.05$．

$\alpha$ を処理平均の対の数で除した商を処理平均の差の検定基準に用いるものである．例えば，表 8-2 に示された 4 種類の肥料の施用下での植物の成長量の場合，処理平均の対の数は 6 なので，有意水準 $\alpha = 0.05$ のときには $\alpha/6 = 0.05/6 = 0.0083$ を基準として各対の差を検定する．分散分析で処理効果が有意でないときにも利用できる．比較する処理の数が多くなると基準が厳しくなるため，処理数が多くないとき（通常 4 つまで）に使用するのがよい（表 8-17）．判定の厳しさ（有意差の検出力）はテューキー法とシェッフェ法の間とされる．

### 8.4.4　多重比較の結果の表示

多重比較の結果は，一般に，表 8-18 や図 8-6 のように，平均値にアルファベットを付して示す．アルファベットは，値の大きい方または小さい方から a，b，c，…の順に付け，設定した有意水準で差のない平均値には同一文字をつける．有意水準は表の脚注や図の説明として明記する．　［**平田昌彦**］

表 8-18　表による多重比較の結果の表示

| 肥料 | 成長量（g） |
|---|---|
| A | 71.0bc |
| B | 73.5b |
| C | 80.0a |
| D | 66.5c |

表 8-17 のテューキー法による結果にもとづく．
同一文字が付された値は 5% 水準で異ならない．

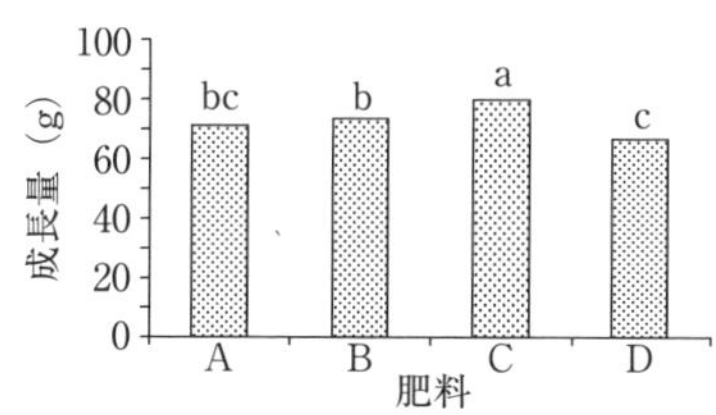


図 8-6　図による多重比較の結果の表示
表 8-17 のテューキー法による結果にもとづく．
同一文字が付された値は 5% 水準で異ならない．

#### 本章に関する Excel 関数

エクセル（Excel）の関数や計算式は，セルに「＝」に続けて入力する．また多くの関数は，関数名(引数 1，引数 2，…）の形で利用する．以下の説明では最初の「＝」を省略している．

☞平方和は DEVSQ 関数を用いて求める．データのセル範囲を引数とする．

☞任意の上側確率に対応する $F$ 値は FINV 関数，$F$ 分布の上側確率は FDIST 関数，任意の確率に対応する $t$ 値は TINV 関数，$t$ 分布の確率は TDIST 関数を用いて求める（詳細については，第 5 章の「本章に関連する Excel 関数」を参照）．

☞その他，データ数は COUNT 関数，合計は SUM 関数，平均値は AVERAGE 関数，平方根は SQRT 関数を用いて求める．

## 第9章

# 非正規変量への対応：ノンパラメトリック手法

第5，6，8章および第10章の一部で扱う統計的手法は，母集団の正規性（母集団のデータ分布が正規分布に従うこと）を仮定した手法（パラメトリック手法）である．これに対して，本章で解説するノンパラメトリック手法は，母集団の分布型によらない手法であり，母集団のデータ分布型が非正規であるときや不明なときに利用できる．また，量的変数に限らず，一部の質的変数にも適用できる（変数の種類については第2章を参照）．なお，非正規変量への対応については，変数変換（第7章）および一般化線形モデル（第10章）を参照されたい．正規性の確認方法については第7章で手法名が紹介されている．

## 9.1　標本の違いの検定

ノンパラメトリック手法による2組以上の標本の比較では，標本がとられた母集団が形と位置（中央値）の両方において同一であるかどうかが検証の対象となる．比較される標本は一般に同じ種類の変数（例えば，重量，温度，緑色の程度）であるため，実際には，中央値に差があるかどうかが問題となることが多い．すなわち，ノンパラメトリック手法による標本の比較は，パラメトリック手法（第5章および第8章）のように平均値に差があるかどうかを調べるものではない．

### 9.1.1　対応のある2組の標本の違いの検定

#### (1)　ウィルコクソンの符号付順位和検定

5.2.2 (1)「データに対応がある場合」の2つの平均値の差に関する推定と検定では，対になったデータの差 $d_i = x_i - y_i$ を計算し，$d_i$ が母平均 $\mu_d$，母分散 $\sigma_d^2$ の正規母集団から抽出されたものと仮定し，帰無仮説 $\mu_d = 0$ を立て，2つの平均値の差が0と等しいか（0と異なるか）どうかを検定した．これに対して，ウィルコクソン（Wilcoxon）の符号付順位和検定では母集団の分布型を問わないため，2組の標本が異なる母集団からとられたものと考え，$d_i$ が0を中心として左右に半分ずつの割合で分布する（分布の中央値が0である）という帰無仮説を立て，2

つの母集団が同じか（異なるか）どうかを検定する．

【計算例 9-1】　表 9-1 の行見出し「飼料 A（$x_i$）」および「飼料 B（$y_i$）」の右に続くデータは，魚 10 個体にまず飼料 A を与え，次に飼料 B を与えたときの，それぞれの餌給与下における活動性（刺激に対する反応の持続性）である．飼料によって活動性が異なるといえるかどうかについて検定する．

①仮説の設定

$H_0$：魚の活動性は飼料 A 給与下と飼料 B 給与下で異ならない

$H_1$：魚の活動性は飼料 A 給与下と飼料 B 給与下で異なる

②統計量 $T$ の計算

対になったデータの差 $d_i$ を計算し，$d_i=0$ である対を除いて，対の数 $n=9$ とし，$d_i$ の絶対値の小さい方から昇順で順位を付ける（表 9-1）．ただし，絶対値 3 が 2 つあり，順位 3 〜 4 に当たるので，これら 2 つの順位は平均値である 3.5（$=(3+4)/2$）とする．また，絶対値 5 が 3 つあり，順位 6 〜 8 に当たるので，これら 3 つの順位は平均値である 7（$=(6+7+8)/3$）とする．付された順位をもとに，$d_i$ が正の場合の順位和：$2+5=7$，負の場合の順位和：$3.5+7+9+1+7+7+3.5=38$ を得る．これら 2 つの順位和のうち値の小さい方を検定対象 $T$ とする（$T=7$）．

③棄却域の設定

上記の対立仮説（$H_1$：魚の活動性は飼料 A 給与下と飼料 B 給与下で異なる）の場合，活動性は A，B どちらが高くてもよいので，両側検定を行う．有意水準 $\alpha=0.05$ を採用すると，$\alpha/2=0.025$ となり，付表 7 より下側有意点 $T_L(9, 0.025)=5$ および上側有意点 $T_U(9, 0.025)=9\times(9+1)/2-5=40$ が得られ，棄却域は $T<5$ および $T>40$ となる．

④統計量と棄却域の照合

$T$ の値（$=7$）は下側有意点（5）と上側有意点（40）の間にあり，棄却域に含まれない．

表 9-1　異なる飼料（A，B）給与下における魚の活動性（刺激に対する反応の持続時間（分））に対するウィルコクソンの符号付順位和検定

| 項目 | 個体 | | | | | | | | | |
|---|---|---|---|---|---|---|---|---|---|---|
| | 1 | 2 | 3 | 4 | 5 | 6 | 7 | 8 | 9 | 10 |
| 飼料 A（$x_i$） | 74 | 70 | 71 | 64 | 71 | 65 | 72 | 70 | 75 | 74 |
| 飼料 B（$y_i$） | 77 | 68 | 76 | 71 | 72 | 70 | 77 | 70 | 71 | 77 |
| 差（$d_i$） | −3 | 2 | −5 | −7 | −1 | −5 | −5 | 0 | 4 | −3 |
| $\|d_i\|$ | 3 | 2 | 5 | 7 | 1 | 5 | 5 | — | 4 | 3 |
| 順位 | 3.5 | 2 | 7 | 9 | 1 | 7 | 7 | — | 5 | 3.5 |

$$T_{\mathrm{L}}(9,\ 0.025)=5<T=7<T_{\mathrm{U}}(9,\ 0.025)=40$$

ここで，$d_i$ が正の場合の順位和と負の場合の順位和の合計は $n(n+1)/2$ なので，$T<n(n+1)/4$ となる．また，下側有意点と上側有意点の合計も $n(n+1)/2$ なので，上側有意点 $>n(n+1)/4$ となる．ゆえに，$T$ が上側有意点を超えることはなく，実際の照合では $T$ を下側有意点（付表 7）と比べればよい．

⑤仮説の検証（棄却，採択）および結論

$T$ の値が棄却域に含まれないため，帰無仮説 $\mathrm{H}_0$ を採択し，対立仮説 $\mathrm{H}_1$ を棄却する．すなわち，有意水準 0.05 で，魚の活動性は飼料 A 給与下と飼料 B 給与下で異ならないといえる．

【計算例 9-2】 計算例 9-1 において，飼料 B 給与下の方が飼料 A 給与下よりも活動性が高いと予想できる場合には，これを対立仮説として検定を実施する．

①仮説の設定

$\mathrm{H}_0$：魚の活動性は飼料 A 給与下と飼料 B 給与下で異ならない

$\mathrm{H}_1$：魚の活動性は飼料 A 給与下よりも飼料 B 給与下の方が高い

②統計量 $T$ の計算

$T$ の計算は計算例 9-1 と同じである（$T=7$）．

③棄却域の設定

対立仮説（$\mathrm{H}_1$：魚の活動性は飼料 A 給与下よりも飼料 B 給与下の方が高い）に従って片側検定を行う．対立仮説が，「飼料 A 給与下＜飼料 B 給与下」，「飼料 A 給与下＞飼料 B 給与下」のいずれであっても，2 つの順位和のうち値の小さい方を $T$ とすることにより，下側の片側検定として扱える．有意水準 $\alpha=0.05$ を採用すると，付表 7 より $T_{\mathrm{L}}(9,\ 0.05)=8$ が得られ，棄却域は $T<8$ となる．

④統計量と棄却域の照合

$T$ の値（$=7$）は有意点（8）よりも小さく，棄却域に含まれる．

$$T=7<T_{\mathrm{L}}(9,\ 0.05)=8$$

⑤仮説の検証（棄却，採択）および結論

$T$ の値が棄却域に含まれるため，帰無仮説 $\mathrm{H}_0$ を棄却し，対立仮説 $\mathrm{H}_1$ を採択する．すなわち，有意水準 0.05 で，魚の活動性は飼料 A 給与下よりも飼料 B 給与下の方が高いといえる．

### (2) 符号検定

上述したウィルコクソンの符号付順位和検定では $d_i$（絶対値）に順位を付けねばならないので，データが量的データでなければならない．一方，以下で説明する符号検定では，データが量的データでなくても，各対のデータの相対的関係（例えば，どちらが「よい」か，あるいは「大きい」か）が決められればよく，相対的関係（「＋」と「－」；後述）の出現頻度にもとづいて，2つの母集団が同じか（異なるか）どうかを検定する．符号検定は，手法は容易であるが，量的データを対象とする場合には$d_i$の大きさを考慮しないため，ウィルコクソンの符号付順位和検定よりも検出力が劣る（2つの母集団が異なると判定されにくい）．その一方で，符号検定はウィルコクソンの符号付順位和検定と比較して適用範囲が広く，頑強で，説得力が高い．以下には両側検定の計算例のみを示すので，片側検定については他の専門書を参照されたい．

【計算例 9-3】　計算例 9-1 で用いたデータについて，魚の活動性が飼料によって異なるといえるかどうかについて検定する（表 9-2）．

①仮説の設定

$H_0$：魚の活動性は飼料 A 給与下と飼料 B 給与下で異ならない

$H_1$：魚の活動性は飼料 A 給与下と飼料 B 給与下で異なる

②統計量 $S$ の計算

データの各対の値について，「飼料 A 給与下＞飼料 B 給与下」ならば「＋」，「飼料 A 給与下＜飼料 B 給与下」ならば「－」，「飼料 A 給与下＝飼料 B 給与下」ならば「0」を付ける（表 9-2）．「0」の個数を半分ずつ「＋」と「－」に加えて，「＋」の個数＝2.5，「－」の個数＝7.5 を得る．これら 2 つの数のうち値の小さい方を検定対象 $S$ とする（$S$＝2.5）．ウィルコクソンの符号付順位和検定とは異なり，差が 0 のデータも考慮するので，対の数 $n$ は 10 のままである．

③棄却域の設定

上記の対立仮説（$H_1$：魚の活動性は飼料 A 給与下と飼料 B 給与下で異なる）の場合，活動性は A，B どちらが高くてもよいので，両側検定を行う．有意水準 $\alpha=0.05$ を採用すると，$\alpha/2=0.025$ となり，付表 8 より下側有意点 $S_L(10, 0.025)=1$ および上

表 9-2　異なる飼料（A，B）給与下における魚の活動性（刺激に対する反応の持続時間（分））に対する符号検定

| 項目 | 個体 | | | | | | | | | |
|---|---|---|---|---|---|---|---|---|---|---|
| | 1 | 2 | 3 | 4 | 5 | 6 | 7 | 8 | 9 | 10 |
| 飼料 A | 74 | 70 | 71 | 64 | 71 | 65 | 72 | 70 | 75 | 74 |
| 飼料 B | 77 | 68 | 76 | 71 | 72 | 70 | 77 | 70 | 71 | 77 |
| 符号 | － | ＋ | － | － | － | － | － | 0 | ＋ | － |

側有意点 $S_U(10, 0.025) = 10 - 1 = 9$ が得られ，棄却域は $S<1$ および $S>9$ となる．

④統計量と棄却域の照合

$S$ の値（$=2.5$）は下側有意点（1）と上側有意点（9）の間にあり，棄却域に含まれない．

$$S_L(10, 0.025) = 1 < S = 2.5 < S_U(10, 0.025) = 9$$

ここで，対の数は $n$ なので $S<n/2$ となる．また，下側有意点と上側有意点の合計も $n$ なので上側有意点$>n/2$ となる．ゆえに，$S$ が上側有意点を超えることはなく，実際の照合では $S$ を下側有意点（付表 8）と比べればよい．

⑤仮説の検証（棄却，採択）および結論

$S$ の値が棄却域に含まれないため，帰無仮説 $H_0$ を採択し，対立仮説 $H_1$ を棄却する．すなわち，有意水準 0.05 で，魚の活動性は飼料 A 給与下と飼料 B 給与下で異ならないといえる．

### 9.1.2 対応のない 2 組の標本の違いの検定

#### (1) 連の数による検定

連とは同種の連なりであり，連の数は，例えば，［A，A，A，B，B，B］では 2，［A，A，B，A，B，B］では 4，［A，B，A，B，A，B］では 6 となる．本検定では，2 組の標本のデータを込みにして大きさの順に並べたときにできる連の数をもとづいて，A と B がランダムに並んでいるかどうか（2 つの母集団が同じかどうか）を検定する．詳細は他の専門書に譲る．

#### (2) ウィルコクソンの順位和検定

ウィルコクソン（Wilcoxon）の順位和検定では，2 組の標本のデータを込みにした順位から計算される標本（処理）別の順位和にもとづいて，2 つの母集団が同じか（異なるか）どうかを検定する．

**【計算例 9-4】** 表 9-3 の行見出し「飼料 A」および「飼料 B」の右に続くデータは，魚 18 個体を 8 個体と 10 個体の 2 群に無作為に分け，前者に飼料 A を，後者に飼料 B を与えたときの活動性（刺激に対する反応の持続時間）である．飼料によって活動性が異なるといえるかどうかについて検定する．

①仮説の設定

$H_0$：魚の活動性は飼料 A 給与下と飼料 B 給与下で異ならない

$H_1$：魚の活動性は飼料 A 給与下と飼料 B 給与下で異なる

表 9-3　異なる飼料（A，B）給与下における魚の活動性（刺激に対する反応の持続時間（分））に対するウィルコクソンの順位和検定

| 項目 | 1 | 2 | 3 | 4 | 5 | 6 | 7 | 8 | 9 | 10 |
|---|---|---|---|---|---|---|---|---|---|---|
| 飼料 A | 65 | 74 | 69 | 68 | 70 | 71 | 77 | 67 | — | — |
| 飼料 B | 67 | 72 | 74 | 76 | 72 | 75 | 80 | 75 | 72 | 73 |
| 全体での A の順位 | 1 | 12.5 | 5 | 4 | 6 | 7 | 17 | 2.5 | — | — |
| 全体での B の順位 | 2.5 | 9 | 12.5 | 16 | 9 | 14.5 | 18 | 14.5 | 9 | 11 |

②統計量 $T$ の計算

飼料 A と B を込みにして，データの値の小さい方から昇順で順位を付ける（表 9-3）．複数のデータが同じ値をとるときには，計算例 9-1 で説明したように，これらのデータの順位の範囲を考慮した平均順位を用いる．付された順位をもとに，飼料 A の順位和：$1+12.5+5+4+6+7+17+2.5=55$，飼料 B の順位和：$2.5+9+12.5+16+9+14.5+18+14.5+9+11=116$ を得る．これら 2 つの順位和のうちデータ数の小さい方（飼料 A が 8，飼料 B が 10 なので，飼料 A）を検定対象 $T$ とする（$T=55$）．ここで，両方の順位和の合計が $(8+10)\times(8+10+1)/2=171$ となることを利用して計算の確認ができる．なお，測定（評価）データそのものが全体での昇順順位である場合には，これらの順位（生データ）から順位和を計算する．

③棄却域の設定

上記の対立仮説（$H_1$：魚の活動性は飼料 A 給与下と飼料 B 給与下で異なる）の場合，活動性は A，B どちらが高くてもよいので，両側検定を行う．有意水準 $\alpha=0.05$ を採用すると，$\alpha/2=0.025$ となり，付表 9 より下側有意点 $T_L(8, 10, 0.025)=53$ および上側有意点 $T_U(8, 10, 0.025)=8\times(8+10+1)-53=99$ が得られ，棄却域は $T<53$ および $T>99$ となる．

④統計量と棄却域の照合

$T$ の値（$=55$）は下側有意点（53）と上側有意点（99）の間にあり，棄却域に含まれない．

$$T_L(8, 10, 0.025)=53<T=55<T_U(8, 10, 0.025)=99$$

⑤仮説の検証（棄却，採択）および結論

$T$ の値が棄却域に含まれないため，帰無仮説 $H_0$ を採択し，対立仮説 $H_1$ を棄却する．すなわち，有意水準 0.05 で，魚の活動性は飼料 A 給与下と飼料 B 給与下で異ならないといえる．

【計算例 9-5】　計算例 9-4 において，飼料 B 給与下の方が飼料 A 給与下よりも活動性が高いと予想できる場合には，これを対立仮説として検定を実施する．

①仮説の設定

$H_0$：魚の活動性は飼料 A 給与下と飼料 B 給与下で異ならない

$H_1$：魚の活動性は飼料 A 給与下よりも飼料 B 給与下の方が高い

②統計量 $T$ の計算

$T$ の計算は計算例 9-4 と同じである（$T=55$）.

③棄却域の設定

対立仮説 $H_1$ が「魚の活動性は飼料 A 給与下よりも飼料 B 給与下の方が高い」であり，飼料 A の方がデータ数が小さいので，下側の片側検定を行う．有意水準 $\alpha=0.05$ を採用すると，付表 9 より有意点 $T_L(8, 10, 0.05)=56$ が得られ，棄却域は $T<56$ となる.

④統計量と棄却域の照合

$T$ の値（$=55$）は有意点（56）よりも小さく，棄却域に含まれる.

$$T=55<T_L(8, 10, 0.05)=56$$

⑤仮説の検証（棄却，採択）および結論

$T$ の値が棄却域に含まれるため，帰無仮説 $H_0$ を棄却し，対立仮説 $H_1$ を採択する．すなわち，有意水準 0.05 で，魚の活動性は飼料 A 給与下よりも飼料 B 給与下の方が高いといえる.

#### (3)　マン-ホイットニーの $U$ 検定

マン-ホイットニー（Mann-Whitney）の $U$ 検定は，2 組の標本のデータを込みにした順位から計算される標本（処理）別の順位和にもとづいて 2 つの母集団が同一かどうかを検定する手法で，実質的にはウィルコクソンの順位和検定と同じである.

### 9.1.3　対応のある 3 組以上の標本の違いの検定

フリードマン（Friedman）の検定は，対応のある 2 組の標本の比較を 3 組以上に拡張した手法である．乱塊法（8.2.2）による実験から得られたデータを扱うが，分散分析と異なり，ブロック間の比較をすることはできない.

処理効果が有意となった場合には，分散分析と同様に，どの標本とどの標本の間に違いがあるのか（ないのか）について多重比較により解析する．各対の違いの検定には上述の「対応のある 2 組の標本の違いの検定」（9.1.1）を用いるが，比較する標本の数が多くなると有意差が出やすく，誤判定を招きやすくなることを避けるために，評価基準をより厳しくする仕組みが必要となる（8.4 を参照）．例えば，ボンフェローニの方法が利用できる．

【計算例 9-6】　表 9-4 の上半分「測定値」のデータは，乱塊法による実験における 5 種類の肥料の施用下での植物の成長量である．肥料の種類によって植物の成長量が異なるといえるかどうかについて検定する．

①仮説の設定

$H_0$：植物の成長量は肥料の種類によって異ならない

$H_1$：植物の成長量は肥料の種類によって異なる（肥料の種類によって何らかの差がある）

②統計量 $S$ の計算

処理数 $m=5$，ブロック（反復）数 $n=6$ である．各ブロック内の測定値に値の小さい方から昇順で順位を付ける（表 9-4）．複数のデータが同じ値をとるときには，計算例 9-1 で説明したように，これらのデータの順位の範囲を考慮した平均順位を用いる．付された順位をもとに，処理ごとに順位和 $R_i$（$i=1, 2, \cdots, 5$）を計算し，$R_1=11.5$，$R_2=20$，$R_3=26.5$，$R_4=7.5$，$R_5=24.5$ を得る．なお，測定（評価）データそのものが各ブロック内での昇順順位である場合には，これらの順位（生データ）から順位和を計算する．統計量 $S$ を以下のように計算する．

$$S=\frac{12}{nm(m+1)}\sum_{i=1}^{m}R_i^2-3n(m+1)$$
$$=\frac{12}{6\times5\times6}(11.5^2+20^2+\cdots+24.5^2)-3\times6\times6=18.07$$

表 9-4　乱塊法による実験における 5 種類の肥料の施用下での植物の成長量（g）に対するフリードマン検定

| 項目 | ブロック | 肥料 A | 肥料 B | 肥料 C | 肥料 D | 肥料 E |
|---|---|---|---|---|---|---|
| 測定値 | 1 | 60 | 68 | 67 | 56 | 72 |
| | 2 | 69 | 71 | 78 | 57 | 74 |
| | 3 | 70 | 72 | 72 | 59 | 77 |
| | 4 | 74 | 74 | 80 | 69 | 74 |
| | 5 | 74 | 78 | 84 | 77 | 78 |
| | 6 | 80 | 82 | 89 | 80 | 88 |
| ブロック内順位 | 1 | 2 | 4 | 3 | 1 | 5 |
| | 2 | 2 | 3 | 5 | 1 | 4 |
| | 3 | 2 | 3.5 | 3.5 | 1 | 5 |
| | 4 | 3 | 3 | 5 | 1 | 3 |
| | 5 | 1 | 3.5 | 5 | 2 | 3.5 |
| | 6 | 1.5 | 3 | 5 | 1.5 | 4 |
| | 合計 | 11.5 | 20.0 | 26.5 | 7.5 | 24.5 |

同順位データがあるので $S$ を補正する（$t_i$ は $i$ 番目の同順位グループのデータ数）．同順位データがない場合には補正は不要である．

$$S=18.07\Big/\left\{1-\frac{\Sigma_i\left(t_i^3-t_i\right)}{n\left(m^3-m\right)}\right\}=18.07\Big/\left\{1-\frac{\left(2^3-2\right)+\left(3^3-3\right)+\left(2^3-2\right)+\left(2^3-2\right)}{6\times\left(5^3-5\right)}\right\}$$

$$=18.07/0.9417=19.19$$

③棄却域の設定

対立仮説 $H_1$「植物の成長量には肥料の種類によって何らかの差がある」に従って上側の片側検定を行う．処理数 $m=3$ でブロック（反復）数 $n=3, 4, \cdots, 10$ のとき，$m=4$ で $n=2, 3, \cdots, 6$ のとき，$m=5$ で $n=3$ のときはフリードマン検定表（付表10）より有意点を求める．より大きな $m$ または $n$ の値のときには，$S$ は近似的に自由度 $m-1$ の $\chi^2$（カイ２乗）分布に従うので $\chi^2$ 分布表（付表4）より有意点を求める．本計算例では $m=5$，$n=6$ なので，有意水準 $\alpha=0.05$ を採用すると，付表4より $\chi^2(4, 0.05)=9.488$ が得られ，棄却域は $S>9.488$ となる．

④統計量と棄却域の照合

$S$ の値（$=19.19$）は有意点（9.488）よりも大きく，棄却域にある．

$$S=19.19>\chi^2(4, 0.05)=9.488$$

⑤仮説の検証（棄却，採択）および結論

$S$ の値が棄却域に含まれるため，帰無仮説 $H_0$ を棄却し，対立仮説 $H_1$ を採択する．すなわち，有意水準 0.05 で，植物の成長量は肥料の種類によって異なるといえる．

⑥多重比較

処理効果が有意なので，標本のあらゆる対を対象に「対応のある２組の標本の違いの検定」を実施する．ボンフェローニの方法を用いると，標本の対の数は 10（$={}_5C_2$）なので，有意水準 $\alpha=0.05$ のときには $\alpha/10=0.05/10=0.005$ を基準として各対の差を検定する．

### 9.1.4 対応のない３組以上の標本の違いの検定

クラスカル-ウォリス（Kruskal-Wallis）の検定は，対応のない２組の標本の比較を３組以上に拡張した手法であり，完全無作為化法（8.2.1）による実験から得られたデータを扱う．

処理効果が有意となった場合には，多重比較により，標本のあらゆる対の差を検定する．各対の違いの検定には上述の「対応のない２組の標本の違いの検定」(9.1.2) を用いるが，比較する標本数が多いほど評価基準をより厳しくする仕組みが必要であり（8.4 を参照），例えば，ボンフェローニの方法が用いられる．

【計算例 9-7】　表 9-5 の上半分「スコア」のデータは，完全無作為化法による実験における 4 種類の肥料の施用下での芝生の質（色，密度，きめの細かさ，均一度など）を 1 ～ 10 の 10 段階で評価した結果である．肥料の種類によって芝生の質が異なるといえるかどうかについて検定する．

①仮説の設定

$H_0$：芝生の質は肥料の種類によって異ならない

$H_1$：芝生の質は肥料の種類によって異なる（肥料の種類によって何らかの差がある）

②統計量 $H$ の計算

処理数 $m=4$，各処理の反復数 $n_i$（$i=1, 2, 3, 4$）：$n_1=6$，$n_2=5$，$n_3=4$，$n_4=6$，総データ数 $n_T=21$ である．全体のスコアに値の小さい方から昇順で順位を付ける（表 9-5）．複数のデータが同じ値をとるときには，計算例 9-1 で説明したように，これらのデータの順位の範囲を考慮した平均順位を用いる．付された順位をもとに，処理ごとに順位和 $R_i$（$i=1, 2, 3, 4$）を計算し，$R_1=40.5$，$R_2=54.5$，$R_3=30.5$，$R_4=105.5$ を得る．なお，測定（評価）データそのものが全体での昇順順位である場合には，これらの順位（生データ）から順位和を計算する．統計量 $H$ を次のように計算する．

$$H=\frac{12}{n_T(n_T+1)}\sum_{i=1}^{m}(R_i^2/n_i)-3(n_T+1)$$

$$=\frac{12}{21\times 22}\left(\frac{40.5^2}{6}+\frac{54.5^2}{5}+\frac{30.5^2}{4}+\frac{105.5^2}{6}\right)-3\times 22=10.75$$

表 9-5　完全無作為化法による実験における 4 種類の肥料の施用下での芝生の質（1 ～ 10 の 10 段階評価）に対するクラスカル-ウォリス検定

| 項目 | 反復 | 肥料 A | 肥料 B | 肥料 C | 肥料 D |
|---|---|---|---|---|---|
| スコア | 1 | 6 | 8 | 6 | 9 |
| | 2 | 5 | 7 | 4 | 8 |
| | 3 | 3 | 5 | 7 | 10 |
| | 4 | 6 | 8 | 5 | 8 |
| | 5 | 7 | 4 | — | 10 |
| | 6 | 4 | — | — | 7 |
| 全体での順位 | 1 | 9 | 16.5 | 9 | 19 |
| | 2 | 6 | 12.5 | 3 | 16.5 |
| | 3 | 1 | 6 | 12.5 | 20.5 |
| | 4 | 9 | 16.5 | 6 | 16.5 |
| | 5 | 12.5 | 3 | — | 20.5 |
| | 6 | 3 | — | — | 12.5 |
| | 合計 | 40.5 | 54.5 | 30.5 | 105.5 |

③棄却域の設定

対立仮説 $H_1$「芝生の質には肥料の種類によって何らかの差がある」に従って上側の片側検定を行う．処理数 $m=3$ で総データ数 $n_T \leq 17$ のときにはクラスカル-ウォリス検定表（付表 12）より有意点を求める．より大きな $m$ または $n_T$ の値のときには，$H$ は近似的に自由度 $m-1$ の $\chi^2$（カイ 2 乗）分布に従うので $\chi^2$ 分布表（付表 4）より有意点を求める．本計算例では $m=4$，$n_T=21$ なので，有意水準 $\alpha=0.05$ を採用すると，付表 4 より $\chi^2(3, 0.05)=7.815$ が得られ，棄却域は $H>7.815$ となる．

④統計量と棄却域の照合

$H$ の値（$=10.75$）は有意点（7.815）よりも大きく，棄却域に含まれる．

$$H=10.75>\chi^2(3, 0.05)=7.815$$

⑤仮説の検証（棄却，採択）および結論

$H$ の値が棄却域に含まれるため，帰無仮説 $H_0$ を棄却し，対立仮説 $H_1$ を採択する．すなわち，有意水準 0.05 で，芝生の質は肥料の種類によって異なるといえる．

⑥多重比較

処理効果が有意なので，標本のあらゆる対を対象に「対応のない 2 組の標本の違いの検定」を実施する．ボンフェローニの方法を用いると，標本の対の数は 6（$={}_4C_2$）なので，有意水準 $\alpha=0.05$ のときには $\alpha/6=0.05/6=0.0083$ を基準として各対の差を検定する．

## 9.2　変量間の関係

### 9.2.1　2 つの変量間の関係

#### (1)　スピアマンの順位相関

スピアマン（Spearman）の順位相関はピアソン（Pearson）の積率相関（第 6 章）を順位数に適用するものである．組になった 2 つの変数のデータ（$x_1, x_2, \cdots, x_n$；$y_1, y_2, \cdots, y_n$；$n$ はデータ数）がそれぞれの変数内での昇順順位であるとき，スピアマンの順位相関係数（$r_S$）は次式によって計算される．

$$r_S=\frac{s_{xy}^2}{s_x s_y} \tag{9.1}$$

ここで，$s_{xy}^2$ は $x$ と $y$ の不偏共分散，$s_x$ と $s_y$ はそれぞれ $x$ と $y$ の標準偏差（母標準偏差の推定値）である．

$$s_{xy}^2=\frac{1}{n-1}\left\{\sum_{i=1}^{n}x_i y_i-\frac{1}{n}\sum_{i=1}^{n}x_i\sum_{i=1}^{n}y_i\right\} \tag{9.2}$$

$$s_x=\sqrt{\frac{1}{n-1}\left\{\sum_{i=1}^{n}x_i^2-\frac{1}{n}\left(\sum_{i=1}^{n}x_i\right)^2\right\}} \tag{9.3}$$

$$s_y=\sqrt{\frac{1}{n-1}\left\{\sum_{i=1}^{n}y_i^2-\frac{1}{n}\left(\sum_{i=1}^{n}y_i\right)^2\right\}} \tag{9.4}$$

ピアソンの積率相関係数（$r$）と同様，$r_S$ も $-1$（完全に逆順位）から $+1$（完全に同順位）の間にあり，$r_S>0$ のときには一方の変数が増加すると他方も増加する傾向があり，$r_S<0$ のときには一方の変数が増加すると他方は減少する傾向がある．$r_S=0$ のときには２つの変数間に相関関係がない．

$r_S$ の有意性の検定は，帰無仮説 $H_0：\rho_S=0$ を立て，母相関係数 $\rho_S$ が０と等しいかどうか（２つの変数が無相関かどうか）を検定する．データ数 $n$ が 11 以上のときには，以下の統計量 $t$（自由度 $f=n-2$）が設定した有意水準 $\alpha$ に対応する棄却域にあれば帰無仮説を棄却する．

$$t=\frac{r_S\sqrt{n-2}}{\sqrt{1-r_S^2}} \tag{9.5}$$

すなわち，図 5-6（$\mu$ を $\rho_S$ に，$\mu_0$ を０に読み替える）に示されるように，対立仮説 $H_1$ が $\rho_S\neq0$ の場合には，$t$ が $-t(f,\alpha/2)$ よりも小さいか，$t(f,\alpha/2)$ よりも大きければ，棄却域に入っていることになり（両側検定），帰無仮説を棄却する．また，$H_1$ が $\rho_S>0$ の場合には，$t$ が $t(f,\alpha)$ よりも大きければ棄却域に入っていることになり（上側の片側検定），帰無仮説を棄却する．$H_1$ が $\rho_S<0$ の場合には，$t$ が $-t(f,\alpha)$ よりも小さければ棄却域に入っていることになり（下側の片側検定），帰無仮説を棄却する．

データ数 $n$ が 10 以下のときには，$x_i$ と $y_i$ の差 $d_i$ の２乗和 $D$ を計算し，$D$ が設定した有意水準 $\alpha$ に対応する棄却域にあれば帰無仮説を棄却する．

$$d_i=x_i-y_i \tag{9.6}$$

$$D=\sum_{i=1}^{n}d_i^2 \tag{9.7}$$

対立仮説 $H_1$ が $\rho_S\neq0$ の場合には，$D$ が $D_L(n,\alpha/2)$ よりも小さいか，$D_U(n,\alpha/2)$ よりも大きければ，棄却域に入っていることになり（両側検定），帰無仮説を棄却する．また，$H_1$ が $\rho_S>0$ の場合には，$D$ が $D_L(n,\alpha)$ よりも小さければ棄却域に入っていることになり（下側の片側検定），帰無仮説を棄却する．$H_1$ が $\rho_S<0$ の場合には，$D$ が $D_U(n, \alpha)$ よりも大きければ棄却域に入っていることになり（上側の片側検定），帰無仮説を棄却する．

なお，$r_S$ は次式のように $D$ と $n$ からも計算できるが，同順位のデータがある場合には補正が必要なため，計算には式（9.1）を用いるのがよい．

$$r_S = 1 - \frac{6D}{n(n^2-1)} \tag{9.8}$$

【計算例 9-8】　表 9-6 の行見出し「体高（cm）」および「体重（kg）」の右に続くデータは 9 品種のイヌ（成犬）の体高と体重である．体高と体重の間に相関関係があるといえるかどうかについて検定する．

①仮説の設定

$H_0$：$\rho_S=0$（体高と体重に相関関係がない）

$H_1$：$\rho_S\neq 0$（体高と体重に相関関係がある）

②統計量 $r_S$ と $D$ の計算

データ数 $n=9$ である．2 つの変数それぞれの中でデータに昇順の順位を付け，$x_1, x_2, \cdots, x_9$ および $y_1, y_2, \cdots, y_9$ とする（表 9-6）．複数のデータが同じ値をとるときには，計算例 9-1 で説明したように，これらのデータの順位の範囲を考慮した平均順位を用いる．測定（評価）データそのものが各変数内での順位である場合には，これらの順位（生データ）を用いればよい．順位をもとに，$r_S$ を以下のように計算する．

$$s_{xy}^2 = \frac{1}{8}\left\{(1\times1+4\times3+\cdots+7\times4) - \frac{1}{9}\times(1+4+\cdots+7)\times(1+3+\cdots+4)\right\} = 5.625$$

$$s_x = \sqrt{\frac{1}{8}\left\{(1^2+4^2+\cdots+7^2) - \frac{1}{9}\times(1+4+\cdots+7)^2\right\}} = 2.739$$

表 9-6　9 品種のイヌ（成犬）における体高と体重の関係に対するスピアマンの順位相関の計算

| 項目 | 品種 | | | | | | | | |
|---|---|---|---|---|---|---|---|---|---|
| | 1 | 2 | 3 | 4 | 5 | 6 | 7 | 8 | 9 |
| 体高（cm） | 25 | 33 | 56 | 40 | 71 | 38 | 28 | 30 | 42 |
| 体重（kg） | 4 | 8 | 40 | 25 | 23 | 12 | 10 | 5 | 9 |
| 体高の順位（$x_i$） | 1 | 4 | 8 | 6 | 9 | 5 | 2 | 3 | 7 |
| 体重の順位（$y_i$） | 1 | 3 | 9 | 8 | 7 | 6 | 5 | 2 | 4 |
| 差（$d_i$） | 0 | 1 | −1 | −2 | 2 | −1 | −3 | 1 | 3 |
| 差の 2 乗（$d_i^2$） | 0 | 1 | 1 | 4 | 4 | 1 | 9 | 1 | 9 |

$$s_y=\sqrt{\frac{1}{8}\left\{(1^2+3^2+\cdots+4^2)-\frac{1}{9}\times(1+3+\cdots+4)^2\right\}}=2.739$$

$$r_S=\frac{5.625}{2.739\times 2.739}=0.750$$

データ数が 10 以下（$n=9$）なので，$r_S$ の有意性検定のために，$x_i$ と $y_i$ の差 $d_i$，その 2 乗 $d_i^2$ を求め（表 9-6），$d_i^2$ を合計して $D$ を計算する．

$$D=0+1+\cdots+9=30$$

③棄却域の設定

上記の対立仮説（$H_1：\rho_S\neq 0$）の場合，正の相関でも負の相関でもよいので，両側検定を行う．有意水準 $\alpha=0.05$ を採用すると，$\alpha/2=0.025$ となり，付表 11 より下側有意点 $D_L(9,\ 0.025)=36$ および上側有意点 $D_U(9,\ 0.025)=(9^3-9)/3-36=204$ が得られ，棄却域は $D<36$ および $D>204$ となる．

④統計量と棄却域の照合

$D$ の値（$=30$）は下側有意点（36）よりも小さく，棄却域に含まれる．

$$D=30<D_L(9,\ 0.025)=36$$

⑤仮説の検証（棄却，採択）および結論

$D$ の値が棄却域に含まれるため，帰無仮説 $H_0：\rho_S=0$ を棄却し，対立仮説 $H_1：\rho_S\neq 0$ を採択する．すなわち，有意水準 0.05 で，体高と体重の間に相関関係があるといえる．

⑥追加検定

有意水準 $\alpha=0.01$ を採用すると，$\alpha/2=0.005$ となり，付表 11 より下側有意点 $D_L(9,\ 0.005)=20$ および上側有意点 $D_U(9,\ 0.005)=(9^3-9)/3-20=220$ が得られ，棄却域は $D<20$ および $D>220$ となる．$D$ の値（$=30$）は下側有意点（20）と上側有意点（220）の間に位置し，棄却域に含まれない．

$$D_L(9,\ 0.005)=20<D=30<D_U(9,\ 0.005)=220$$

そこで，帰無仮説 $H_0：\rho_S=0$ を採択し，対立仮説 $H_1：\rho_S\neq 0$ を棄却する．すなわち，有意水準 0.01 のもとでは，体高と体重の間に相関関係がないといえる．

【計算例 9-9】　計算例 9-8 において，体高の大きな品種は体重が大きいと予想できる場合には，これを対立仮説として検定を実施する．

①仮説の設定

$H_0：\rho_S=0$（体高と体重に相関関係がない）

$H_1：\rho_S>0$（体高と体重に正の相関関係がある）

②統計量 $r_S$ と $D$ の計算

$r_S$ と $D$ の計算は計算例 9-8 と同じである（$r_S=0.750, D=30$）.

③棄却域の設定

対立仮説（$H_1：\rho_S>0$）に従って下側の片側検定を行う．有意水準 $\alpha=0.05$ を採用すると，付表 11 より有意点 $D_L(9, 0.05)=48$ が得られ，棄却域は $D<48$ となる.

④統計量と棄却域の照合

$D$ の値（$=30$）は有意点（48）よりも小さく，棄却域に含まれる.

$$D=30<D_L(9, 0.05)=48$$

⑤仮説の検証（棄却，採択）および結論

$D$ の値が棄却域に含まれるため，帰無仮説 $H_0：\rho_S=0$ を棄却し，対立仮説 $H_1：\rho_S>0$ を採択する．すなわち，有意水準 0.05 で，体高と体重の間に正の相関関係があるといえる.

⑥追加検定

有意水準 $\alpha=0.01$ を採用すると，付表 11 より有意点 $D_L(9, 0.01)=26$ が得られ，棄却域は $D<26$ となる．$D$ の値（$=30$）は有意点（26）より大きく，棄却域に含まれない.

$$D=30>D_L(9, 0.01)=26$$

そこで，帰無仮説 $H_0：\rho_S=0$ を採択し，対立仮説 $H_1：\rho_S>0$ を棄却する．すなわち，有意水準 0.01 のもとでは，体高と体重の間に相関関係がないといえる.

測定（評価）データそのものが各変数内での順位である場合には，これらの順位（生データ）を用いればよい.

【計算例 9-10】 表 9-7 は，12 個体からなる牛群が畜舎から草地へ移動するとき，ならびに草地から畜舎へ移動するときの各個体の移動順位である．2 つの状況における移動順位間に相関関係があるといえるかどうかについて検定する.

表 9-7　12 個体から成る牛群の移動時における各個体の移動順位

| 変数 | 個体 | | | | | | | | | | | |
|---|---|---|---|---|---|---|---|---|---|---|---|---|
| | 1 | 2 | 3 | 4 | 5 | 6 | 7 | 8 | 9 | 10 | 11 | 12 |
| 畜舎から草地への移動順位 | 8 | 12 | 11 | 4 | 2 | 6 | 10 | 3 | 9 | 1 | 7 | 5 |
| 草地から畜舎への移動順位 | 11 | 10 | 12 | 7 | 4 | 5 | 8 | 3 | 9 | 1 | 2 | 6 |

①仮説の設定

$H_0：\rho_S=0$（2つの状況における移動順位間に相関関係がない）

$H_1：\rho_S\neq 0$（2つの状況における移動順位間に相関関係がある）

②統計量 $r_S$ と $t$ の計算

データ数 $n=12$ である．生データの順位をもとに $r_S$ を計算する．

$$r_S=\frac{10.364}{3.606\times 3.606}=0.797$$

データ数が11以上（$n=12$）なので，$r_S$ の有意性検定のために $t$ 値を計算する．自由度 $f=12-2=10$ である．

$$t=\frac{0.797\times\sqrt{12-2}}{\sqrt{1-0.797^2}}=4.173$$

③棄却域の設定

上記の対立仮説（$H_1：\rho_S\neq 0$）の場合，正の相関でも負の相関でもよいので，両側検定を行う．有意水準 $\alpha=0.05$ を採用すると，$\alpha/2=0.025$ となり，付表3より $t(10, 0.025)=2.228$ が得られ，棄却域は $t<-2.228$ および $t>2.228$ となる．

④統計量と棄却域の照合

$t$ の値（$=4.173$）は上側有意点（2.228）よりも大きく，棄却域に含まれる．

$$t=4.173>t(10, 0.025)=2.228$$

⑤仮説の検証（棄却，採択）および結論

$t$ の値が棄却域に含まれるため，帰無仮説 $H_0：\rho_S=0$ を棄却し，対立仮説 $H_1：\rho_S\neq 0$ を採択する．すなわち，有意水準0.05で，畜舎から草地への移動順位と草地から畜舎への移動順位の間には相関関係があるといえる．

⑥追加検定

有意水準 $\alpha=0.01$ を採用すると，$\alpha/2=0.005$ となり，付表3より $t(10, 0.005)=3.169$ が得られ，棄却域は $t<-3.169$ および $t>3.169$ となる．$t$ の値（$=4.173$）は上側有意点（3.169）よりも大きく，棄却域に含まれる．

$$t=4.173>t(10, 0.005)=3.169$$

そこで，帰無仮説 $H_0：\rho_S=0$ を棄却し，対立仮説 $H_1：\rho_S\neq 0$ を採択する．すなわち，有意水準0.01のもとでも，畜舎から草地への移動順位と草地から畜舎への移動順位の間には相関関係があるといえる．

### (2) ケンドールの順位相関

スピアマンの順位相関では，組になった2つの変数を対象に，それぞれの変数内でのデータの順位にもとづいて統計量を求める．これに対して，ケンドール

(Kendall) の順位相関は，それぞれの変数内でのデータ値の大小関係（正か負か）にもとづいて統計量を求めるものである．詳細は他の専門書を参照されたい．

### 9.2.2 ３つ以上の変量間の関係

組になった変数が３つ以上のとき，特定の２つの変数間の相関は相関係数により評価することができるが，変数の数が多くなると，変数の対の組み合わせ数が増加し，変数全体としての相関を把握することが困難になる．ケンドール (Kendall) の一致係数（$W$）は，相関係数を３つ以上の変数に拡張した統計量であり，全変数にわたる順位の相関（一致度）を表す．$W$は０から１の値をとり，変数内のデータの順位がすべての変数で一致するときに１（完全一致），全体として順位が付かないとき（同順位のとき）に０（無相関）となる．

【計算例 9-11】 表 9-8 の上半分「スコア」のデータは，５名の評価者により６種類の食品を１～10 の 10 段階で評価した結果である．全評価者の評価に相関関係（一致性）があるといえるかどうかについて検定する．

①仮説の設定

$H_0$：$W$の母数＝0（全評価者の評価に相関関係がない）

$H_1$：$W$の母数≠0（全評価者の評価に相関関係がある）

表 9-8 ５名の評価者による６種類の食品の評価（1～10 の 10 段階評価）に対するケンドールの一致係数の計算

| 項目 | 評価者 | 食品 A | 食品 B | 食品 C | 食品 D | 食品 E | 食品 F |
|---|---|---|---|---|---|---|---|
| スコア | 1 | 5 | 9 | 9 | 3 | 7 | 6 |
| | 2 | 5 | 10 | 6 | 5 | 6 | 6 |
| | 3 | 7 | 7 | 6 | 4 | 6 | 5 |
| | 4 | 6 | 9 | 10 | 5 | 8 | 7 |
| | 5 | 3 | 8 | 7 | 2 | 6 | 5 |
| 評価者内順位 | 1 | 2 | 5.5 | 5.5 | 1 | 4 | 3 |
| | 2 | 1.5 | 6 | 4 | 1.5 | 4 | 4 |
| | 3 | 5.5 | 5.5 | 3.5 | 1 | 3.5 | 2 |
| | 4 | 2 | 5 | 6 | 1 | 4 | 3 |
| | 5 | 2 | 6 | 5 | 1 | 4 | 3 |
| | 合計 | 13 | 28 | 24 | 5.5 | 19.5 | 15 |

②統計量 $W$ と $S$ の計算

一致度の評価対象となる変数（評価者）の数 $n=5$，変数内のデータ数（食品の種類数）$m=6$ である（それぞれ，フリードマン検定（9.1.3）のブロックと処理に相当）．各評価者（ブロック）内のスコアに値の小さい方から昇順で順位を付ける（表 9-8）．複数のデータが同じ値をとるときには，計算例 9-1 で説明したように，これらのデータの順位の範囲を考慮した平均順位を用いる．付された順位をもとに，処理ごとに順位和 $R_i$（$i=1, 2, \cdots, 6$）を計算し，$R_1=13$，$R_2=28$，$R_3=24$，$R_4=5.5$，$R_5=19.5$，$R_6=15$ を得る．なお，測定（評価）データそのものが各評価者内での昇順順位である場合には，これらの順位（生データ）から順位和を計算する．順位和の平方和 $S_R$ から一致係数 $W$ を計算し，さらに有意性検定のために統計量 $S$ を計算する．

$$S_R=(13^2+28^2+\cdots+15^2)-\frac{1}{6}\times(13+28+\cdots+15)^2=327$$

$$W=\frac{12S_R}{n^2(m^3-m)-n\sum_i(t_i^3-t_i)}$$
$$=\frac{12\times327}{5^2(6^3-6)-5\times\{(2^3-2)+(2^3-2)+(3^3-3)+(2^3-2)+(2^3-2)\}}$$
$$=0.783$$

$$S=Wn(m-1)=0.783\times5\times(6-1)=19.58$$

ここで，$W$ を求める式の分母の $n\sum_i(t_i^3-t_i)$ は，同順位のデータがある場合の補正である（$t_i$ は $i$ 番目の同順位グループのデータ数）．同順位データがない場合には補正は不要である．

③棄却域の設定

対立仮説 $H_1$「$W$ の母数 $\neq 0$（全評価者の評価に相関関係がある）」に従って上側の片側検定を行う．$m=3$ で $n=3, 4, \cdots, 10$ のとき，$m=4$ で $n=2, 3, \cdots, 6$ のとき，$m=5$ で $n=3$ のときはフリードマン検定表（付表 10）より有意点を求める．より大きな $m$ または $n$ の値のときには，$S$ は近似的に自由度 $m-1$ の $\chi^2$（カイ 2 乗）分布に従うので $\chi^2$ 分布表（付表 4）より有意点を求める．本計算例では $m=6$，$n=5$ なので，有意水準 $\alpha=0.05$ を採用すると，付表 4 より $\chi^2(5, 0.05)=11.070$ が得られ，棄却域は $S>11.070$ となる．

④統計量と棄却域の照合

$S$ の値（$=19.58$）は有意点（11.070）よりも大きく，棄却域にある．

$$S=19.58>\chi^2(5, 0.05)=11.070$$

⑤仮説の検証（棄却，採択）および結論

$S$ の値が棄却域に含まれるため，帰無仮説 $H_0$：$W$ の母数 $=0$ を棄却し，対立仮説

表 9-9　6種類の食品の評価における5名の評価者の対ごとの相関関係（スピアマンの順位相関係数，$r_S$）

| 評価者 | 2 | 3 | 4 | 5 |
|---|---|---|---|---|
| 1 | 0.877* | 0.478NS | 0.986*** | 0.986*** |
| 2 | — | 0.334NS | 0.802NS | 0.926** |
| 3 | — | — | 0.412NS | 0.530NS |
| 4 | — | — | — | 0.943** |

表 9-8 のデータへの適用.
有意水準：*<0.05，**<0.01，***<0.001，NS ≧0.05.

$H_1$：$W$の母数≠0を採択する．すなわち，有意水準0.05で，全評価者の評価に相関関係がある（5名の評価者による評価は全体として一致している）といえる.

⑥追加検定

有意水準$\alpha=0.01$を採用すると，付表4より$\chi^2(5, 0.01)=15.086$が得られ，棄却域は$S>15.086$となる．$S$の値（=19.58）は有意点（15.086）よりも大きく，棄却域に含まれる.

$$S=19.58>\chi^2(5, 0.01)=15.086$$

そこで，帰無仮説$H_0$：$W$の母数=0を棄却し，対立仮説$H_1$：$W$の母数≠0を採択する．すなわち，有意水準0.01のもとでも，全評価者の評価に相関関係があるといえる.

⑦補足：変数の対の相関との比較

表9-9は，5名の評価者のあらゆる対における評価の相関関係（スピアマンの順位相関係数$r_S$）である．上述のように5名の評価者による評価は全体として一致している（ケンドールの一致係数は有意である）と判定されたが，個々の対について見ると，評価者3による評価が他の4名による評価と異なる（相関が低い）ことが分かる.

**［平田昌彦］**

## 本章に関するExcel関数

エクセル（Excel）の関数や計算式は，セルに「=」に続けて入力する．また多くの関数は，関数名(引数1，引数2，…）の形で利用する．以下の説明では最初の「=」を省略している.

☞データ数はCOUNT関数，合計はSUM関数，最小値はMIN関数，平方和はDEVSQ関数，標準偏差（母標準偏差の推定値）はSTDEV関数，絶対値はABS関数を用いて求める.

☞順位はRANK関数あるいはRANK.AVG関数を用いて求める．これらの関数は同順位の扱いにおいて異なり，例えば4位のデータが4つあると，RANK関数ではいずれのデータも4位，RANK.AVG関数ではいずれのデータも5.5位（=(4+5+6+7)/4）となる（いずれの関数でも次位のデータは8位となる）．引数として，順位を付ける数値，順位付けの比較対象となるデータのセル範囲（順位を付ける数値を含む），順位の付け方（降順=0，昇順=1）を指定する．

☞指定した条件を満たす値の合計はSUMIF関数を用いて求める．合計条件を適用するセル範囲，合計条件，合計範囲を引数とする．条件は値，文字列，範囲，セルとして指定する．文字列や範囲は引用符で囲み，例えば，文字列「G」は“G”，正の値は“>0”，負の値は“<0”，ゼロは“=0”，ゼロ以外の値は“<>0”のように指定する．

☞組になった2つの変数の不偏共分散はCOVARIANCE.S関数を用いて求める．2つの変数のデータのセル範囲を引数とする．

☞組になった2つの変数の相関係数はCORREL関数を用いて求める．2つの変数のデータのセル範囲を引数とする．

☞任意の確率に対応する$t$値はTINV関数を用いて求める．両側確率と自由度を引数とする．付表3の$t(f, p)$は，TINV($p$*2, $f$)として計算したものである．

☞逆に，$t$分布の確率はTDIST関数を用いて求める．$t$値，自由度および尾部（片側=1，両側=2）を引数とする．$t$値が負のときの確率は正のときと同じとなる．

☞任意の上側確率に対応する$\chi^2$値はCHIINV関数を用いて求める．確率と自由度を引数とする．付表4の$\chi^2(f, p)$は，CHIINV($p$, $f$)として計算したものである．

☞逆に，$\chi^2$分布の上側確率はCHIDIST関数を用いて求める．$\chi^2$値および自由度を引数とする．

# 第10章

# その他の統計手法

本章では，生物学や農学の諸分野ならびに関連分野の調査・研究で利用される主要な統計手法のうち，これまでの章で取り上げられなかったものについて紹介する．いくつかの制約から，多くの節や項では，計算方法などの詳細な解説を省略した最小限の説明に留めているが，それでも，読者にとっての手がかりとして役立つものと思われる．調査や実験から得られたデータの解析で直面する主要な疑問は「どの統計手法を使えばよいのか」ということであり，「どんな手法があるのか」さえも知らなければ，目的にかなった解析に辿り着くことはできないからである．「調査・実験の目的に合っている」，「使えるかもしれない」と思ったら，詳細は専門書などで調べて欲しい．

## 10.1　離散変数に関する検定

本節で扱う手法は，0, 1, 2, 3, …というようなとびとびの値（整数値）をとる離散変数（第2章参照）に限って適用できるものである．

### 10.1.1　比率に関する検定

この項で扱う「比率」（割合）は2項分布（4.3.1）に従う「離散データ（非連続データ）の比率」であり，重量比のような連続データの比率ではない．

#### (1)　母比率に関する検定

1つの標本比率（割合）に関する検定の関心は，母比率が任意の値と異なるかどうかである．

帰無仮説 $H_0: p=p_0$ を立て，母比率 $p$ が任意の値 $p_0$ と等しいかどうかを，標本数 $n$ と標本比率 $\hat{p}$ にもとづいて検定する．以下の統計量 $z$ が，設定した有意水準 $\alpha$ に対応する棄却域にあれば，帰無仮説を棄却する．

$$z=\frac{\hat{p}-p_0}{\sqrt{p_0(1-p_0)/n}} \tag{10.1}$$

すなわち，図5-4（$\mu$ を $p$ に，$\mu_0$ を $p_0$ に読み替える）に示されるように，対立仮説 $H_1$ が $p \neq p_0$ の場合には $z<-z(\alpha/2)$ および $z>z(\alpha/2)$ を棄却域とした両側検定，

$H_1$ が $p>p_0$ の場合には $z>z(\alpha)$ を棄却域とした上側片側検定，$H_1$ が $p<p_0$ の場合には $z<-z(\alpha)$ を棄却域とした下側片側検定を行う．

【計算例 10-1】　X県の成人80名に2種類の食品A，Bのいずれを好むか調査したところ，60名（75%）がAを好むと回答した．全国平均は60%であることが知られている．この県の成人が食品Bよりも食品Aを好む割合は全国平均と異なるといえるかどうかについて検定する．

①仮説の設定

$H_0: p=p_0$（X県の成人が食品Bよりも食品Aを好む割合（母比率）$p$ は全国平均 $p_0$ と異ならない）

$H_1: p \neq p_0$（$p$ は $p_0$ と異なる）

②統計量 $z$ の計算

標本数 $n=80$，標本比率 $\hat{p}=0.75$，$p_0=0.6$ とし，式（10.1）により統計量 $z$ を計算する．

$$z=\frac{0.75-0.6}{\sqrt{0.6\times(1-0.6)/80}}=2.739$$

③棄却域の設定

$H_1: p \neq p_0$ の場合，$p$ は $p_0$ より大きくても小さくてもよいので，両側検定を行う．有意水準 $\alpha=0.05$ を採用すると，$\alpha/2=0.025$ となり，付表2より $z(0.025)=1.96$ が得られ，棄却域は $z<-1.96$ および $z>1.96$ となる．

④統計量と棄却域の照合

$z$ の値（$=2.739$）は上側有意点（1.96）よりも大きく，棄却域に含まれる．

$$z=2.739>z(0.025)=1.96$$

⑤仮説の検証（棄却，採択）および結論

$z$ の値が棄却域に含まれるため，帰無仮説 $H_0: p=p_0$ を棄却し，対立仮説 $H_1: p \neq p_0$ を採択する．すなわち，有意水準0.05で，X県の成人が食品Bよりも食品Aを好む割合は全国平均と異なるといえる．

【計算例 10-2】　計算例10-1のデータにおいて，X県の成人が食品Bよりも食品Aを好む割合が全国平均60%（$p_0$）よりも高いと予想できる場合には，これを対立仮説として検定を行う．

①仮説の設定

$H_0: p=p_0$（X県の成人が食品Bよりも食品Aを好む割合（母比率）$p$ は全国平均 $p_0$ と異ならない）

$H_1: p>p_0$（$p$ は $p_0$ よりも大きい）

②統計量 $z$ の計算

$z$ の計算は計算例 10-1 と同じである（$z=2.739$）．

③棄却域の設定

$H_1: p>p_0$ に従って上側の片側検定を行う．有意水準 $\alpha=0.05$ を採用すると，付表 2 より $z(0.05)=1.64$ が得られ（0.05 に最も近い 0.05050 に対応する $z$ 値を採用する），棄却域は $z>1.64$ となる．

④統計量と棄却域の照合

$z$ の値（$=2.739$）は有意点（1.64）よりも大きく，棄却域に含まれる．

$$z=2.739>z(0.05)=1.64$$

⑤仮説の検証（棄却，採択）および結論

$z$ の値が棄却域に含まれるため，帰無仮説 $H_0: p=p_0$ を棄却し，対立仮説 $H_1: p>p_0$ を採択する．すなわち，有意水準 0.05 で，X 県の成人が食品 B よりも食品 A を好む割合は全国平均よりも高いといえる．

### (2)　2 つの比率の差に関する検定

2 つの標本比率（割合）に関する検定の関心は，2 つの母比率が異なるかどうかである．

まず，2 つの標本比率の平均比率（合併比率）$\hat{p}$ を，それぞれの標本数 $n_x$，$n_y$ と標本比率 $\hat{p}_x$，$\hat{p}_y$ から計算する．

$$\hat{p}=\frac{\hat{p}_x n_x+\hat{p}_y n_y}{n_x+n_y} \tag{10.2}$$

ここで，分子の $\hat{p}_x n_x$ と $\hat{p}_y n_y$ はあらためて計算する必要がないことがある（計算例 10-3 を参照）．

次に，帰無仮説 $H_0: p_x=p_y$ を立て，2 つの母比率が等しいかどうかを検定する．以下の統計量 $z$ が，設定した有意水準 $\alpha$ に対応する棄却域にあれば，帰無仮説を棄却する．

$$z=\frac{\hat{p}_x-\hat{p}_y}{\sqrt{\hat{p}(1-\hat{p})(1/n_x+1/n_y)}} \tag{10.3}$$

すなわち，図 5-4（$\mu$ を $p_x-p_y$ に，$\mu_0$ を 0 に読み替える）に示されるように，対立仮説 $H_1$ が $p_x \neq p_y$ の場合には $z<-z(\alpha/2)$ および $z>z(\alpha/2)$ を棄却域とした両側検定，$H_1$ が $p_x>p_y$ の場合には $z>z(\alpha)$ を棄却域とした上側片側検定，$H_1$ が $p_x<p_y$ の場合には $z<-z(\alpha)$ を棄却域とした下側片側検定を行う．

【計算例10-3】　男性80名と女性90名に2種類の食品A，Bのいずれを好むか調査したところ，男性は54名（67.50%）が，女性は70名（77.78%）がAを好むと回答した．食品Bよりも食品Aを好む割合は男性と女性で異なるといえるかどうかについて検定する．

①仮説の設定

$H_0$：$p_x=p_y$（食品Bよりも食品Aを好む割合は男性$p_x$と女性$p_y$で異ならない）

$H_1$：$p_x \neq p_y$（$p_x$と$p_y$は異なる）

②統計量$z$の計算

標本数$n_x=80$，$n_y=90$，標本比率$\hat{p}_x=0.6750$，$\hat{p}_y=0.7778$とし，式（10.2）により$\hat{p}=0.7294$を求め，さらに式（10.3）により統計量$z$を計算する．なお，$\hat{p}$の計算（式(10.2)）において，$\hat{p}_x n_x=54$，$\hat{p}_y n_y=70$は既に示されているので，あらためて計算するまでもない．

$$z=\frac{0.6750-0.7778}{\sqrt{0.7294\times(1-0.7294)\times(1/80+1/90)}}=-1.506$$

③棄却域の設定

$H_1$：$p_x \neq p_y$の場合，$p_x$は$p_y$より大きくても小さくてもよいので，両側検定を行う．有意水準$\alpha=0.05$を採用すると，$\alpha/2=0.025$となり，付表2より$z(0.025)=1.96$が得られ，棄却域は$z<-1.96$および$z>1.96$となる．

④統計量と棄却域の照合

$z$の値（$=-1.506$）は下側有意点（$-1.96$）と上側有意点（1.96）の間に位置し，棄却域に含まれない．

$$-z(0.025)=-1.96<z=-1.506<z(0.025)=1.96$$

⑤仮説の検証（棄却，採択）および結論

$z$の値が棄却域に含まれないため，帰無仮説$H_0$：$p_x=p_y$を採択し，対立仮説$H_1$：$p_x \neq p_y$を棄却する．すなわち，有意水準0.05で，食品Bよりも食品Aを好む割合は男性と女性で異ならないといえる．

【計算例10-4】　計算例10-3のデータにおいて，食品Bよりも食品Aを好む割合が女性と比較して男性の方が低いと予想できる場合には，これを対立仮説として検定を行う．

①仮説の設定

$H_0$：$p_x=p_y$（食品Bよりも食品Aを好む割合は男性$p_x$と女性$p_y$で異ならない）

$H_1$：$p_x<p_y$（$p_x$は$p_y$よりも小さい）

②統計量 $z$ の計算

$z$ の計算は計算例 10-3 と同じである（$z=-1.506$）.

③棄却域の設定

$H_1: p_x < p_y$ に従って下側の片側検定を行う．有意水準 $\alpha=0.05$ を採用すると，付表 2 より $z(0.05)=1.64$ が得られ（0.05 に最も近い 0.05050 に対応する $z$ 値を採用する），棄却域は $z<-1.64$ となる．

④統計量と棄却域の照合

$z$ の値（$=-1.506$）は有意点（$-1.64$）よりも大きく，棄却域に含まれない．

$$z=-1.506>-z(0.05)=-1.64$$

⑤仮説の検証（棄却，採択）および結論

$z$ の値が棄却域に含まれないので，帰無仮説 $H_0: p_x=p_y$ を採択し，対立仮説 $H_1: p_x < p_y$ を棄却する．すなわち，有意水準 0.05 で，食品 B よりも食品 A を好む割合は男性と女性で異ならないといえる．

### 10.1.2　適合度の検定

実験や調査から得られた観察度数（観察値）が理論や仮説にもとづく期待度数（期待値）と一致するかどうかを検定する手法であり，以下の $\chi^2$（カイ 2 乗）値が自由度 $f=k-g-1$ の $\chi^2$ 分布に従うことを利用する．

$$\chi^2=\sum_{i=1}^{k}\frac{(\text{観察度数}_i-\text{期待度数}_i)^2}{\text{期待度数}_i} \tag{10.4}$$

ここで $k$ は度数の級の数，$g$ は期待度数を求めるために推定した母数の数である．

適合度の検定は，各級の期待度数が小さいときには，$\chi^2$ による近似が悪くなり利用できない．そこで，期待度数が基準値未満の級があるときには，隣接する級の度数をまとめ，期待度数が基準値以上になるようにする．この基準値は一般に 5 とされているが，1 を採用することもできる．これにより，級の結合に伴う $\chi^2$ 検定の感度の低下を回避することができる．

【計算例 10-5】　計算例 10-1 のデータに対し適合度検定を適用し，X 県の成人が食品 B よりも食品 A を好む割合は全国平均と異なるといえるかどうかについて検定する．

①仮説の設定

$H_0$：X 県の成人が食品 B よりも食品 A を好む割合は全国平均と異ならない

$H_1$：X 県の成人が食品 B よりも食品 A を好む割合は全国平均と異なる

②統計量 $\chi^2$ の計算

帰無仮説に従うと，80 名のうち A を好む人は 48 人（$=80\times0.6$），B を好む人は 32

人（$=80\times(1-0.6)$）と期待される．それぞれの観察値は 60 人と 20 人なので，統計量 $\chi^2$ は次のように計算される．自由度 $f=2-1=1$ である．

$$\chi^2=\frac{(60-48)^2}{48}+\frac{(20-32)^2}{32}=7.5$$

③棄却域の設定

$\chi^2$ の値は，観察度数が期待度数と完全に一致するときに 0 となり，観察度数が期待度数から偏るほど大きな正の値をとるため，上側の片側検定を行う．有意水準 $\alpha=0.05$ を採用すると，付表 4 より $\chi^2(1,0.05)=3.841$ が得られ，棄却域は $\chi^2>3.841$ となる．

④統計量と棄却域の照合

$\chi^2$ の値（$=7.5$）は有意点（3.841）よりも大きく，棄却域に含まれる．

$$\chi^2=7.5>\chi^2(1,0.05)=3.841$$

⑤仮説の検証（棄却，採択）および結論

$\chi^2$ の値が棄却域に含まれるため，帰無仮説 $H_0$ を棄却し，対立仮説 $H_1$ を採択する．すなわち，有意水準 0.05 で，X 県の成人が食品 B よりも食品 A を好む割合は全国平均と異なるといえる．

【計算例 10-6】　モザイク状に分布した 4 種類の植生型 A，B，C，D からなる草地にウシを放牧したところ，それぞれの植生型から採食したバイトの数（噛み数）は 445 回，191 回，261 回，103 回であった．草地における植生型 A，B，C，D の面積割合はそれぞれ 40%，20%，30%，10%であった．ウシが 4 つの植生をそれぞれの面積割合に従って採食したといえるかどうかについて検定する．

①仮説の設定

$H_0$：ウシは 4 つの植生を面積割合に従って採食した

$H_1$：ウシは 4 つの植生を面積割合に従わずに採食した

②統計量 $\chi^2$ の計算

総バイト数 $=445+191+261+103=1000$ なので，帰無仮説に従うと，植生型 A，B，C，D におけるバイト数の期待値はそれぞれ $1000\times0.4=400$，$1000\times0.2=200$，$1000\times0.3=300$，$1000\times0.1=100$ となり，統計量 $\chi^2$ は次のように計算される．自由度 $f=4-1=3$ である．

$$\chi^2=\frac{(445-400)^2}{400}+\frac{(191-200)^2}{200}+\frac{(261-300)^2}{300}+\frac{(103-100)^2}{100}=10.63$$

③棄却域の設定

$\chi^2$ がとる値（観察度数が期待度数から偏るほど増大）にもとづき，上側の片側検定を行う．有意水準 $\alpha=0.05$ を採用すると，付表 4 より $\chi^2(3,0.05)=7.815$ が得られ，棄却域は$\chi^2$>7.815となる．

④統計量と棄却域の照合

$\chi^2$の値（=10.63）は有意点（7.815）よりも大きく，棄却域に含まれる．

$$\chi^2 = 10.63 > \chi^2(3, 0.05) = 7.815$$

⑤仮説の検証（棄却，採択）および結論

$\chi^2$の値が棄却域に含まれるため，帰無仮説$H_0$を棄却し，対立仮説$H_1$を採択する．すなわち，有意水準0.05でウシは4つの植生を面積割合に従わずに採食したといえる．

【計算例10-7】 表10-1は，ある草地内に1m四方の枠を無作為に180ヵ所置き，枠内に存在する植物Aの個体数を調査した結果である．植物Aの個体密度（1 $m^2$当たりの個体数）がポアソン分布に従うといえるかどうかについて検定する．

①仮説の設定

$H_0$：植物Aの個体密度はポアソン分布に従う

$H_1$：植物Aの個体密度はポアソン分布に従わない

②統計量$\chi^2$の計算

帰無仮説が正しいと仮定し，測定値から平均個体密度2.939を求め，$\lambda=2.939$のときのポアソン分布の発生確率（4.3.3を参照）を計算し，これに標本数180を乗じて期

表10-1 草地における植物Aの個体密度（1 $m^2$当たりの個体数）のポアソン分布への適合度検定

| 個体密度 | 観察度数 | ポアソン分布（$\lambda=2.939$）による発生確率 | 期待度数 |
|---|---|---|---|
| 0 | 9 | 0.0529 | 9.53 |
| 1 | 32 | 0.1555 | 28.00 |
| 2 | 42 | 0.2286 | 41.14 |
| 3 | 39 | 0.2239 | 40.30 |
| 4 | 25 | 0.1645 | 29.61 |
| 5 | 15 | 0.0967 | 17.40 |
| 6 | 10 | 0.0474 | 8.53 |
| 7 | 5 | 0.0199 | 3.58 |
| 8 | 2 | 0.0073 | 1.31 |
| 9 | 0 | 0.0024 | 0.43 |
| 10 | 1 | 0.0007 | 0.13 |
| 11 | 0 | 0.0002 | 0.03 |
| 合計 | 180 | 0.9999 | 179.99 |

$\lambda=(0\times9+1\times32+2\times42+\cdots+11\times0)/180=529/180=2.939$

待度数を得る（表10-1）．個体密度9～11の級は期待度数が1未満なので，個体密度8の級とまとめて観察度数3，期待度数1.90とする．この併合によって級の数は9となる．統計量$\chi^2$は次のように計算される．自由度はポアソン分布の$\lambda$を標本から推定しているため，$f=9-1-1=7$である．

$$\chi^2=\frac{(9-9.53)^2}{9.53}+\frac{(32-28.00)^2}{28.00}+\cdots+\frac{(5-3.58)^2}{3.58}+\frac{(3-1.90)^2}{1.90}=3.16$$

③棄却域の設定

$\chi^2$がとる値（観察度数が期待度数から偏るほど増大）にもとづき，上側の片側検定を行う．有意水準$\alpha=0.05$を採用すると，付表4より$\chi^2(7, 0.05)=14.067$が得られ，棄却域は$\chi^2>14.067$となる．

④統計量と棄却域の照合

$\chi^2$の値（$=3.16$）は有意点（14.067）よりも小さく，棄却域に含まれない．

$$\chi^2=3.16<\chi^2(7, 0.05)=14.067$$

⑤仮説の検証（棄却，採択）および結論

$\chi^2$の値が棄却域に含まれないため，帰無仮説$H_0$を採択し，対立仮説$H_1$を棄却する．すなわち，有意水準0.05で植物Aの個体密度はポアソン分布に従うといえる．

### 10.1.3　分割表による検定

分割表による検定は，適合度検定を$m$行×$n$列の2元表に拡張したもので，事象の発生回数に対する処理効果の評価などに用いられる．$\chi^2$（カイ2乗）値の自由度は$f=(m-1)\times(n-1)$である．

分割表による検定は，$\chi^2$値にもとづくため，期待度数が小さいときには，$\chi^2$による近似が悪くなり利用できない．そこで，期待度数が基準値未満の級があるときには，標本数を増すか，隣接する行あるいは列をまとめることが可能であればそうすることにより，期待度数が基準値以上になるようにする．最小の期待度数（基準値）は一般に3～5とされる．期待度数を増加することができないときには，2×2分割表であれば，次項で解説するフィッシャーの正確確率検定を用いることができる．

【計算例10-8】　計算例10-3のデータに分割表による検定を適用し，食品Bよりも食品Aを好む割合が性別で異なるといえるかどうかについて検定する（表10-2）．

①仮説の設定

$H_0$：食品Bよりも食品Aを好む割合は男性と女性で異ならない

$H_1$：食品Bよりも食品Aを好む割合は男性と女性で異なる

表 10-2 2×2 分割表による 2 種類の食品 A，B に対する男性と女性の好みの違いの検定

| 変数 | 性別 | 好み A | 好み B | 合計 |
|---|---|---|---|---|
| 観察度数 | 男性 | 54 | 26 | 80 |
| | 女性 | 70 | 20 | 90 |
| | 合計 | 124 | 46 | 170 |
| 期待度数 | 男性 | 58.35 | 21.65 | 80 |
| | 女性 | 65.65 | 24.35 | 90 |
| | 合計 | 124 | 46 | 170 |

②統計量 $\chi^2$ の計算

帰無仮説に従うと，食品 A と B を好む割合は男性と女性で同じとなるので，男女合計における割合（A：124/170，B：46/170）を用いて期待値を求める（表 10-2）．統計量 $\chi^2$ は次式のように計算される．自由度 $f=(2-1)\times(2-1)=1$ である．

$$\chi^2=\frac{(54-58.35)^2}{58.35}+\frac{(26-21.65)^2}{21.65}+\frac{(70-65.65)^2}{65.65}+\frac{(20-24.35)^2}{24.35}=2.27$$

③棄却域の設定

$\chi^2$ がとる値（観察度数が期待度数から偏るほど増大）にもとづき，上側の片側検定を行う．有意水準 $\alpha=0.05$ を採用すると，付表 4 より $\chi^2(1,\,0.05)=3.841$ が得られ，棄却域は $\chi^2>3.841$ となる．

④統計量と棄却域の照合

$\chi^2$ の値（$=2.27$）は有意点（3.841）よりも小さく，棄却域に含まれない．

$$\chi^2=2.27<\chi^2(1,\,0.05)=3.841$$

⑤仮説の検証（棄却，採択）および結論

$\chi^2$ の値が棄却域に含まれないため，帰無仮説 $H_0$ を採択し，対立仮説 $H_1$ を棄却する．すなわち，有意水準 0.05 で，食品 B よりも食品 A を好む割合は男性と女性で異ならないといえる．

【計算例 10-9】 表 10-3 の上半分「観察度数」のデータは，地域 X から 250 頭，地域 Y から 180 頭の草食家畜を無作為に抽出して畜種を調べた結果である．畜種の分布が地域で異なるといえるかどうかについて検定する．

①仮説の設定

$H_0$：畜種の分布は地域で異ならない

$H_1$：畜種の分布は地域で異なる

表 10-3　2×4 分割表による草食家畜種分布の地域差の検定

| 変数 | 地域 | 畜種 | | | | 合計 |
|---|---|---|---|---|---|---|
| | | ウシ | ヒツジ | ヤギ | ウマ | |
| 観察度数 | X | 97 | 71 | 22 | 60 | 250 |
| | Y | 63 | 79 | 7 | 31 | 180 |
| | 合計 | 160 | 150 | 29 | 91 | 430 |
| 期待度数 | X | 93.02 | 87.21 | 16.86 | 52.91 | 250 |
| | Y | 66.98 | 62.79 | 12.14 | 38.09 | 180 |
| | 合計 | 160 | 150 | 29 | 91 | 430 |

②統計量 $\chi^2$ の計算

帰無仮説に従うと，畜種の割合は2つの地域で同じなので，地域の合計における割合（ウシ：160/430，ヒツジ：150/430，ヤギ：29/430，ウマ：91/430）を用いて期待値を求める（表 10-3）．統計量 $\chi^2$ は次式のように計算される．自由度 $f=(2-1)\times(4-1)=3$ である．

$$\chi^2=\frac{(97-93.02)^2}{93.02}+\frac{(71-87.21)^2}{87.21}+\cdots+\frac{(31-38.09)^2}{38.09}=13.62$$

③棄却域の設定

$\chi^2$ がとる値（観察度数が期待度数から偏るほど増大）にもとづき，上側の片側検定を行う．有意水準 $\alpha=0.05$ を採用すると，付表 4 より $\chi^2(3, 0.05)=7.815$ が得られ，棄却域は $\chi^2>7.815$ となる．

④統計量と棄却域の照合

$\chi^2$ の値（$=13.62$）は有意点（7.815）よりも大きく，棄却域に含まれる．

$$\chi^2=13.62>\chi^2(3, 0.05)=7.815$$

⑤仮説の検証（棄却，採択）および結論

$\chi^2$ の値が棄却域に含まれるため，帰無仮説 $H_0$ を棄却し，対立仮説 $H_1$ を採択する．すなわち，有意水準 0.05 で，畜種の分布は地域で異なるといえる．

### 10.1.4　フィッシャーの正確確率検定

フィッシャー（Fisher）の正確（直接）確率検定は，2×2 分割表において，期待度数が小さい（一般には 3 ～ 5 未満）場合に用いられる．詳細については専門書を参照されたい．

## 10.2　$y=a+bx$ 以外の単回帰分析

単回帰分析は，2つの変数間の関係を，一方（$y$）が他方（$x$）に依存する関係として捉え，解析する手法である．6.2では，$y=a+bx$ で表される単回帰式について解説した．しかし，2つの変数間の関係はさまざまであり，$y=a+bx$ では表すことができない多くの形がある．また，生物学や農学の諸分野ならびに関連分野で観察される事象のなかには，その背後にある機構的な仕組み（論理的裏付け）と照らし合わせて，$y=a+bx$ を当てはめることが適切ではない（理にかなっていない）ものも多い．本節では，$y=a+bx$ 以外の単回帰分析について，回帰式の種類別に紹介するとともに，パラメータ値の推定方法や回帰式の性能の評価方法について説明する．

### 10.2.1　定点を通る直線

2つの変数間の関係には，$x=0$ のときに必ず $y=0$ となるものがある（例えば，おもりの重さ $x$ とバネの伸び $y$ の関係）．より一般的には，$x=x_0$ のときに必ず $y=y_0$ となるもの，すなわち定点（$x_0, y_0$）を必ず通る関係がある．このような直線は，$y-y_0=b(x-x_0)$ で表される．ここで，$b$ は回帰係数（傾き，勾配）である．組になった2つの変数のデータ（$x_1, x_2, \cdots, x_n$；$y_1, y_2, \cdots, y_n$；$n$ はデータ数）における回帰係数と相関係数（$r$）は以下のように計算される．

$$b=\frac{\tilde{S}_{xy}}{\tilde{S}_{xx}} \tag{10.5}$$

$$r=\frac{\tilde{S}_{xy}}{\sqrt{\tilde{S}_{xx}\tilde{S}_{yy}}} \tag{10.6}$$

ここで，$\tilde{S}_{xx}$ は $x$ の平方和，$\tilde{S}_{yy}$ は $y$ の平方和，$\tilde{S}_{xy}$ は $x$ と $y$ の積和である．ただし，定点（$x_0, y_0$）を通ることを前提としているため，平方和や積和は，第6章などで解説したような「平均値からの偏差」にもとづくものではなく，定点からの偏差にもとづくものであることに注意すべきである．

$$\tilde{S}_{xx}=\sum_{i=1}^{n}(x_i-x_0)^2 \tag{10.7}$$

$$\tilde{S}_{yy}=\sum_{i=1}^{n}(y_i-y_0)^2 \tag{10.8}$$

$$\tilde{S}_{xy}=\sum_{i=1}^{n}(x_i-x_0)(y_i-y_0) \tag{10.9}$$

分散分析（$F$ 検定）は，全体の平方和が $\widetilde{S}_{yy}$，全体の自由度が $n$，残差の自由度が $n-1$（$b$ のみを推定したため）であることを除けば，切片のある回帰直線の場合（6.2.3）と同様である．すなわち，残差 $e_i=y_i-\widehat{y}_i$（$\widehat{y}_i$ は観測値 $y_i$ の回帰推定値；$\widehat{y}_i=bx_i$）をもとに残差平方和 $S_e$ を求め，さらに回帰平方和 $S_R$ を $\widetilde{S}_{yy}-S_e$ として求める．決定係数 $R^2=S_R/\widetilde{S}_{yy}=1-S_e/\widetilde{S}_{yy}$，残差標準偏差 $s_e=\sqrt{S_e/(n-1)}$ となる．

### 10.2.2　折線と曲線

図 10-1 は，6.2 で扱った $y=a+bx$ で表される単回帰式を含めて，代表的な単回帰式を示したものである（上述した「定点を通る直線」を除く）．

**(1)　直線**（図 10-1（a），（b））

一般に $y=a+bx$（$b$ が負の場合を含む）で表される最も基本的な単回帰式である．パラメータ $a$ は回帰定数あるいは切片，$b$ は回帰係数あるいは勾配と呼ばれる．変数 $x$ の変化に伴う変数 $y$ の変化は一定である．

**(2)　折線**（図 10-1（c），（d））

折線は 2 つ以上の直線からなる回帰式である．区分的線型回帰とも呼ばれる．

**(3)　分数（逆数）曲線**（図 10-1（e），（f），（g））

いくつかのタイプがあるがいずれも広くは使われない．$y=a-b/x$ と $y=a+b/x$ は $y=a$ と $x=0$ を漸近線とする曲線である（$y$ 切片はない）．$y=1/(a+bx)$ は $y=0$ を漸近線とし，$y$ 切片は $1/a$ である．

**(4)　指数曲線**（図 10-1（h），（i），（j），（k））

変数 $x$ の変化に伴う変数 $y$ の変化が $y$ に依存する（変化 $=y\times$ 相対変化率）となる関係である．$y=ae^{bx}$ は相対変化率 $b$ における増加であり，指数的な増加（個体や個体群の成長など）を表現する（$e$ は自然対数の底）．$y=ae^{-bx}$ は相対変化率 $b$ における減少であり，指数的な減少（生存数や減衰）を表現する．いずれの式でもパラメータ $a$ は $x=0$ のときの $y$ の値で，$y=0$ を漸近線とする．指数的減衰における半減期 $t_{1/2}$ は $t_{1/2}=\ln 2/b$ として求められる．$y=a+b(1-e^{-cx})$ は，$y$ が $x=0$ のとき $a$ で，$x$ の増加とともに $a+b$ に対して，相対変化率 $c$ で漸近的（飽和的）に増加する曲線である．また，$y=a+be^{-cx}$ は，$y$ が $x=0$ のとき $a+b$ で，$x$ の増加とともに $a$ に対して，相対変化率 $c$ で漸近的に減少する曲線である．

**(5)　対数曲線**（図 10-1（l），（m））

$x=0$ を漸近線とする曲線である（$y$ 切片はない）．種々の曲線関係に比較的よく当てはまるが，パラメータ値からは，2 つの変数間の関係に対する洞察を深める

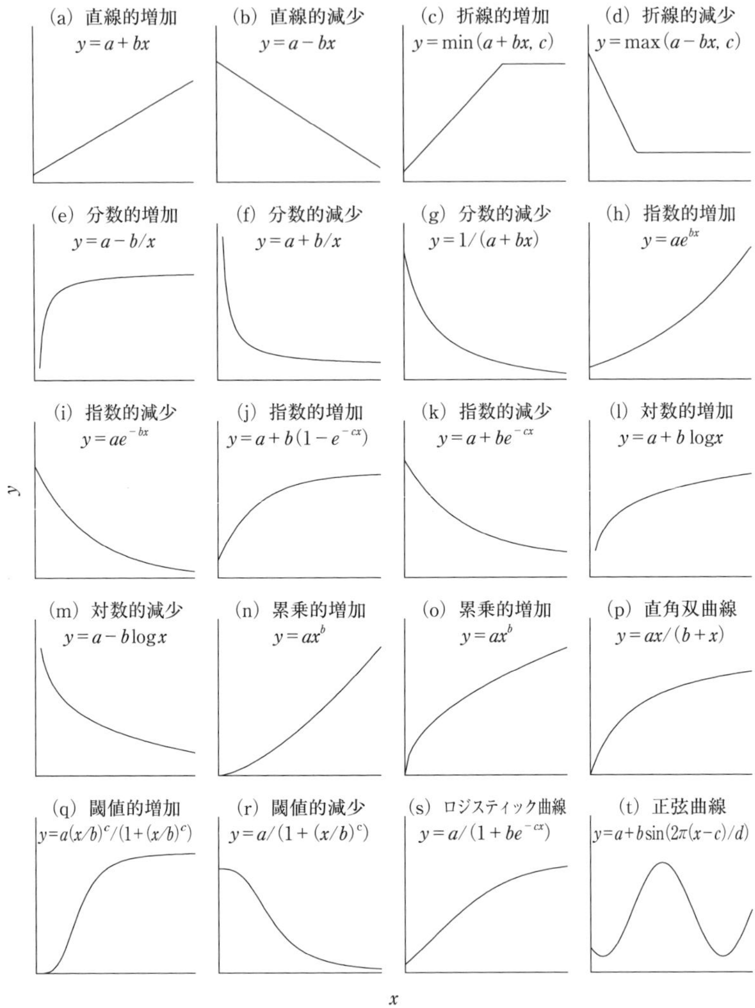


**図 10-1　代表的な単回帰式（定点を通る直線を除く）**

パラメータの値によって直線や曲線の形は変化する．$e$ は自然対数の底である．

ことができる情報（生物学的な意味など）は得られない．

**(6)　累乗（べき乗）曲線**（図 10-1（n），（o））

アロメトリー式とも呼ばれ，1 つの生物体における 2 つの特質（長さ，面積，体積，重量など）の関係を表すのによく用いられる．パラメータ $b>1$ のときには図

10-1（n）のような形に，$0<b<1$ のときには図10-1（o）のような形になり（$b=1$ のときには原点を通る直線となる），$b$ は2つの特質の優劣関係を示すパラメータである．

**(7)　直角双曲線**（図10-1（p））

反応速度と基質濃度との関係を表す一般的な式である．パラメータ $a$ は $y$ の最大値（漸近線）を，$b$ は $y$ が最大値の半分に到達するときの $x$ の値を示す．この直角双曲線は図10-1（q）の閾値的増加曲線の $c=1$ の場合ととらえられる．

**(8)　閾値反応曲線**（図10-1（q），（r））

ある $x$ の値（閾値）を境として，$y$ の反応が急に開始したり，停止したりするようなスイッチング現象を表現する．パラメータ $a$ は $y$ の最大値を，$b$ は $y$ が最大値の半分に到達するときの $x$ の値を，$c$ はスイッチング反応の急激さを示す．

**(9)　ロジスティック曲線**（図10-1（s））

最も一般的な成長曲線の1つである．パラメータ $a$ は $y$ の最大値（漸近線）であり，環境収容力と呼ばれる．パラメータ $c$ は $x=0$ のときの増加率であり，内的自然増加率と呼ばれる．$x=(\ln b)/c$ のときに $y=a/2$ となる．

**(10)　正弦曲線**（図10-1（t））

周期的変化を表す式である．パラメータ $a$ は $y$ の中心値，$b$ は振幅，$c$ は位相，$d$ は周期を表す．

### 10.2.3　回帰式の選択，パラメータ値の推定および回帰式の評価

「どの回帰式を採用するか」は単回帰分析における関心事である．散布図を参考に検討するが，単にデータへの当てはまりのよさ（高い決定係数，小さい残差標準偏差）を追求するのではなく，次のことを考慮することが重要である．まず，2つの変数の関係に何らかの機構的な仕組み（論理的裏付け）がある場合（ありそうな場合）には，それに対応した式を選択する．このとき，パラメータの推定値は，2つの変数間の関係に対する洞察を深化させることができる情報（生物学的な意味など）を与える．また，変数 $y$ が変数 $x$ の測定値の範囲外でどのような値をとるか（とらねばならないか）について考え，それに応じた式を選択する．すなわち，ある程度の外挿に耐えうる式を選択する．例えば $y$ の値に上限もしくは下限が存在する（存在すべき）場合には，$x$ の変化に伴う $y$ の変化が常に一定である直線式は適さない．

回帰式が決定したら，回帰定数や回帰係数などのパラメータ値を推定する．定

点を通る直線の回帰係数（式（10.5））のように，数式に従って比較的容易に計算できるものもあるが，折線や曲線式のパラメータ値については，計算（逐次近似法）が複雑であるため，専用のコンピュータソフトウェアを用いて推定する．一部の曲線については，変数変換により $y=a+bx$ に線形化することができるが，変換データに対する回帰分析の結果（パラメータ値，回帰式の性能など）は，あくまでも変換データのものであって，元データのものではない．

パラメータの推定値が得られたら，回帰式の性能を分散分析（$F$ 検定），決定係数，残差標準偏差，パラメータ値の有意性で評価する．回帰式全体（回帰分散／残差分散）の有意性ならびに係数としてのパラメータ値（ゼロとの差）の有意性が満たされないときには，回帰式として成立しない．これらについては，次節の「重回帰分析」で説明されている．

## 10.3　多変量解析

多変量解析は，3つ以上の変量からなるデータを統計的に扱い，これらの変量がもつ情報を要約する手法である．いくつもの個別手法からなるが，ここでは，重回帰分析，主成分分析およびクラスター分析について概説する．

### 10.3.1　重回帰分析

重回帰分析は，ある変数（目的変数）の変動を他の変数（説明変数）で説明する手法である「回帰分析」のうち，説明変数が2つ以上のものである（説明変数が1つのものは「単回帰」と呼ばれる）．目的変数 $y$ と説明変数 $x_1$，$x_2$，$\cdots$，$x_p$ の関係は以下のように書ける．

$$y=b_0+b_1x_1+b_2x_2+\cdots+b_p x_p \qquad (10.10)$$

ここで，$b_0$ は回帰定数（切片），$b_1, b_2, \cdots, b_p$ は偏回帰係数と呼ばれる．この式で目的変数は説明変数の1次式で表されているが，$x_1=u, x_2=u^2, \cdots, x_p=u^p$ とすれば，目的変数は $p$ 次の多項式となる．また，$x_1=u, x_2=v, x_3=uv$ とすれば，$u$ と $v$ の交互作用を含んだ式となる．さらに，説明変数の中に対数，指数，sin などの関数を含むこともできる．回帰分析において，目的変数は従属変数，説明変数は独立変数とも呼ばれる．

【計算例 10-10】　表 10-4 は，ある草地において，ウシが1回の立ち止まりで採食に費やす時間を，植生および気温とともに，16 の時期にわたって測定した結果である．ウシの採食時間は 6.4 秒から 15.5 秒までかなり変動している．この変動が他の変数で

表 10-4　放牧牛の採食行動，植生および気温

| 標本（時期） | 1回の立ち止まり当たりの採食時間（秒） | 草高（cm） | 草量（g 乾物 /m²） | 葉量（g 乾物 /m²） | 草の容積密度（g 乾物 /m³） | 草の乾物消化率 | 草の窒素含量（g/kg 乾物） | 気温（℃） |
|---|---|---|---|---|---|---|---|---|
| | $y$ | $x_1$ | $x_2$ | $x_3$ | $x_4$ | $x_5$ | $x_6$ | $x_7$ |
| 1 | 9.1 | 24.8 | 382 | 255 | 1755 | 0.500 | 13.9 | 32.6 |
| 2 | 9.5 | 17.1 | 320 | 219 | 2280 | 0.454 | 13.5 | 15.9 |
| 3 | 12.7 | 11.7 | 275 | 191 | 3172 | 0.501 | 12.0 | 17.4 |
| 4 | 15.5 | 13.6 | 135 | 116 | 1270 | 0.561 | 22.4 | 24.5 |
| 5 | 13.6 | 22.8 | 308 | 226 | 1551 | 0.551 | 16.8 | 30.4 |
| 6 | 10.6 | 14.5 | 285 | 202 | 2477 | 0.477 | 13.3 | 21.7 |
| 7 | 13.4 | 13.5 | 127 | 109 | 1211 | 0.576 | 23.5 | 23.7 |
| 8 | 15.2 | 23.8 | 229 | 182 | 1105 | 0.516 | 16.1 | 29.2 |
| 9 | 13.9 | 33.8 | 420 | 282 | 1365 | 0.496 | 16.1 | 31.3 |
| 10 | 11.0 | 28.9 | 464 | 285 | 1789 | 0.464 | 13.9 | 26.6 |
| 11 | 10.7 | 18.8 | 406 | 253 | 2567 | 0.410 | 12.0 | 24.1 |
| 12 | 10.1 | 11.2 | 168 | 142 | 2056 | 0.510 | 20.4 | 25.2 |
| 13 | 9.1 | 10.5 | 158 | 131 | 2105 | 0.538 | 13.7 | 33.6 |
| 14 | 6.4 | 8.1 | 104 | 88 | 2017 | 0.497 | 21.4 | 33.4 |
| 15 | 10.0 | 8.6 | 90 | 77 | 1616 | 0.541 | 22.0 | 25.4 |
| 16 | 10.6 | 6.4 | 77 | 65 | 2246 | 0.505 | 21.8 | 21.2 |

どのように説明できるかについて，重回帰分析により検討する．計算には専用のコンピュータソフトウェアを用いるのが普通なので，詳細は省略する．

採食時間を目的変数（$y$），他のすべて（$x_1, x_2, \cdots, x_7$）を説明変数として計算すると次式が得られる．

$$y = 1.695 + 0.462x_1 - 0.026x_2 + 0.014x_3 + 0.0005x_4 + 28.518x_5 - 0.105x_6 - 0.290x_7$$

分散分析（6.2.3 を参照）により，決定係数（＝回帰平方和 / 全体の平方和）$R^2 = 0.704$ が得られ，回帰式は目的変数の変動の 70.4％を説明する．しかし，分散比 $F = 2.716$（回帰の自由度＝7，残差の自由度＝8）は有意点 $F(7, 8, 0.05) = 3.500$（付表 5）よりも小さく，帰無仮説 $H_0$：母分散比＝1 は棄却できず，回帰式は目的変数の変動を有意に説明できない（回帰式全体として有意ではない）．また，7 つの偏回帰係数の $t$ 値（$t_1, t_2, \cdots, t_7$）は，それぞれ $t_1 = 1.420$，$t_2 = -0.699$，$t_3 = 0.193$，$t_4 = 0.189$，$t_5 = 1.358$，$t_6 = -0.360$，$t_7 = -2.688$ となり，$t_7$ 以外は，有意水準 0.05 での棄却域 $t < -t(8, 0.025) = -2.306$ および $t > t(8, 0.025) = 2.306$（付表 3）に含まれないため，帰無仮説 $H_0$：母偏回帰係数＝0 を棄却できず，変数 $x_1, x_2, \cdots, x_6$ は説明変数として回帰式に含まれる意味がない（係数が 0 だとその説明変数は目的変数に影響を及ぼさないため）．すなわ

ち，回帰式全体の有意性ならびに偏回帰係数の有意性の両方から，本計算例の重回帰式は回帰式として適切ではないといえる．

以上のように，重回帰式は，①分散分析（回帰分散 / 残差分散の $F$ 検定）による回帰式全体の有意性，ならびに② $t$ 検定によるすべての偏回帰係数の有意性の両方を満たす必要がある．分散分析により回帰式全体として有意であっても，偏回帰係数のうちの１つでも非有意であれば，回帰式として成立しない．他方，回帰定数は有意でなくとも支障はない（有意でないときには，単に切片＝0とみなされるだけである）．

また，重回帰分析では，変数 $x_1, x_2, \cdots, x_p$ のすべてを説明変数として用いるとは限らない．特に，変数の数 $p$ が大きいときには一部のみを用いるのが普通である．その理由は，変数 $x_1, x_2, \cdots, x_p$ の中に互いに相関関係のある変数があれば，これらから最低１つが説明変数として含まれればよいこと，説明変数の多い回帰式はそれが得られたデータにはよく適合しても，予測など現実の利用時の頑強性（安定性，再現性）は必ずしも高くないことなどのためである．重回帰分析においては，変数 $x_1, x_2, \cdots, x_p$ はあくまでも「説明変数の候補」であり，変数選択によって，できる限り少ない説明変数で有用な回帰式を導くことが課題となる．変数選択法には，全可能回帰法（総当たり法），変数増加法（前進選択法），変数減少法（後進（後退）消去法），変数増減法，変数減増法がある．これらの方法では，あらかじめ設定された $F$ 値にもとづいて，説明変数の追加や除去が行われる（変数増加法では追加のみ，変数減少法では除去のみ）．ステップワイズ法という呼称は，変数増減法と変数減増法の２つに用いられたり，変数増加法，変数減少法，変数増減法および変数減増法の４つに用いられたりする．

【計算例 10-11】　計算例 10-10 の結果を受け，表 10-4 のデータに対して，変数選択を取り入れた重回帰分析を試みる．なお，ここでも計算の詳細は省略する．

変数増加法による変数選択の結果，説明変数として $x_1$，$x_5$，$x_7$ の３つが選択され，次式が得られる．

$$y = -7.496 + 0.236x_1 + 42.598x_5 - 0.257x_7$$

分散分析（6.2.3 を参照）により，決定係数 $R^2 = 0.653$ が得られ，回帰式は目的変数の変動の 65.3% を説明する．分散比 $F = 7.539$（回帰の自由度＝3，残差の自由度＝12）は有意点 $F(3, 12, 0.01) = 5.953$（付表 5）よりも大きく，帰無仮説 $H_0$：母分散比＝1 は棄却，対立仮説 $H_1$：母分散比＞1 が採択され，回帰式全体は有意水準 0.01 で有意である．3 つの偏回帰係数の $t$ 値はそれぞれ $t_1=3.936$，$t_5=3.837$，$t_7=-2.908$ となり，付表 3 より $t(12, 0.025)=2.179$ および $t(12, 0.005)=3.055$ なので，$b_1$ と $b_5$ については有意水準 0.01 で，$b_7$ については有意水準 0.05 で帰無仮説 $H_0$：母偏回帰係数 $=0$ が棄却，対立仮説 $H_1$：母偏回帰係数 $\neq 0$ が採択され，変数 $x_1$，$x_5$，$x_7$ は説明変数として意味がある．すなわち，本計算例の重回帰式は，回帰式全体の有意性ならびに偏回帰係数の有意性の両方を満たすため，回帰式として成立する．

得られた重回帰式から，①採食時間の変動の 65.3％が草高（$x_1$），草の消化率（$x_5$）および気温（$x_7$）の 3 変数で説明できること，②草高 1 cm，消化率 1 単位，気温 1℃の増加に伴う採食時間の変化はそれぞれ $+0.236$ 秒，$+42.598$ 秒，$-0.257$ 秒である（採食時間は，草高と消化率が高いほど長く，気温が高いほど短い）こと，③採食時間に対する影響の大きさ（偏回帰係数の $t$ 値の絶対値）は，草高 ≈ 消化率 ＞ 気温であることが分かる．

その他の統計量として，重相関係数 $R$ は，目的変数の測定値と推定値の相関係数であり，決定係数の平方根でもある．計算例 10-10 では $R=0.839$，計算例 10-11 では $R=0.808$ である．

決定係数や重相関係数の値は説明変数を 1 つ追加するごとに必ず大きくなる．このことは，計算例 10-10 で 7 つの説明変数を用いたときに $R^2=0.704$，$R=0.839$ なのに対し，計算例 10-11 で 3 つの説明変数を用いたときに $R^2=0.653$，$R=0.808$ に低下することからも分かる．自由度調整済決定係数 $R^{*2}$ および自由度調整済重相関係数 $R^*$ は，説明変数の数が異なる回帰式の性能を比較する尺度として用いられる．計算例 10-10 では $R^{*2}=0.445$，$R^*=0.667$ であるのに対し，計算例 10-11 では $R^{*2}=0.567$，$R^*=0.753$ であり，後者の回帰式が，回帰式全体の有意性ならびに偏回帰係数の有意性の両方において前者より優れていることと一致する．

偏回帰係数の値は目的変数および説明変数の測定単位に依存する．例えば，目的変数の単位が秒から分に変わると，すべての偏回帰係数の値は 1/60 になる（回帰定数の値も 1/60 になる）．また，ある説明変数の単位が cm から mm に変わるとその変数の偏回帰係数の値は 1/10 になる．このため，重回帰式における説明変数の影響の大きさは偏回帰係数の値の大きさ（絶対値）で評価することはできない．標準偏回帰係数（$\beta_1, \beta_2, \cdots, \beta_p$）は，目的変数と全説明変数を標準化（4.2.3 を参照）したときの偏回帰係数であり，目的変数に対する各説明変数の寄与の程度を評価するのに用いられる．なお，計算例 10-11 に示したように，各説明変数の寄与の程度は偏回帰係数の $t$ 値の大きさ（絶対値）で評価することもできる．ち

なみに本計算例における標準偏回帰係数は $\beta_1=0.759$，$\beta_5=0.728$，$\beta_7=-0.561$ となり，これらの絶対値の大小関係は，偏回帰係数の $t$ 値の絶対値の関係（$|t_1|\approx|t_5|>|t_7|$）と合致する．

### 10.3.2　主成分分析

主成分分析は，多変量を統合し，少数で全体を説明できる新たな総合指標を導く手法である．対象となる変数を互いに独立な同数の変数（主成分）に変換し，これらから少数で有用なものを選ぶ．

【計算例 10-12】　表 10-4 に示されたデータにおいて，草地植生の特徴は，草高 $x_1$，草量 $x_2$，葉量 $x_3$，容積密度 $x_4$，乾物消化率 $x_5$，窒素含量 $x_6$ の 6 つの変数として測定されている．これらを少数の総合指標に統合できないかどうか，主成分分析により検討する．計算には専用のコンピュータソフトウェアを用いるのが普通なので，詳細は省略する．

6 つの変数から 6 つの主成分が得られる（表 10-5）．各主成分の固有値（変数のうちのいくつ分の情報を保持しているかを表す）にもとづき，第 1 主成分はデータ変動の 63.90%を，第 2 主成分は 28.05%を説明し（寄与率），これら 2 つで全情報のほぼすべて 91.95%を説明する（累積寄与率）ことから，少数の総合指標として第 1 主成分と第 2 主成分を選択する．

それぞれの主成分と変数との相関係数である因子負荷量の一覧（表 10-6）から，第 1 主成分と第 2 主成分の部分を抜き出し，2 軸上にプロットする（図 10-2（a））．第 1 主成分が草高（$x_1$），草量（$x_2$）および葉量（$x_3$）と比較的高い正の，また，消化率（$x_5$）および窒素含量（$x_6$）と比較的高い負の関係にあることから，この主成分は「草の量と質」を表す総合指標であると考えられ，量が増加すると質が低下することが分

表 10-5　草地植生の特徴（表 10-4 の $x_1 \sim x_6$）の主成分分析における固有値と寄与率

| 主成分 | 固有値 | 寄与率（%） | 累積固有値 | 累積寄与率（%） |
|---|---|---|---|---|
| 1 | 3.834 | 63.90 | 3.834 | 63.90 |
| 2 | 1.683 | 28.05 | 5.517 | 91.95 |
| 3 | 0.346 | 5.77 | 5.863 | 97.72 |
| 4 | 0.111 | 1.85 | 5.974 | 99.57 |
| 5 | 0.021 | 0.35 | 5.995 | 99.92 |
| 6 | 0.005 | 0.08 | 6.000 | 100.00 |

表 10-6　草地植生の特徴（表 10-4 の $x_1$ ～ $x_6$）の主成分分析における因子負荷量

| 主成分 | 草高（cm） $x_1$ | 草量（g 乾物 /m$^2$） $x_2$ | 葉量（g 乾物 /m$^2$） $x_3$ | 草の容積密度（g 乾物 /m$^3$） $x_4$ | 草の乾物消化率 $x_5$ | 草の窒素含量（g/kg 乾物） $x_6$ |
|---|---|---|---|---|---|---|
| 1 | 0.759 | 0.976 | 0.965 | 0.279 | −0.733 | −0.871 |
| 2 | −0.640 | −0.171 | −0.228 | 0.933 | −0.482 | −0.297 |
| 3 | 0.030 | 0.007 | −0.059 | −0.134 | −0.470 | 0.321 |
| 4 | −0.018 | −0.116 | −0.091 | −0.175 | −0.093 | −0.223 |
| 5 | 0.113 | −0.057 | −0.049 | 0.053 | −0.003 | 0.000 |
| 6 | −0.003 | −0.047 | 0.051 | 0.001 | −0.004 | 0.005 |

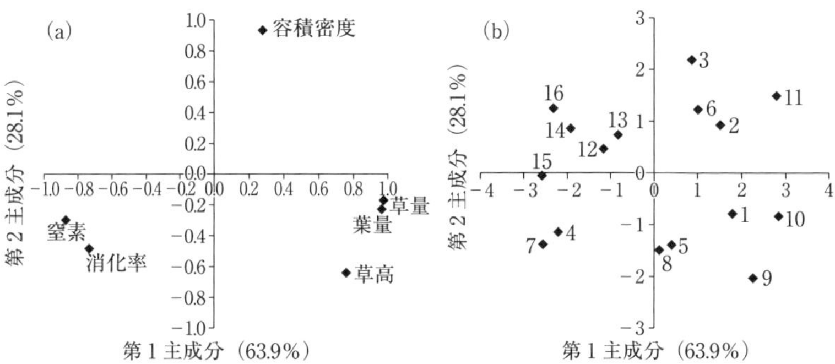


図 10-2　(a) 6 つの植生変数に対する第 1 および第 2 主成分の重み（因子負荷量）ならびに (b) 16 の標本（時期）の第 1 および第 2 主成分上の位置

かる．他方，第 2 主成分は容積密度（$x_4$）と高い正の関係にあることから，この主成分は「草の空間密度」（ぎっしり詰まっているかどうか）を表す総合指標であると考えられる．

さらに，第 1 および第 2 主成分における 16 の標本（時期）のスコア（主成分の値）を 2 軸上にプロットする（図 10-2 (b)）．この図から，例えば，時期 2，3，6 および 11 は草の量も空間密度も高い（質は低い）時期であることが分かる．他方，時期 4 と 7 は草の量も空間密度も低い（質は高い）時期であることが分かる．このような図をもとに標本（時期）をいくつかの群に分類することもできる．

### 10.3.3　クラスター分析

クラスター分析は，データにもとづいて，標本あるいは変数を似かよった群

(クラスター) に分類する手法である．相似性（互いに似ているかどうか）の指標およびクラスターの作成（クラスタリング）には種々の方法があり，採用する方法によって結果がしばしば異なる．単位系の異なる変数はデータを標準化（4.2.3 を参照）したうえで解析に供する（専用のコンピュータソフトウェアでは自動的に処理してくれるものもある）．

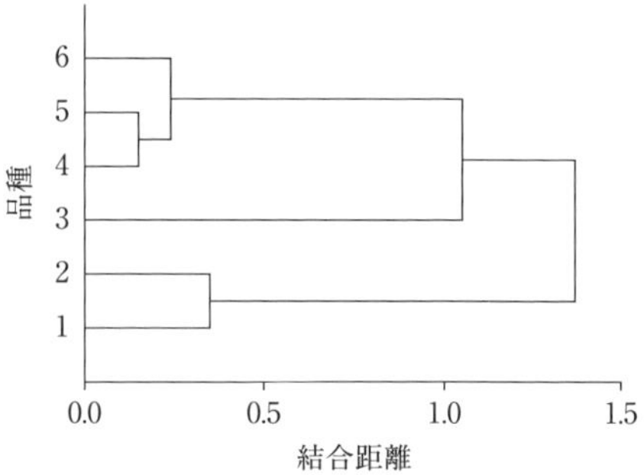

図 10-3　樹状図（デンドログラム）
結合距離が小さいほど品種間の相似性が高い．

クラスター分析の結果は図 10-3 のような樹状図（デンドログラム）に表され，そこから，標本間あるいは変数間の相似性，分類された群の数やその構成要素を読み取ることができる．この例では，6 つの品種（標本）は，3 つの群に分類でき，群 1 は品種 1 と 2，群 2 は品種 3，群 3 は品種 4 ～ 6 からなると判定できる．

## 10.4　線形モデル

線形モデルとは，ある変数（目的変数）の変動を他の変数（説明変数）で説明するときのデータ構造を表すものであり，単回帰分析（第 6 章），分散分析（第 8 章），重回帰分析（本章）などの手法の基礎となる考え方である．

例えば，1 因子完全無作為化法（8.2.1 参照）において得られるデータ（$x_{ij}$）は，①試験区全体の総平均（$\mu$），②因子の水準 $i$ の効果（$\alpha_i$），③因子水準 $i$・反復 $j$ における誤差（$e_{ij}$）で構成されるとみなされ，次式で表される．

$$x_{ij} = \mu + \alpha_i + e_{ij} \tag{10.11}$$

同様に，乱塊法による 2 因子要因実験（8.3.1 参照）からのデータ（$x_{ijk}$）は，①試験区全体の総平均（$\mu$），②因子 1 の水準 $i$ の主効果（$\alpha_i$），③因子 2 の水準 $j$ の主効果（$\beta_j$），④因子 1・水準 $i$ と因子 2・水準 $j$ の交互作用効果（$\gamma_{ij}$），⑤ブロック $k$ の効果（$B_k$），⑥誤差（$e_{ijk}$）より成り立つとみなされ，次式で表される．

$$x_{ijk} = \mu + \alpha_i + \beta_j + \gamma_{ij} + B_k + e_{ijk} \tag{10.12}$$

以上のようなモデルは一般線形モデルと呼ばれ，広く用いられているが，誤差（$e_{ij}$，$e_{ijk}$）が正規分布に従うと仮定しているため，非正規変量には適用できない．また，因子やブロックの効果（$\alpha_i$，$\beta_j$，$\gamma_{ij}$，$B_k$）のそれぞれに定数を仮定しているため，これらの効果は固定的である（固定効果と呼ばれる）．実験によっては，1人1人の被験者，1頭1頭の動物，1枚1枚の圃場の違いのようなランダムな効果（変量効果と呼ばれる）を取り入れたモデルが必要となる．

これらのことから，誤差項が任意の分布に従うようにしたものが一般化線形モデルである．また，一般線形モデルおよび一般化線形モデルに，固定効果に加えて変量効果（ランダム効果）を含めたものが，それぞれ，一般線形混合モデルおよび一般化線形混合モデルである．いずれのモデルにせよ，分散分析（第8章）や重回帰分析（10.3.1）と同様に，因子やブロックの効果が統計的に有意かどうかが重要である．

## 10.5　時系列解析

時間の推移に伴って一定間隔で測定されるデータの系列を時系列データと呼び，このような一連のデータの変動の様相を解析する手法を時系列解析という．適用対象となるデータは，時間軸上のものでなくてもよい．例えば，耕地，草地，森林などに設置された直線に沿って等間隔で測定された生物現存量や土壌養分含量などの空間的に順序付けられたデータでもよく，この場合には空間解析の1つと位置付けられる．解析における第1の関心は周期性の検出（周期の推定）である．自己相関係数，パワースペクトル，セミバリオグラムによる手法などが用いられる．

## 10.6　角度統計（円周統計）

水鳥の飛び立つ方位，ある事象が起こる曜日など，方位（0〜360°），1日の時間（0〜24時），1週間の曜日（月〜日），1年の月（1月〜12月）のようなデータは，周期的な性質（最後の値と最初の値が連続し，一周すると元に戻る）をもつ．このようなデータは角度データと呼ばれ，その特性に応じた統計処理が必要となる．例えば，10°と350°の平均値は$(10+350)/2=180°$ではなく，ベクトルを考慮した0°でなくてはならない．分散や標準偏差についても同様である．度数分布は円周上に描くことができる（図10-4）．相関係数なども通常の統計量（6.1.4，9.2.1）とは異なるものとなる．角度データは角度統計（円周統計）によって統計的に処理できる．

［平田昌彦］

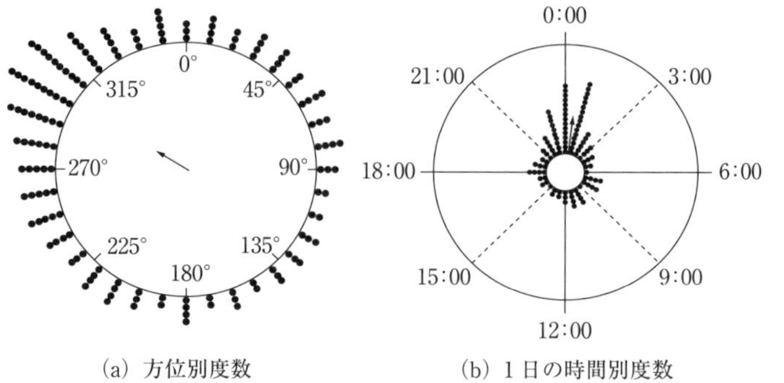


**図 10-4　角度データの度数分布図**

矢印は平均ベクトル．角度データの度数分布図では円周上に度数を描くが，描き方にはこの図に示したもの以外の方法もある．Oriana 4 によるグラフをもとに作成．

## 本章に関する Excel 関数

エクセル（Excel）の関数や計算式は，セルに「=」に続けて入力する．また多くの関数は，関数名(引数1，引数2，…) の形で利用する．以下の説明では最初の「=」を省略している．

☞積和は SUMPRODUCT 関数を用いて求める．データのセル範囲を引数とする．

◆正規分布に関する関数

☞正規分布関数の値は NORMDIST 関数を用いて求める．$z$ 値，平均値，標準偏差および関数形式（TRUE＝累積分布関数の値，FALSE＝確率密度関数の値）を引数とする．付表2の上側確率 $p$ は，1－NORMDIST($z(p)$, 0, 1, TRUE)として計算したものである．標準正規分布（平均値＝0，標準偏差＝1）の場合は NORMSDIST 関数が利用できる．

☞任意の累積確率に対応する $z$ 値は NORMINV 関数を用いて求める．累積確率，平均値および標準偏差を引数とする．上側確率 $p$ に対応する $z(p)$ は，－NORMINV($p$, 平均値, 標準偏差)として計算できる．標準正規分布（平均値＝0，標準偏差＝1）の場合は NORMSINV 関数が利用できる．

◆$\chi^2$ 分布に関する関数

☞任意の上側確率に対応する $\chi^2$ 値は CHIINV 関数を用いて求める．確率と自由度を引数とする．付表4の $\chi^2(f, p)$ は，CHIINV($p, f$)として計算したものである．

☞逆に，$\chi^2$ 分布の上側確率は CHIDIST 関数を用いて求める．$\chi^2$ 値および自由度を引数とする．

## 第11章

# 表の作成

表は数字，文字あるいはこれら両方が行列状に配置されたもので，実験や調査の概要・条件，収集されたデータ（統計処理前の生データ），統計処理されたデータなどを整理して示すのに用いられる．

うち，統計処理されたデータは，表としてだけではなく，グラフ（図）としても示される（第12章を参照）．数値を図形化（アナログ表現）したグラフと比較して，表は，視覚的・直観的に理解しづらいかもしれないが，数値そのものを示すこと（デジタル表現）ができること，グラフとして表現しづらいデータにも対応できることなどの利点を有している．なお，データの図表化に際して，1つの文書中で同じデータをグラフと表の両方の形で示すことは推奨されず，少なくとも科学論文では避けるべきである．グラフあるいは表のいずれを用いるかは「見る人（レポートや論文の読者，講演の聴衆など）に何を伝えたいか」に大きく依存する．他方，実験や調査の概要・条件，収集された生データは一般に表の形で示される．

表作成の要点は以下に列挙されるようである．

- 表の上部に表番号と表題を記す（表11-1 ～ 11-6）．表番号は，文書全体あるいは文書の構成要素（章など）ごとの通し番号とする．例えば，章ごとの通し番号を付ける場合，第1章の最初の表は「表1-1」，第2章の2番目の表は「表2-2」のようにする．本書における図表番号の付け方はこの方法によるものである．
- 表の罫線には，縦，横および斜めの線を使うことができるが，罫線の使用は必要最小限にとどめるようにする（表11-1 ～ 11-5）．例えば，横線は，表の最上線と最下線，上部の列見出しとデータ部分の間，データの比較的大きな区切り部分とする．また，科学論文では一般に，横線のみを用い，縦線や斜め線は用いない（表11-6）．本書に掲載されている表は，本章および付表を除いて，横線のみで作成されている．
- 見出しが複数列に適用される場合には，囲み見出しを用いることができる．囲み見出しの下には，適用されるすべての列見出しが含まれるように横罫線を引く（表 11-4 ～ 11-6）.

- 多くの表は，行列を入れ替えた 2 つの形式で作成できる（表 11-4 と 11-5）．表 11-4 と 11-5 の場合には，表の目的が「牧草種の比較」であることから，「牧草種」が左上見出し（最重要見出し）となる表 11-5 の方が見やすいかもしれない．1 つの文書内に類似した複数の表がある場合（例えば，表 11-4 と 11-5 の草高に加え，草量や化学成分の表がある場合）には，形式を統一するのがよい.
- 表に関する説明は，通常，脚注として表の下部に一括して記載する（表 11-1，11-2，11-4 ～ 11-6）．必要に応じて，アルファベット（上付の a，b，c など）あるいは記号（†，‡，§，¶ など）を用いて，脚注の説明が表中のどの部分に対応するのかを明示する（表 11-1）.
- 表中の数字は必要に応じて小数点揃えをする（表 11-3 ～ 11-6）.

［**平田昌彦**］

表 11-1　例 1：実験植物の栽培条件

| 項目 | 条件 |
| --- | --- |
| 基肥（g N-P-K/ ポット[a)]） | 0.5-0.3-0.3 |
| 明期 / 暗期の長さ（時） | 14/10 |
| 明期 / 暗期の温度（℃） | 25/20[b)] |
| 相対湿度（%） | 70[c)] |
| 光強度（lx） | 30000 |
| 風速（m/ 秒） | 0.5 |

a）面積：500 $cm^2$.　b）精度：±0.5℃以内.　c）精度：±3%以内.

表 11-2　例 2：放牧牛における 1 日の活動時間（分）の季節変化

| 季節 / 活動 | 春 | 夏 | 初秋 | 晩秋 |
| --- | --- | --- | --- | --- |
| 採食 | 549（15） | 440（15） | 624（23） | 545（29） |
| 休息 | 283（18） | 377（31） | 237（20） | 353（46） |
| 反芻 | 438（9） | 491（18） | 431（13） | 449（23） |
| 移動 | 69（4） | 33（5） | 44（9） | 33（3） |
| その他 | 101（5） | 99（5） | 104（9） | 60（3） |

括弧内の数値は標準誤差（$n=5$）を示す.
その他：身繕い，探査，社会行動など.

表 11-3 例 3：乱塊法による実験計画下で栽培された 5 つの牧草種の草高（cm）

| 牧草種 / ブロック | A | B | C | D | E |
|---|---|---|---|---|---|
| 1 | 35.2 | 20.7 | 8.9 | 28.9 | 16.8 |
| 2 | 33.3 | 18.8 | 10.3 | 26.4 | 17.7 |
| 3 | 36.4 | 21.5 | 9.5 | 29.6 | 15.2 |
| 4 | 31.0 | 22.2 | 11.3 | 28.8 | 16.9 |
| 5 | 32.8 | 19.6 | 8.4 | 25.4 | 14.4 |
| 平均値 | 33.7 | 20.6 | 9.7 | 27.8 | 16.2 |
| 標準誤差 | 0.94 | 0.62 | 0.51 | 0.81 | 0.61 |

表 11-4 例 4：乱塊法による実験計画下で栽培された 5 つの牧草種の草高（cm）

| ブロック | 牧草種 | | | | |
|---|---|---|---|---|---|
| | A | B | C | D | E |
| 1 | 35.2 | 20.7 | 8.9 | 28.9 | 16.8 |
| 2 | 33.3 | 18.8 | 10.3 | 26.4 | 17.7 |
| 3 | 36.4 | 21.5 | 9.5 | 29.6 | 15.2 |
| 4 | 31.0 | 22.2 | 11.3 | 28.8 | 16.9 |
| 5 | 32.8 | 19.6 | 8.4 | 25.4 | 14.4 |
| 平均値 | 33.7 | 20.6 | 9.7 | 27.8 | 16.2 |
| 標準誤差 | 0.94 | 0.62 | 0.51 | 0.81 | 0.61 |

表 11-3（例 3）の「牧草種」を囲み見出しとしたもの．

表 11-5 例 5：乱塊法による実験計画下で栽培された 5 つの牧草種の草高（cm）

| 牧草種 | ブロック | | | | | 平均値 | 標準誤差 |
|---|---|---|---|---|---|---|---|
| | 1 | 2 | 3 | 4 | 5 | | |
| A | 35.2 | 33.3 | 36.4 | 31.0 | 32.8 | 33.7 | 0.94 |
| B | 20.7 | 18.8 | 21.5 | 22.2 | 19.6 | 20.6 | 0.62 |
| C | 8.9 | 10.3 | 9.5 | 11.3 | 8.4 | 9.7 | 0.51 |
| D | 28.9 | 26.4 | 29.6 | 28.8 | 25.4 | 27.8 | 0.81 |
| E | 16.8 | 17.7 | 15.2 | 16.9 | 14.4 | 16.2 | 0.61 |

表 11-4（例 4）の行列を入れ替えたもの．

表 11-6　例 6：乱塊法による実験計画下で栽培された 5 つの牧草種の草高（cm）

| 牧草種 | ブロック | | | | | 平均値 | 標準誤差 |
|---|---|---|---|---|---|---|---|
| | 1 | 2 | 3 | 4 | 5 | | |
| A | 35.2 | 33.3 | 36.4 | 31.0 | 32.8 | 33.7 | 0.94 |
| B | 20.7 | 18.8 | 21.5 | 22.2 | 19.6 | 20.6 | 0.62 |
| C | 8.9 | 10.3 | 9.5 | 11.3 | 8.4 | 9.7 | 0.51 |
| D | 28.9 | 26.4 | 29.6 | 28.8 | 25.4 | 27.8 | 0.81 |
| E | 16.8 | 17.7 | 15.2 | 16.9 | 14.4 | 16.2 | 0.61 |

表 11-5（例 5）の罫線を横線のみとしたもの.

# 第12章

# グラフの作成

グラフは数値を図形化（アナログ表現）して示すもので，数値そのものの羅列である表と比較して，視覚的・直観的に理解しやすいという利点を有している．どのようなデータに対してどのようなグラフを用いるかはある程度決まっているが，データによってはグラフ作成者の意図に沿うものを選択できる余地もある．

グラフには図番号と表題を，一般にグラフの下方に記載する．また，必要に応じてグラフに関する説明を続けて記載する．図番号の付け方は表番号（第11章）と同様である．

本章では，生物学や農学の諸分野ならびに関連分野において用いられるグラフについて解説する．度数分布図（ヒストグラム）については3.1.2を参照されたい．

## 12.1 棒グラフ

棒グラフは変数の値の大小を棒の高さあるいは長さとして比較するグラフである．後述の折線グラフが主として時系列変化のような連続的な値の変化を示すために用いられるのに対し，棒グラフは連続的ではない水準（質的因子；例えば，図12-4の「地点」）における値の大小を比較するためにも用いることができる．

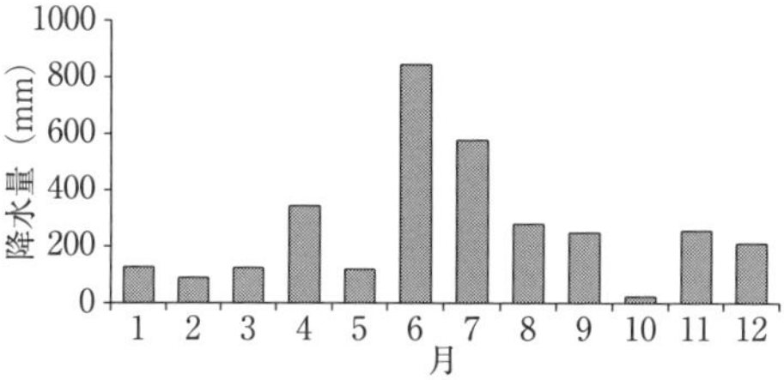


図12-1　宮崎県の月別降水量（2015年）

【例12-1】　表12-1は宮崎県の2015年の月別降水量であり，これらのデータをもとに作成した棒グラフが図12-1である．この図から，月

表12-1　宮崎県の月別降水量（mm）（2015年）

| 1月 | 2月 | 3月 | 4月 | 5月 | 6月 | 7月 | 8月 | 9月 | 10月 | 11月 | 12月 |
|---|---|---|---|---|---|---|---|---|---|---|---|
| 124 | 86 | 121 | 339 | 115 | 840 | 573 | 275 | 245 | 19 | 252 | 207 |

出典：気象庁ホームページ，http://www.data.jma.go.jp/obd/stats/etrn/index.php

別の降水量は1月から6月にかけて増加し，その後減少する傾向で推移するが，5月と10月は前後の月と比べて降水量がかなり少ないことが分かる．

【例12-2】 表12-2は「農地法」改正後に農業に参入した法人数の経年変化であり，これらのデータをもとに作成した棒グラフが図12-2である．このように異なる種類（ここでは3種類の参入法人）のデータを並べて表示することにより，種類間の比較も可能になる．

表12-2 リース方式による農業参入法人数

| 年 | 株式会社 | 特例有限会社 | NPO法人等 |
|---|---|---|---|
| 2010 | 235 | 63 | 66 |
| 2011 | 435 | 108 | 134 |
| 2012 | 671 | 145 | 255 |
| 2013 | 858 | 180 | 354 |

出典：平成25年度食料・農業・農村白書（農林水産省）の情報を加工して作成，
http://www.mafu.go.jp/j/wpaper/w_maff/h25/h25_h/trend/part1/chap2/c2_1_03.html

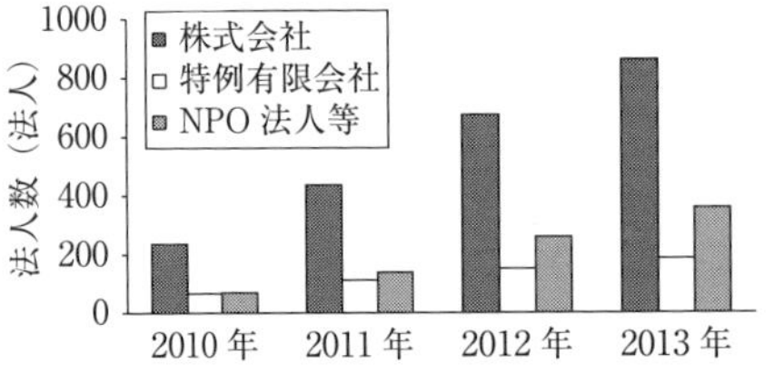


図12-2 リース方式による農業参入法人数（集合棒グラフ）

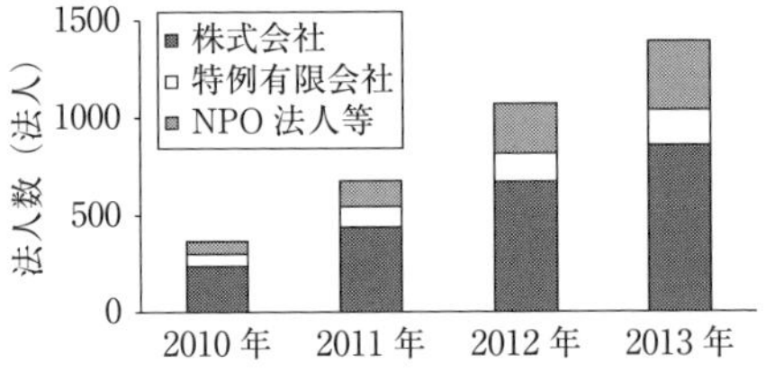


図12-3 リース方式による農業参入法人数（積み上げ棒グラフ）

【例12-3】 図12-3は，表12-2の3種類の参入法人数を積み上げて，合計と内訳を表した棒グラフで，積み上げ棒グラフと呼ばれる．このようにすることで，全種類（ここでは3種類の参入法人）のデータの総計とその内訳を示すことができる．

【例12-4】 表示するデータの値の差異が極端に大きい場合には，図12-4のように波状の帯を用いて縦軸の途中を省略することもある．

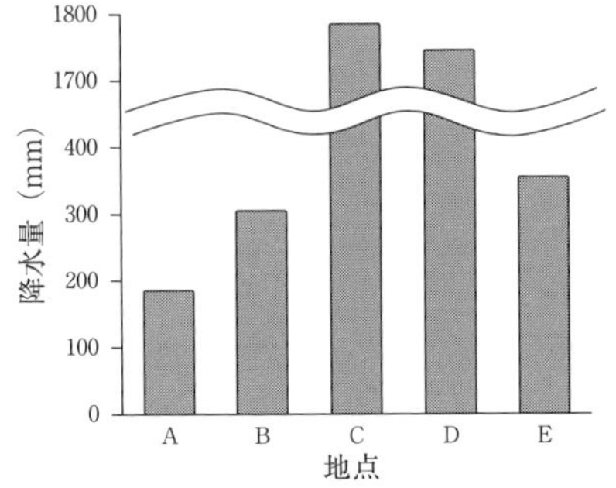


図12-4 値の差異が大きい場合の棒グラフの例

【例 12-5】 表12-3は土壌の有機態炭素含量の深度分布であり，これらのデータをもとに作成した棒グラフが図12-5である．図より，深さが増すにしたがって有機態炭素含量が減少することが分かる．この例のように，深さや高さに伴う測定値の変化を示すときには，深さや高さを縦軸に，測定値を横軸にとり，横棒グラフで表すと直感的に分かりやすい．

表 12-3　土壌の有機態炭素含量の深度分布

| 深さ（cm） | 有機態炭素（mg/cm³） |
|---|---|
| 0-10 | 28.5 |
| 10-20 | 12.7 |
| 20-30 | 9.8 |
| 30-40 | 9.5 |
| 40-50 | 8.7 |

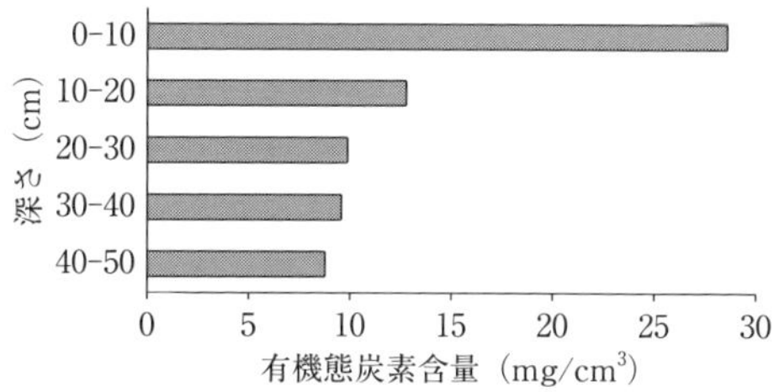


図 12-5　土壌の有機態炭素含量の深度分布
（棒グラフ）

【例 12-6】 表12-4は異なる温度と湿度の組み合わせ条件下における植物の成長である．このようなデータの場合には，3次元化することで，図12-6のように1つのグラフにまとめることができる．

表 12-4　異なる温度と湿度の組み合わせ条件下における植物の成長量（g/ 日）

| 湿度（%） | 温度（℃） | | | | |
|---|---|---|---|---|---|
| | 10 | 15 | 20 | 25 | 30 |
| 30 | 4.6 | 5.2 | 6.4 | 9.6 | 14.5 |
| 40 | 4.6 | 6.4 | 11.7 | 16.5 | 16.6 |
| 50 | 4.6 | 8.3 | 16.0 | 24.2 | 13.8 |

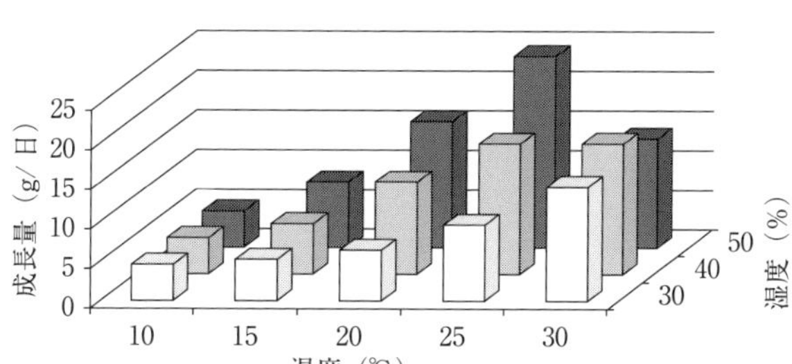


図 12-6　異なる温度と湿度の組み合わせ条件下における植物の成長量

## 12.2 折線グラフ

折線グラフは主に変数の値の時系列変化のような連続的な変化を表すグラフである．隣り合う値が直線で結ばれるため，変化の様相を把握しやすい．

【例 12-7】 表 12-5 は宮崎県の 2015 年の月別平均気温であり，これらのデータをもとに作成した折線グラフが図 12-7 である．図から，月平均気温は 2 月から 8 月にかけて上昇し，その後低下すること，2 月～4 月の上昇と 11 月～12 月の低下の程度が大きいことが分かる．

表 12-5 宮崎県の月別平均気温（℃）（2015 年）

| 1 月 | 2 月 | 3 月 | 4 月 | 5 月 | 6 月 | 7 月 | 8 月 | 9 月 | 10 月 | 11 月 | 12 月 |
|---|---|---|---|---|---|---|---|---|---|---|---|
| 8.3 | 8.0 | 12.1 | 17.9 | 20.6 | 21.8 | 25.7 | 27.2 | 23.7 | 19.0 | 16.9 | 11.4 |

出典：気象庁ホームページ，http://www.data.jma.go.jp/obd/stats/etrn/index.php

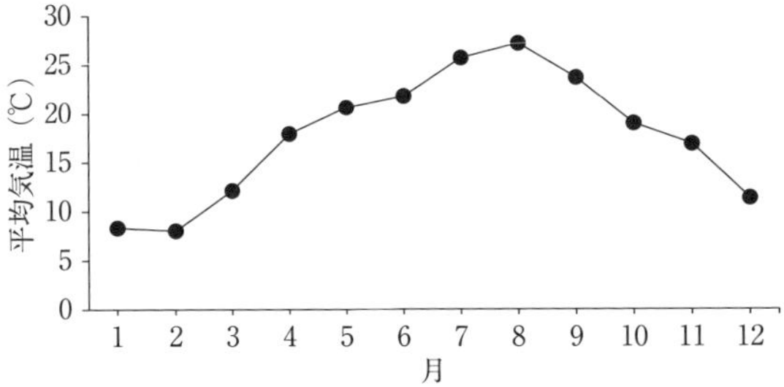


図 12-7 宮崎県の月別平均気温（2015 年）

【例 12-8】 図 12-7 は 1 つの変数（宮崎県の平均気温）のみのグラフであったが，図 12-8 のように，同種の複数の変数（3 つの市の平均気温）を異なる記号（○，△など）や線種（実線，点線など）で表示することで，変数間の比較をすることができる．

【例 12-9】 図 12-9 は，1950 年から 2015 年における世界の男女別人口を積み上げて，合計と内訳を示した折線グラフで，積み上げ折線グラフと呼ばれる．積み上げ棒グラフ（図 12-3）と比較して，折線グラフの長所である連続的変化が把握しやすい．

【例 12-10】 図 12-10 は表 12-3 のデータをもとに作成した縦方向の折線グラフである．縦方向にすることで，深さや高さの変化に伴う測定値の変化を連続した線として示すことができる．

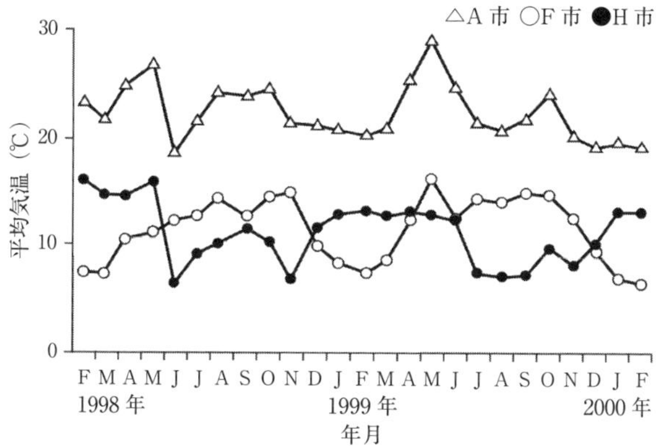


図 12-8　3 つの市の月別平均気温

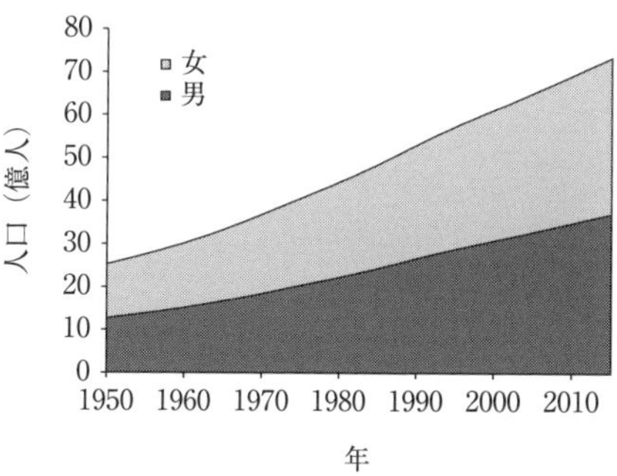


図 12-9　世界の男女別人口の推移
出典：FAOSTAT，http://www.fao.org/faostat

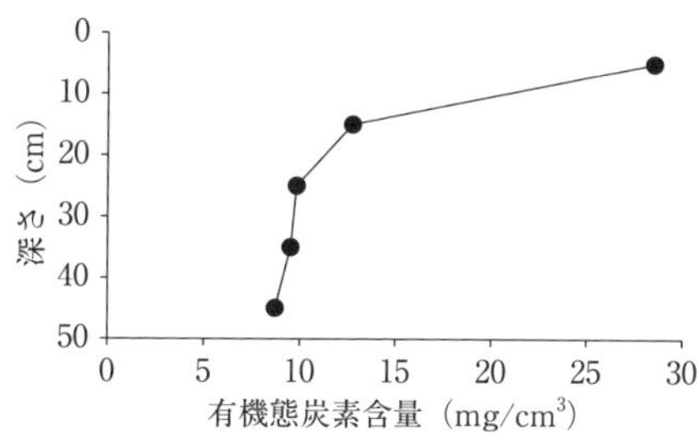


図 12-10　土壌の有機態炭素含量の深度分布（折線グラフ）

## 12.3 箱ひげ図

箱ひげ図は，図 12-11 のように，群内のデータ分布を箱とそこから上下に伸びる T 字状のひげで表し，複数の群を比較するグラフである．第 1 四分位数はデータを値の小さい方から昇順に並べたときのデータ数の 1/4 番目の値（中央値より小さいデータの中央値），第 3 四分位数はデータ数の 3/4 番目の値（中央値より大きいデータの中央値）である．上下のひげの長さが箱の高さ（第 3 四分位数と第 1 四分位数の差）の 1.5 倍を超える場合には，超えた値を外れ値として扱い，最大値や最小値として表さないこともある．

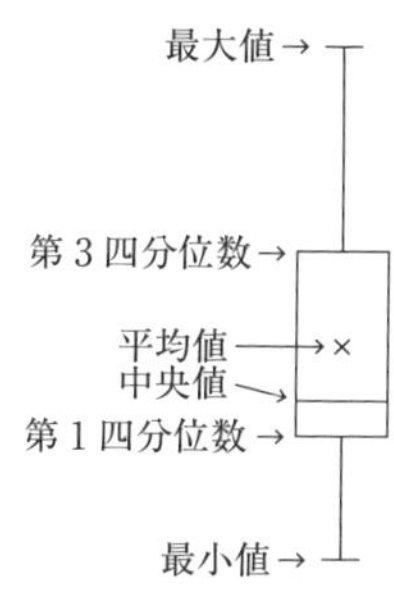


図 12-11　箱ひげ図で表される統計量

【例 12-11】　表 12-6 は，九州・沖縄地方，中国・四国地方，近畿地方および中部地方の各県について，主食用の水陸稲の収穫量（2015 年）をまとめたものであり，これらのデータをもとに作成した箱ひげ図が図 12-12 である（中部地方については，外れ値（図中の・印）を含むグラフを右側に追加）．この図から，中部地

表 12-6　4 つの地方における主食用の水陸稲の収穫量（2015 年）

| 地方 | 県 | 収穫量（1000 t） | 地方 | 県 | 収穫量（1000 t） |
|---|---|---|---|---|---|
| 九州・沖縄 | 福岡 | 172 | 近畿 | 三重 | 136 |
| | 佐賀 | 128 | | 滋賀 | 159 |
| | 長崎 | 60 | | 京都府 | 73 |
| | 熊本 | 172 | | 大阪府 | 27 |
| | 大分 | 104 | | 兵庫 | 179 |
| | 宮崎 | 75 | | 奈良 | 46 |
| | 鹿児島 | 96 | | 和歌山 | 34 |
| | 沖縄 | 2 | 中部 | 新潟 | 540 |
| 中国・四国 | 鳥取 | 64 | | 富山 | 191 |
| | 島根 | 88 | | 石川 | 123 |
| | 岡山 | 150 | | 福井 | 124 |
| | 広島 | 122 | | 山梨 | 27 |
| | 山口 | 101 | | 長野 | 195 |
| | 徳島 | 54 | | 岐阜 | 106 |
| | 香川 | 64 | | 静岡 | 81 |
| | 愛媛 | 71 | | 愛知 | 137 |
| | 高知 | 53 | — | — | — |

出典：政府統計の総合窓口（e-Stat，http://www.e-stat.go.jp/）のデータを加工して作成

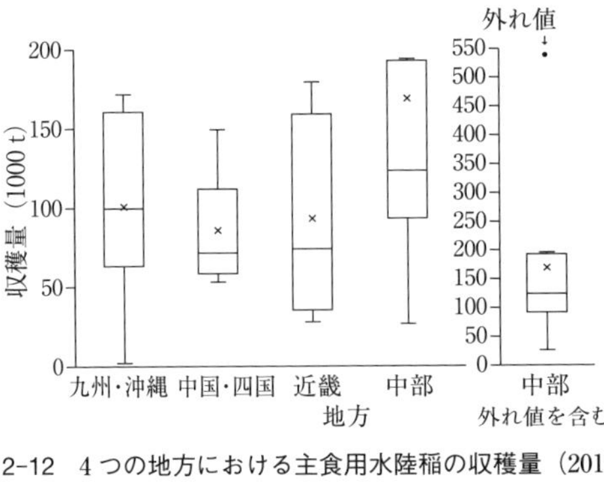


図 12-12　4 つの地方における主食用水陸稲の収穫量（2015 年）

方は外れ値を含め，県による変動が大きいが，全体的には収穫量が最も高い地域と言える．また，中国・四国地方と近畿地方は，収穫量の平均値はほぼ同じであるが，県による変動程度に違いがあることが分かる．

## 12.4 円グラフ

円グラフは全体を構成する複数の要素の割合を表すグラフで，要素間の比較に用いられる．円が全体，円を構成する扇形が要素として表現される．

【例 12-12】 表 12-7 は宮崎県の土地利用であり，これらのデータから作成した円グラフが図 12-13 である．図より，森林の割合が非常に高く，農地の割合が低いことが分かる．図 12-13 をドーナツ型にして，中心円に総数（ここでは総面積）を記載したのが図 12-14 である．

表 12-7　宮崎県の土地利用（2012 年度）

| 項目 | 森林 | 農地 | その他 | 合計（総面積） |
|---|---|---|---|---|
| 面積（$km^2$） | 5899 | 687 | 1150 | 7736 |
| 割合（%） | 76 | 9 | 15 | 100 |

出典：図説 宮崎県の農業 2015（宮崎県農政水産部）

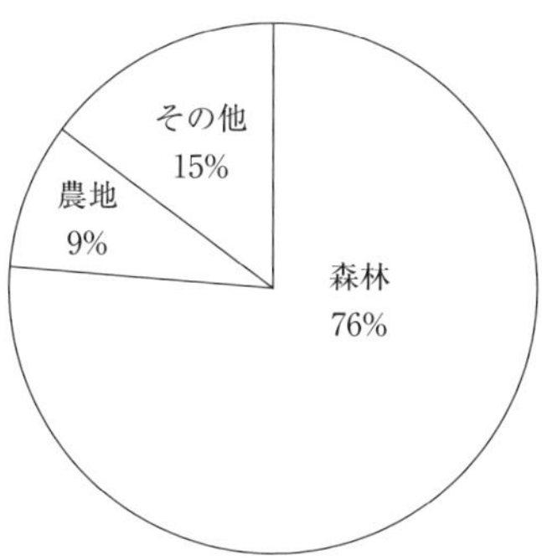


図 12-13　宮崎県の土地利用（2012 年度）
（基本の円グラフ）

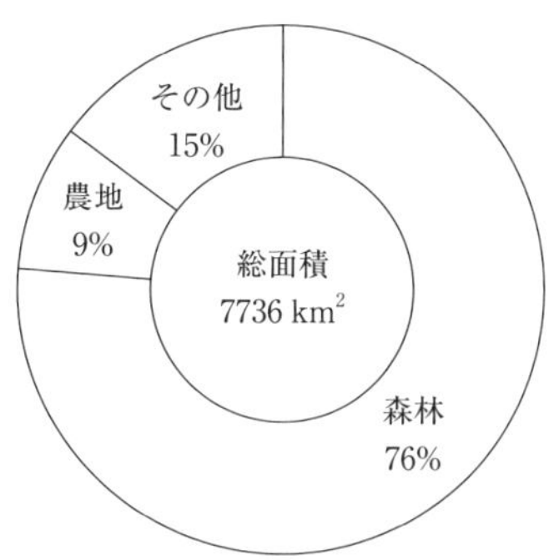


図 12-14　宮崎県の土地利用（2012 年度）
（ドーナツ型円グラフ）

## 12.5 帯グラフ

帯（おび）グラフは，円グラフと同様に全体を構成する複数の要素の割合を表すグラフであるが，何かしらの因子（例えば，時間，地域など）による個々の要素の割合の変化や差異を比較するために用いられる．帯全体を 100%とし，構成要素の値の大きさの割合で帯を分割し，色やパターンで区別する．

【例 12-13】　表 12-8 は平成 12 年から平成 27 年における日本の農家に占める専業農家，第 1 種兼業農家，第 2 種兼業農家の割合を 5 年ごとに示したものであり，これらのデータをもとに作成した帯グラフが図 12-15 である（時系列は縦軸）．また，図 12-16 は時系列を横軸にして作成したものである．これらの図から，第 1 種兼業農家の割合はほとんど変化がなく，専業農家の割合の増加にともなって第 2 種兼業農家の割合が減少していることが分かる．

表 12-8　日本の専兼業別農家の割合（%）の変化

| 種類 | 平成 12 年 | 平成 17 年 | 平成 22 年 | 平成 27 年 |
|---|---|---|---|---|
| 専業農家 | 18 | 22 | 27 | 33 |
| 第 1 種兼業農家 | 15 | 16 | 14 | 13 |
| 第 2 種兼業農家 | 67 | 62 | 59 | 54 |
| 合計 | 100 | 100 | 100 | 100 |

出典：農林水産省ホームページ，http://www.maff.go.jp/j/tokei/sihyo/data/07.html

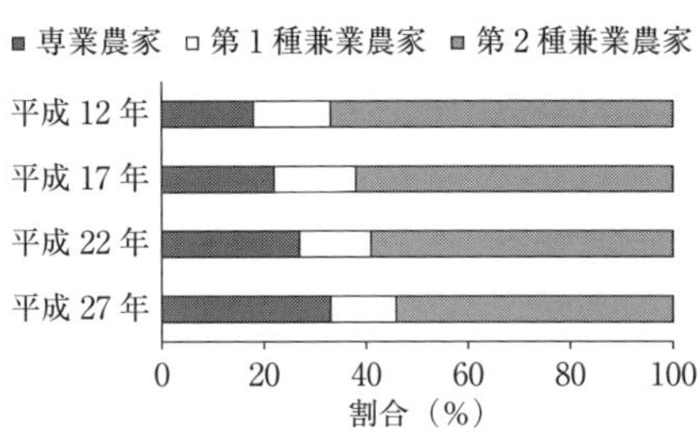


図 12-15　日本の専兼業別農家の割合の変化（時系列を縦軸としたもの）

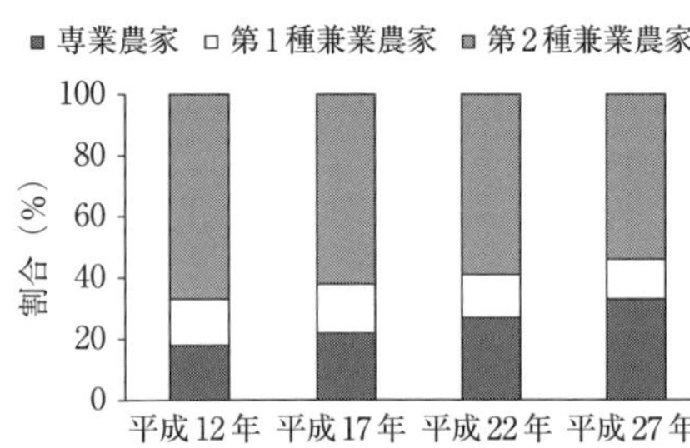


図 12-16　日本の専兼業別農家の割合の変化（時系列を横軸としたもの）

## 12.6 散　布　図

散布図は 2 つの変数の関係を表すグラフである．一方の変数を縦軸に，他方を横軸にとり，対になったデータの値を○，●，△，▲などの記号でプロットして作成する．

【例 12-14】　表 12-9 は 1958 年と 2012 年の水稲の作付面積と収穫量であり，図 12-17 が 1958 年のデータ，図 12-18 が 1958 年と 2012 年のデータから作成した散布図である．図 12-17 から，収穫量は基本的に作付面積の増加とともに増加するが，単位面積当たりの収量（収穫量 / 作付面積；各プロットと原点を結ぶ直線の

表 12-9　水稲の作付面積と収穫量

| 地方 | 1958 年 | | 2012 年 | |
|---|---|---|---|---|
| | 作付面積（1000 ha） | 収穫量（1000 t） | 作付面積（1000 ha） | 収穫量（1000 t） |
| 北海道 | 186 | 716 | 112 | 641 |
| 東北 | 575 | 2312 | 397 | 2288 |
| 北陸 | 363 | 1462 | 209 | 1141 |
| 関東・東山 | 514 | 1835 | 296 | 1603 |
| 東海 | 281 | 951 | 102 | 517 |
| 近畿 | 290 | 1085 | 109 | 561 |
| 中国・四国 | 449 | 1670 | 171 | 870 |
| 九州・沖縄 | 422 | 1658 | 184 | 868 |

出典：政府統計の総合窓口（e-Stat，http://www.e-stat.go.jp/）のデータを加工して作成）

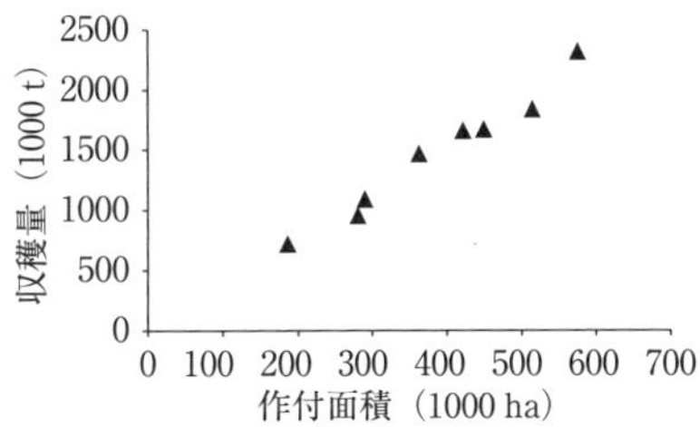


図 12-17　水稲の作付面積と収穫量（1958 年）

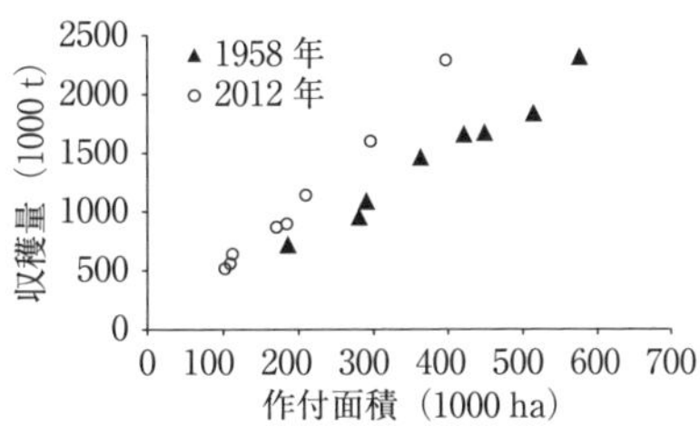


図 12-18　水稲の作付面積と収穫量（1958 年と 2012 年）

傾き）は地方によって若干異なることが読み取れる．さらに，図 12-18 で 2012 年を 1958 年と比較すると，単位面積当たりの収量が全体的に増加し，かつ地方間差がほとんどなくなっていることが分かる．また，作付面積が全体的に低下していることも分かる．

## 12.7　複合グラフ

複合グラフは，2 つ以上の変数を左縦軸と右縦軸に分けてとることにより，1 つにまとめたグラフである．縦棒グラフと折線グラフや 2 つ以上の折線グラフの組み合わせで描かれることが多い．

【例 12-15】　表 12-10 は宮崎県の 2015 年の月別の平均気温と降水量であり，これらのデータをもとに平均気温を左縦軸にとって折線グラフで，降水量を右縦軸にとって棒グラフで描いた複合グラフが図 12-19 である．図より，平均気温と降水量のピークに約2ヶ月の差があることが分かる．また，6月と7月は気温が高く降水量も多いが，8月と9月は気温は高いが降水量は少ないことが分かる．

表 12-10　宮崎県の月別の平均気温と降水量（2015 年）

| 変数 | 月 | | | | | | | | | | | |
|---|---|---|---|---|---|---|---|---|---|---|---|---|
| | 1 | 2 | 3 | 4 | 5 | 6 | 7 | 8 | 9 | 10 | 11 | 12 |
| 平均気温（℃） | 8.3 | 8.0 | 12.1 | 17.9 | 20.6 | 21.8 | 25.7 | 27.2 | 23.7 | 19.0 | 16.9 | 11.4 |
| 降水量（mm） | 124 | 86 | 121 | 339 | 115 | 840 | 573 | 275 | 245 | 19 | 252 | 207 |

出典：気象庁ホームページ，http://www.data.jma.go.jp/obd/stats/etrn/index.php

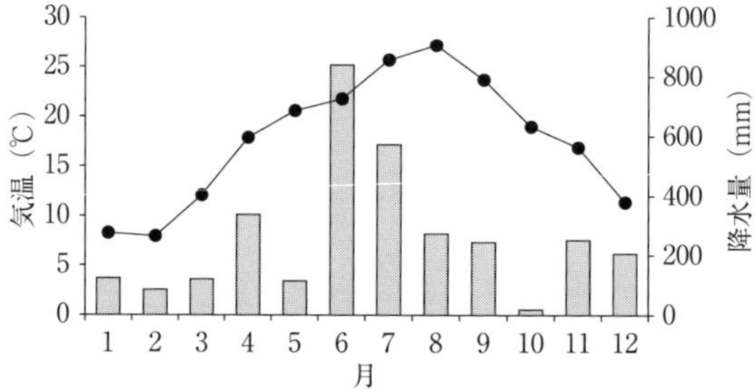


図 12-19　宮崎県の月別の平均気温と降水量（2015 年）
（折線グラフと縦棒グラフの複合）

【例 12-16】　図 12-20 は，表 12-10 の月別の平均気温と降水量を折線グラフで描いた複合グラフである．

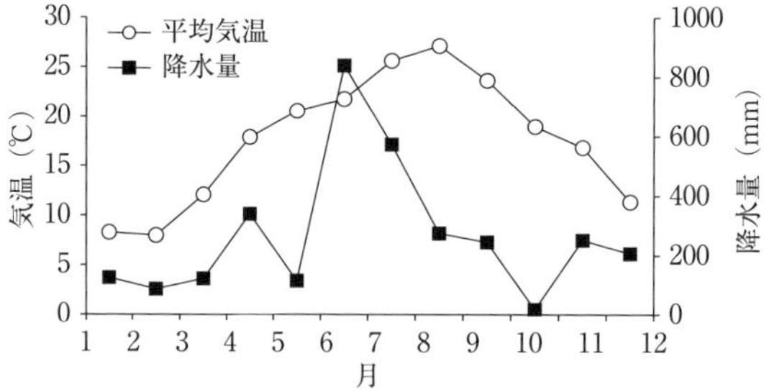


図 12-20　宮崎県の月別の平均気温と降水量（2015 年）
（折線グラフの複合）

【例 12-17】　図 12-21 は，表 12-10 の月別の平均気温と降水量を横棒グラフで表した複合グラフである．

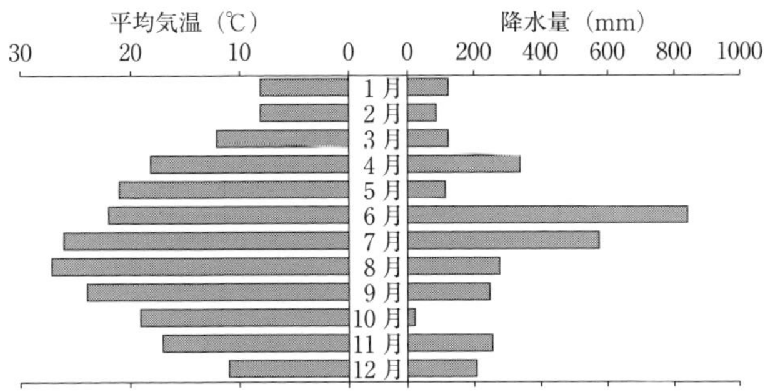


図 12-21　宮崎県の月別の平均気温と降水量（2015 年）
（横棒グラフの複合）

【例 12-18】　図 12-22 は，表 12-11 の「農地法」改正後の各法人の農業参入数とその合計の経年変化を比較するために，変数の単位は同じであるが，各法人数を棒グラフに，合計数を折線グラフにして表した複合グラフである．

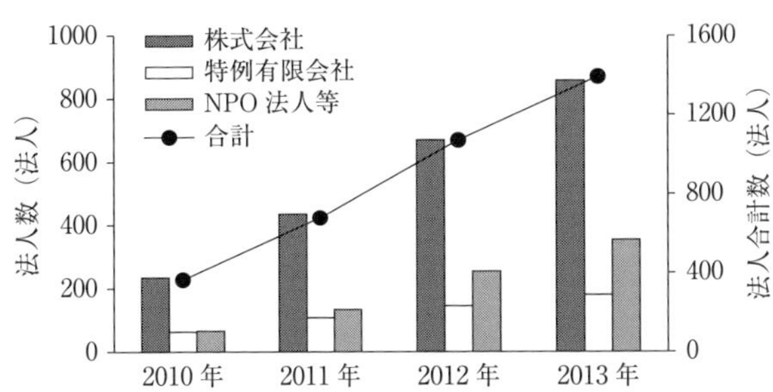


図 12-22　リース方式による農業参入法人数
（縦棒グラフと折線グラフの複合）

表 12-11　リース方式による農業参入法人数（表 12-2 に合計を追加したもの）

| 年 | 株式会社 | 特例有限会社 | NPO 法人等 | 合計 |
|---|---|---|---|---|
| 2010 | 235 | 63 | 66 | 364 |
| 2011 | 435 | 108 | 134 | 677 |
| 2012 | 671 | 145 | 255 | 1071 |
| 2013 | 858 | 180 | 354 | 1392 |

## 12.8　レーダーチャート

レーダーチャートは，複数の対象が有する複数の属性をまとめて表示し，比較することができるグラフである．エクセルなどのソフトウェアではこの名前が使われることが多いが，風配図，極グラフ，円形線グラフ，蜘蛛の巣チャートとも呼ばれる．

【例 12-19】　表 12-12 はトマト 5 品種（A ～ E）に含まれる糖と有機酸を 5 つの成分の含有量として測定した結果であり，これらのデータをもとに作成したレーダーチャートが図 12-23 である．このように，レーダーチャートは属性の数だけ放射状に軸を作成し，各軸においては，中心から外側に向かって値が大きくなる（あるいは良い評価スコアになる）ようにする．軸の最小値と最大値はデータの最小値と最大値をカバーし，比較対象間の差異が強調されるように設定する．このため，図 12-23 においては，各品種において軸上の点を結んだ多角形が正五

表 12-12　トマト 5 品種（A ～ E）における糖と有機酸の含有量（mg/g FW）

| 品種 | 糖 | | | 有機酸 | |
|---|---|---|---|---|---|
| | スクロース | グルコース | フルクトース | クエン酸 | リンゴ酸 |
| A | 0.57 | 13.64 | 15.19 | 2.68 | 0.29 |
| B | 0.68 | 13.19 | 15.61 | 3.51 | 0.35 |
| C | 1.27 | 18.72 | 20.00 | 4.15 | 0.85 |
| D | 0.49 | 12.69 | 14.41 | 4.54 | 0.34 |
| E | 0.32 | 8.49 | 11.53 | 2.75 | 0.81 |

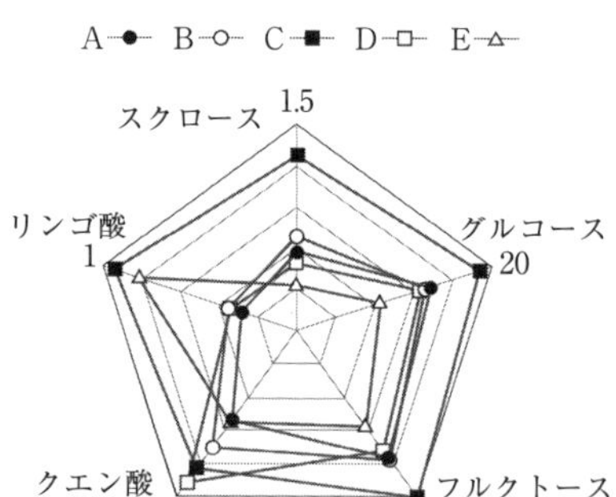


図 12-23　トマト 5 品種（A ～ E）における糖と有機酸の含有量（mg/g FW）

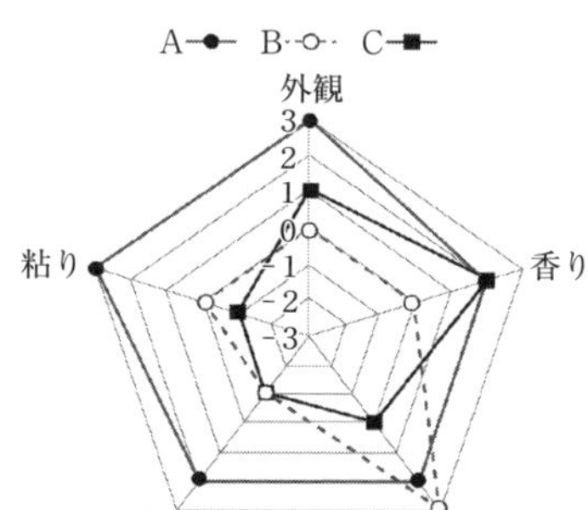


図 12-24　米の食味試験結果

角形に近いと成分のバランスがとれており，頂点が外側に近いほど含有量が高いことを示す．図より，5つの品種の中で，品種Cは含有成分のバランスと含有量の双方で優れていることが分かる．

【例12-20】　図12-24は，表12-13に示した米の食味試験の結果を表したレーダーチャートである．試験では，3種類の米を5つの項目で評価し，それぞれの項目の評価値は「基準とした米と同じ」を「0」，それより良い度合い（+），不良の度合い（−）をそれぞれ3段階に区分し，−3〜+3として決定される．図より，5項目を総合して，Aの米が優れていることが分かる．

表12-13　米の食味試験結果

| 米 | 外観 | 香り | 味 | 硬さ | 粘り |
|---|---|---|---|---|---|
| A | 3 | 2 | 2 | 2 | 3 |
| B | 0 | 0 | 3 | −1 | 0 |
| C | 1 | 2 | 0 | −1 | −1 |

表12-14　2種類の芝草（A，B）におけるほふく茎の方位別伸長（cm）

| 芝草 | N | NE | E | SE | S | SW | W | NW |
|---|---|---|---|---|---|---|---|---|
| A | 4.9 | 1.6 | 4.2 | 2.5 | 4.3 | 1.9 | 1.6 | 0.7 |
| B | 2.8 | 3.5 | 3.1 | 2.2 | 3.0 | 2.6 | 2.9 | 2.8 |

【例12-21】　表12-14は2種類の芝草（A，B）におけるほふく茎の伸長を方位別に測定した結果であり，これらのデータをもとに作成したレーダーチャートが図12-25である．図より，Aは南北と東方向に大きく伸長しているのに対し，Bはほぼすべての方位に伸長していることが分かる．

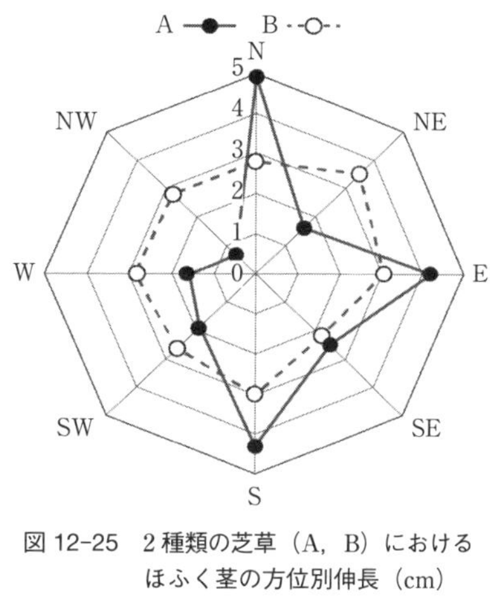


図12-25　2種類の芝草（A，B）における
ほふく茎の方位別伸長（cm）

## 12.9　地図グラフ

地図グラフは，変数のデータに地理情報を加えて視覚的に表現し，全体的な傾向を俯瞰・観察するために用いられるグラフである．統計地図とも呼ばれる．

【例 12-22】 表 12-15 は宮崎県綾町の 29 地区の農地（田，樹園地，畑）面積であり，これらのデータに地理情報を加えて作成した地図グラフが図 12-26 である．各地区の農地（田，樹園地，畑）の面積が 3 本の棒グラフで示されている．図より，多くの地区では田の面積が大きいが，畑の面積が大きい地区が町の西半分の周辺部に所在していることが分かる．このように地図グラフでは，データを棒，線，円などの分かりやすい図形やイラスト（例えば，漁獲量の値を魚のイラスト

表 12-15　綾町 29 地区の農地（田，樹園地，畑）面積（ha）

| 地区 | 田 | 樹園地 | 畑 | 地区 | 田 | 樹園地 | 畑 | 地区 | 田 | 樹園地 | 畑 |
|---|---|---|---|---|---|---|---|---|---|---|---|
| 竹野 | 4 | 1 | 6 | 二反野 | 0 | 8 | 53 | 麓 | 15 | 0 | 10 |
| 小田爪 | 4 | 1 | 1 | 上畑 | 20 | 5 | 8 | 北麓 | 18 | 0 | 1 |
| 久木野々 | 2 | 0 | 10 | 四枝 | 28 | 1 | 3 | 杢道 | 12 | 4 | 8 |
| 西宮原 | 31 | 1 | 8 | 中堂 | 27 | 1 | 22 | 割付 | 0 | 19 | 41 |
| 東宮原 | 19 | 1 | 11 | 揚町 | 19 | 1 | 11 | 尾立 | 1 | 10 | 56 |
| 崎の田 | 6 | 1 | 3 | 立町 | 3 | 0 | 1 | 川中 | 0 | 0 | 0 |
| 元町 | 37 | 0 | 0 | 南麓 | 1 | 0 | 0 | 倉輪 | 1 | 10 | 20 |
| 大平山 | 12 | 7 | 18 | 西中坪 | 4 | 0 | 1 | 釜牟田 | 1 | 0 | 3 |
| 古屋 | 30 | 2 | 8 | 東中坪 | 2 | 0 | 1 | 広沢 | 2 | 0 | 9 |
| 宮谷 | 19 | 1 | 10 | 神下 | 20 | 0 | 3 | — | — | — | — |

出典：2005 年農林業センサス農山村地域調査（農林水産省）

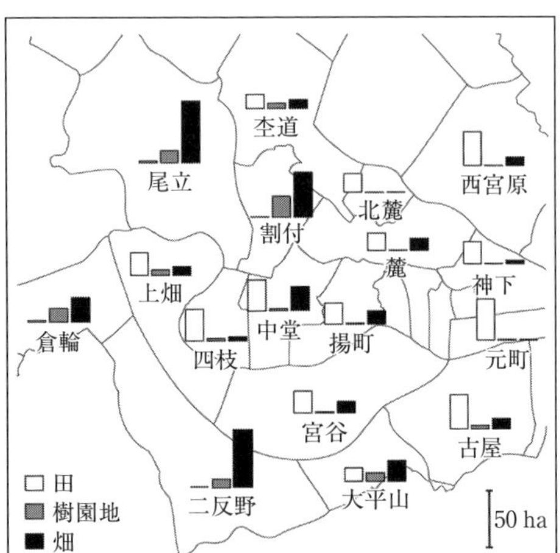


図 12-26　綾町 29 地区の農地（田，樹園地，畑）面積
境界線データは国土数値情報行政区域データ（国土交通省）より作成（宮崎大学農学部 光田靖氏提供）．

の数やサイズで表したもの）で表し，これらを地理情報に従って地図上に配置して作成する．この場合，用いる地図は必ずしも地理的に正確である必要はなく，簡略化したものであっても，見る人にデータの地理的な変化や偏りなどの特徴を正しく伝えられればよい．

## 12.10　三角グラフ

三角グラフは，全体を構成する3つの要素の割合を正三角形内の1つの座標点とすることで，構成割合の変化を点の軌跡として表すグラフである．このグラフは，構成する要素が3つの場合にしか用いることができないが，構成割合の変化を1つのグラフで表すことができる点で，円グラフよりも優れている．

【例12-23】　表12-8に示されたデータから三角グラフを作成する．まず，表中の3つの変数を正三角形の3辺に割り当て，左廻りに0～100%の目盛を設定する（目盛は右回りに設定しても良い）．次に，3つの変数の値，例えば，平成12年のデータの場合，専業農家18%，第1種兼業農家15%，第2種兼業農家67%を各辺にとり，これら3つの値がグラフ内側で交わる位置（図12-27）を○，●，△，▲などの記号でプロットする．このように作成した三角グラフが図12-28である．この図では，平成12年～27年における専兼業別農家の割合の変化が点の軌跡で示され，この軌跡から，第1種兼業農家の割合はほとんど変化がなく，第2種兼業農家の割合が減少する中で専業農家の割合が増加している様子を読み取ることができる．

［宇田津徹朗］

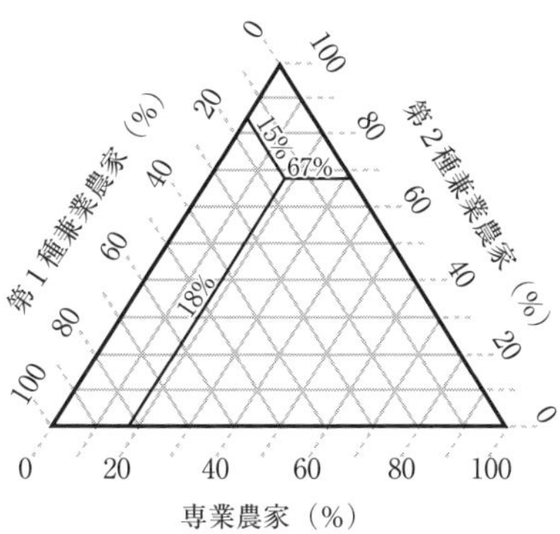

図12-27　三角グラフの描き方（平成12年のデータのプロット）

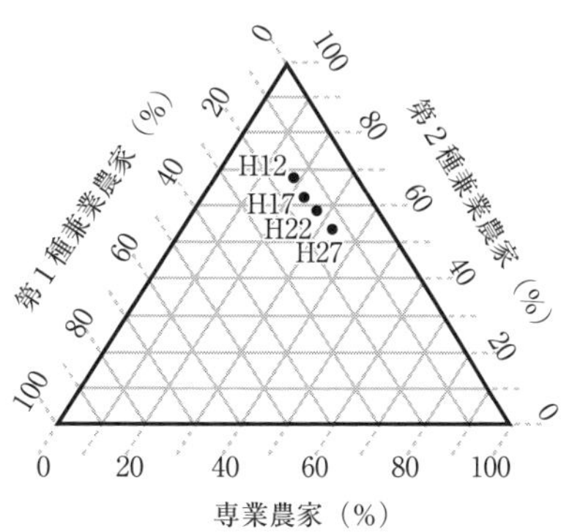

図12-28　日本の専兼業別農家の割合の変化（三角グラフ）

## 付表 1　一様乱数表

0～9 の数字がランダムに出現する．あらかじめ決めた開始位置と方向に従って，数字を 1 つずつ読むと 0～9 の数字が，2 つずつ読むと 00～99 の数字が得られる．得られた数字から必要な数字を選ぶ．例えば，0～5 の数字が必要な場合には，数字を 1 つずつ読み，6～9 と重複を捨てる．0～15 の数字が必要な場合には，数字を 2 つずつ読み，96～99 と重複を捨て，16 で割った余りを採用する．

| | 00-04 | 05-09 | 10-14 | 15-19 | 20-24 | 25-29 | 30-34 | 35-39 | 40-44 | 45-49 |
|---|---|---|---|---|---|---|---|---|---|---|
| 00 | 54463 | 22662 | 65905 | 70639 | 79365 | 67382 | 29085 | 69831 | 47058 | 08186 |
| 01 | 15389 | 85205 | 18850 | 39226 | 42249 | 90669 | 96325 | 23248 | 60933 | 26927 |
| 02 | 85941 | 40756 | 82414 | 02015 | 13858 | 78030 | 16269 | 65978 | 01385 | 15345 |
| 03 | 61149 | 69440 | 11286 | 88218 | 58925 | 03638 | 52862 | 62733 | 33451 | 77455 |
| 04 | 05219 | 81619 | 10651 | 67079 | 92511 | 59888 | 84502 | 72095 | 83463 | 75577 |
| 05 | 41417 | 98326 | 87719 | 92294 | 46614 | 50948 | 64886 | 20002 | 97365 | 30976 |
| 06 | 28357 | 94070 | 20652 | 35774 | 16249 | 75019 | 21145 | 05217 | 47286 | 76305 |
| 07 | 17783 | 00015 | 10806 | 83091 | 91530 | 36466 | 39981 | 62481 | 49177 | 75779 |
| 08 | 40950 | 84820 | 29881 | 85966 | 62800 | 70326 | 84740 | 62660 | 77379 | 90279 |
| 09 | 82995 | 64157 | 66164 | 41180 | 10089 | 41757 | 78258 | 96488 | 88629 | 37231 |
| 10 | 96754 | 17676 | 55659 | 44105 | 47361 | 34833 | 86679 | 23930 | 53249 | 27083 |
| 11 | 34357 | 88040 | 53364 | 71726 | 45690 | 66334 | 60332 | 22554 | 90600 | 71113 |
| 12 | 06318 | 37403 | 49927 | 57715 | 50423 | 67372 | 63116 | 48888 | 21505 | 80182 |
| 13 | 62111 | 52820 | 07243 | 79931 | 89292 | 84767 | 85693 | 73947 | 22278 | 11551 |
| 14 | 47534 | 09243 | 67879 | 00544 | 23410 | 12740 | 02540 | 54440 | 32949 | 13491 |
| 15 | 98614 | 75993 | 84460 | 62846 | 59844 | 14922 | 48730 | 73443 | 48176 | 34770 |
| 16 | 24856 | 03648 | 44898 | 09351 | 98795 | 18644 | 39765 | 71058 | 90368 | 44104 |
| 17 | 96887 | 12479 | 80621 | 66223 | 86085 | 78285 | 02432 | 53342 | 42846 | 94771 |
| 18 | 90801 | 21472 | 42815 | 77408 | 37390 | 76766 | 52615 | 32141 | 30268 | 18106 |
| 19 | 55165 | 77312 | 83666 | 36028 | 28420 | 70219 | 81369 | 41943 | 47366 | 41067 |
| 20 | 75884 | 12952 | 84318 | 95108 | 72305 | 64620 | 91318 | 89872 | 45375 | 85436 |
| 21 | 16777 | 37116 | 58550 | 42958 | 21460 | 43910 | 01175 | 87894 | 81378 | 10620 |
| 22 | 46230 | 43877 | 80207 | 88877 | 89380 | 32992 | 91380 | 03164 | 98656 | 59337 |
| 23 | 42902 | 66892 | 46134 | 01432 | 94710 | 23474 | 20423 | 60137 | 66609 | 13119 |
| 24 | 81007 | 00333 | 39693 | 28039 | 10154 | 95425 | 39220 | 19774 | 31782 | 49037 |
| 25 | 68089 | 01122 | 51111 | 72373 | 06902 | 74373 | 96199 | 97017 | 41273 | 21546 |
| 26 | 20411 | 67081 | 89950 | 16944 | 93054 | 87687 | 96693 | 87236 | 77054 | 33848 |
| 27 | 58212 | 13160 | 06468 | 15718 | 82627 | 76999 | 05999 | 58680 | 96739 | 63700 |
| 28 | 70577 | 42866 | 24969 | 61210 | 76046 | 67699 | 42054 | 12696 | 93758 | 03283 |
| 29 | 94522 | 74358 | 71659 | 62038 | 79643 | 79169 | 44741 | 05437 | 39038 | 13163 |
| 30 | 42626 | 86819 | 85651 | 88678 | 17401 | 03252 | 99547 | 32404 | 17918 | 62880 |
| 31 | 16051 | 33763 | 57194 | 16752 | 54450 | 19031 | 58580 | 47629 | 54132 | 60631 |
| 32 | 08244 | 27647 | 33851 | 44705 | 94211 | 46716 | 11738 | 55784 | 95374 | 72655 |
| 33 | 59497 | 04392 | 09419 | 89964 | 51211 | 04894 | 72882 | 17805 | 21896 | 83864 |
| 34 | 97155 | 13428 | 40293 | 09985 | 58434 | 01412 | 69124 | 82171 | 59058 | 82859 |
| 35 | 98409 | 66162 | 95763 | 47420 | 20792 | 61527 | 20441 | 39435 | 11859 | 41567 |
| 36 | 45476 | 84882 | 65109 | 96597 | 25930 | 66790 | 65706 | 61203 | 53634 | 22557 |
| 37 | 89300 | 69700 | 50741 | 30329 | 11658 | 23166 | 05400 | 66669 | 48708 | 03887 |
| 38 | 50051 | 95137 | 91631 | 66315 | 91428 | 12275 | 24816 | 68091 | 71710 | 33258 |
| 39 | 31753 | 85178 | 31310 | 89642 | 98364 | 02306 | 24617 | 09609 | 83942 | 22716 |
| 40 | 79152 | 53829 | 77250 | 20190 | 56535 | 18760 | 69942 | 77448 | 33278 | 48805 |
| 41 | 44560 | 38750 | 83635 | 56540 | 64900 | 42912 | 13953 | 79149 | 18710 | 68618 |
| 42 | 68328 | 83378 | 63369 | 71381 | 39564 | 05615 | 42451 | 64559 | 97501 | 65747 |
| 43 | 46939 | 38689 | 58625 | 08342 | 30459 | 85863 | 20781 | 09284 | 26333 | 91777 |
| 44 | 83544 | 86141 | 15707 | 96256 | 23068 | 13782 | 08467 | 89469 | 93842 | 55349 |
| 45 | 91621 | 00881 | 04900 | 54224 | 46177 | 55309 | 17852 | 27491 | 89415 | 23466 |
| 46 | 91896 | 67126 | 04151 | 03795 | 59077 | 11848 | 12630 | 98375 | 52068 | 60142 |
| 47 | 55751 | 62515 | 21108 | 80830 | 02263 | 29303 | 37204 | 96926 | 30506 | 09808 |
| 48 | 85156 | 87689 | 95493 | 88842 | 00664 | 55017 | 55539 | 17771 | 69448 | 87530 |
| 49 | 07521 | 56898 | 12236 | 60277 | 39102 | 62315 | 12239 | 07105 | 11844 | 01117 |

## 付表 2　標準正規分布表

$z(p)$ の値 0.00 〜 3.49（第 1 列に示される値（1 の位と小数第 1 位）と第 1 行に示される値（小数第 2 位）を組み合わせたもの）に対応する上側確率 $p$ を与える.

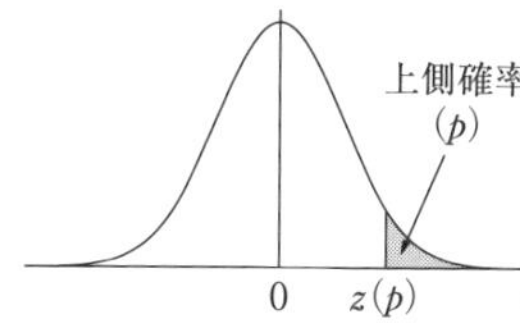


| $z(p)$ | 0.00 | 0.01 | 0.02 | 0.03 | 0.04 | 0.05 | 0.06 | 0.07 | 0.08 | 0.09 |
|---|---|---|---|---|---|---|---|---|---|---|
| 0.0 | 0.50000 | 0.49601 | 0.49202 | 0.48803 | 0.48405 | 0.48006 | 0.47608 | 0.47210 | 0.46812 | 0.46414 |
| 0.1 | 0.46017 | 0.45620 | 0.45224 | 0.44828 | 0.44433 | 0.44038 | 0.43644 | 0.43251 | 0.42858 | 0.42465 |
| 0.2 | 0.42074 | 0.41683 | 0.41294 | 0.40905 | 0.40517 | 0.40129 | 0.39743 | 0.39358 | 0.38974 | 0.38591 |
| 0.3 | 0.38209 | 0.37828 | 0.37448 | 0.37070 | 0.36693 | 0.36317 | 0.35942 | 0.35569 | 0.35197 | 0.34827 |
| 0.4 | 0.34458 | 0.34090 | 0.33724 | 0.33360 | 0.32997 | 0.32636 | 0.32276 | 0.31918 | 0.31561 | 0.31207 |
| 0.5 | 0.30854 | 0.30503 | 0.30153 | 0.29806 | 0.29460 | 0.29116 | 0.28774 | 0.28434 | 0.28096 | 0.27760 |
| 0.6 | 0.27425 | 0.27093 | 0.26763 | 0.26435 | 0.26109 | 0.25785 | 0.25463 | 0.25143 | 0.24825 | 0.24510 |
| 0.7 | 0.24196 | 0.23885 | 0.23576 | 0.23270 | 0.22965 | 0.22663 | 0.22363 | 0.22065 | 0.21770 | 0.21476 |
| 0.8 | 0.21186 | 0.20897 | 0.20611 | 0.20327 | 0.20045 | 0.19766 | 0.19489 | 0.19215 | 0.18943 | 0.18673 |
| 0.9 | 0.18406 | 0.18141 | 0.17879 | 0.17619 | 0.17361 | 0.17106 | 0.16853 | 0.16602 | 0.16354 | 0.16109 |
| 1.0 | 0.15866 | 0.15625 | 0.15386 | 0.15151 | 0.14917 | 0.14686 | 0.14457 | 0.14231 | 0.14007 | 0.13786 |
| 1.1 | 0.13567 | 0.13350 | 0.13136 | 0.12924 | 0.12714 | 0.12507 | 0.12302 | 0.12100 | 0.11900 | 0.11702 |
| 1.2 | 0.11507 | 0.11314 | 0.11123 | 0.10935 | 0.10749 | 0.10565 | 0.10383 | 0.10204 | 0.10027 | 0.09853 |
| 1.3 | 0.09680 | 0.09510 | 0.09342 | 0.09176 | 0.09012 | 0.08851 | 0.08691 | 0.08534 | 0.08379 | 0.08226 |
| 1.4 | 0.08076 | 0.07927 | 0.07780 | 0.07636 | 0.07493 | 0.07353 | 0.07215 | 0.07078 | 0.06944 | 0.06811 |
| 1.5 | 0.06681 | 0.06552 | 0.06426 | 0.06301 | 0.06178 | 0.06057 | 0.05938 | 0.05821 | 0.05705 | 0.05592 |
| 1.6 | 0.05480 | 0.05370 | 0.05262 | 0.05155 | 0.05050 | 0.04947 | 0.04846 | 0.04746 | 0.04648 | 0.04551 |
| 1.7 | 0.04457 | 0.04363 | 0.04272 | 0.04182 | 0.04093 | 0.04006 | 0.03920 | 0.03836 | 0.03754 | 0.03673 |
| 1.8 | 0.03593 | 0.03515 | 0.03438 | 0.03362 | 0.03288 | 0.03216 | 0.03144 | 0.03074 | 0.03005 | 0.02938 |
| 1.9 | 0.02872 | 0.02807 | 0.02743 | 0.02680 | 0.02619 | 0.02559 | 0.02500 | 0.02442 | 0.02385 | 0.02330 |
| 2.0 | 0.02275 | 0.02222 | 0.02169 | 0.02118 | 0.02068 | 0.02018 | 0.01970 | 0.01923 | 0.01876 | 0.01831 |
| 2.1 | 0.01786 | 0.01743 | 0.01700 | 0.01659 | 0.01618 | 0.01578 | 0.01539 | 0.01500 | 0.01463 | 0.01426 |
| 2.2 | 0.01390 | 0.01355 | 0.01321 | 0.01287 | 0.01255 | 0.01222 | 0.01191 | 0.01160 | 0.01130 | 0.01101 |
| 2.3 | 0.01072 | 0.01044 | 0.01017 | 0.00990 | 0.00964 | 0.00939 | 0.00914 | 0.00889 | 0.00866 | 0.00842 |
| 2.4 | 0.00820 | 0.00798 | 0.00776 | 0.00755 | 0.00734 | 0.00714 | 0.00695 | 0.00676 | 0.00657 | 0.00639 |
| 2.5 | 0.00621 | 0.00604 | 0.00587 | 0.00570 | 0.00554 | 0.00539 | 0.00523 | 0.00508 | 0.00494 | 0.00480 |
| 2.6 | 0.00466 | 0.00453 | 0.00440 | 0.00427 | 0.00415 | 0.00402 | 0.00391 | 0.00379 | 0.00368 | 0.00357 |
| 2.7 | 0.00347 | 0.00336 | 0.00326 | 0.00317 | 0.00307 | 0.00298 | 0.00289 | 0.00280 | 0.00272 | 0.00264 |
| 2.8 | 0.00256 | 0.00248 | 0.00240 | 0.00233 | 0.00226 | 0.00219 | 0.00212 | 0.00205 | 0.00199 | 0.00193 |
| 2.9 | 0.00187 | 0.00181 | 0.00175 | 0.00169 | 0.00164 | 0.00159 | 0.00154 | 0.00149 | 0.00144 | 0.00139 |
| 3.0 | 0.00135 | 0.00131 | 0.00126 | 0.00122 | 0.00118 | 0.00114 | 0.00111 | 0.00107 | 0.00104 | 0.00100 |
| 3.1 | 0.00097 | 0.00094 | 0.00090 | 0.00087 | 0.00084 | 0.00082 | 0.00079 | 0.00076 | 0.00074 | 0.00071 |
| 3.2 | 0.00069 | 0.00066 | 0.00064 | 0.00062 | 0.00060 | 0.00058 | 0.00056 | 0.00054 | 0.00052 | 0.00050 |
| 3.3 | 0.00048 | 0.00047 | 0.00045 | 0.00043 | 0.00042 | 0.00040 | 0.00039 | 0.00038 | 0.00036 | 0.00035 |
| 3.4 | 0.00034 | 0.00032 | 0.00031 | 0.00030 | 0.00029 | 0.00028 | 0.00027 | 0.00026 | 0.00025 | 0.00024 |

## 付表 3　$t$ 分布表

自由度 $f$, 上側確率 $p$ に対応する $t$ の値 $t(f, p)$ を与える.

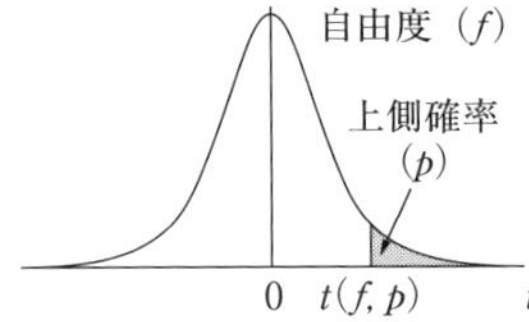


| $f$ ＼ $p$ | 0.250 | 0.200 | 0.150 | 0.100 | 0.050 | 0.025 | 0.010 | 0.005 | 0.001 | 0.0005 |
|---|---|---|---|---|---|---|---|---|---|---|
| 1 | 1.000 | 1.376 | 1.963 | 3.078 | 6.314 | 12.706 | 31.821 | 63.657 | 318.309 | 636.619 |
| 2 | 0.816 | 1.061 | 1.386 | 1.886 | 2.920 | 4.303 | 6.965 | 9.925 | 22.327 | 31.599 |
| 3 | 0.765 | 0.978 | 1.250 | 1.638 | 2.353 | 3.182 | 4.541 | 5.841 | 10.215 | 12.924 |
| 4 | 0.741 | 0.941 | 1.190 | 1.533 | 2.132 | 2.776 | 3.747 | 4.604 | 7.173 | 8.610 |
| 5 | 0.727 | 0.920 | 1.156 | 1.476 | 2.015 | 2.571 | 3.365 | 4.032 | 5.893 | 6.869 |
| 6 | 0.718 | 0.906 | 1.134 | 1.440 | 1.943 | 2.447 | 3.143 | 3.707 | 5.208 | 5.959 |
| 7 | 0.711 | 0.896 | 1.119 | 1.415 | 1.895 | 2.365 | 2.998 | 3.499 | 4.785 | 5.408 |
| 8 | 0.706 | 0.889 | 1.108 | 1.397 | 1.860 | 2.306 | 2.896 | 3.355 | 4.501 | 5.041 |
| 9 | 0.703 | 0.883 | 1.100 | 1.383 | 1.833 | 2.262 | 2.821 | 3.250 | 4.297 | 4.781 |
| 10 | 0.700 | 0.879 | 1.093 | 1.372 | 1.812 | 2.228 | 2.764 | 3.169 | 4.144 | 4.587 |
| 11 | 0.697 | 0.876 | 1.088 | 1.363 | 1.796 | 2.201 | 2.718 | 3.106 | 4.025 | 4.437 |
| 12 | 0.695 | 0.873 | 1.083 | 1.356 | 1.782 | 2.179 | 2.681 | 3.055 | 3.930 | 4.318 |
| 13 | 0.694 | 0.870 | 1.079 | 1.350 | 1.771 | 2.160 | 2.650 | 3.012 | 3.852 | 4.221 |
| 14 | 0.692 | 0.868 | 1.076 | 1.345 | 1.761 | 2.145 | 2.624 | 2.977 | 3.787 | 4.140 |
| 15 | 0.691 | 0.866 | 1.074 | 1.341 | 1.753 | 2.131 | 2.602 | 2.947 | 3.733 | 4.073 |
| 16 | 0.690 | 0.865 | 1.071 | 1.337 | 1.746 | 2.120 | 2.583 | 2.921 | 3.686 | 4.015 |
| 17 | 0.689 | 0.863 | 1.069 | 1.333 | 1.740 | 2.110 | 2.567 | 2.898 | 3.646 | 3.965 |
| 18 | 0.688 | 0.862 | 1.067 | 1.330 | 1.734 | 2.101 | 2.552 | 2.878 | 3.610 | 3.922 |
| 19 | 0.688 | 0.861 | 1.066 | 1.328 | 1.729 | 2.093 | 2.539 | 2.861 | 3.579 | 3.883 |
| 20 | 0.687 | 0.860 | 1.064 | 1.325 | 1.725 | 2.086 | 2.528 | 2.845 | 3.552 | 3.850 |
| 21 | 0.686 | 0.859 | 1.063 | 1.323 | 1.721 | 2.080 | 2.518 | 2.831 | 3.527 | 3.819 |
| 22 | 0.686 | 0.858 | 1.061 | 1.321 | 1.717 | 2.074 | 2.508 | 2.819 | 3.505 | 3.792 |
| 23 | 0.685 | 0.858 | 1.060 | 1.319 | 1.714 | 2.069 | 2.500 | 2.807 | 3.485 | 3.768 |
| 24 | 0.685 | 0.857 | 1.059 | 1.318 | 1.711 | 2.064 | 2.492 | 2.797 | 3.467 | 3.745 |
| 25 | 0.684 | 0.856 | 1.058 | 1.316 | 1.708 | 2.060 | 2.485 | 2.787 | 3.450 | 3.725 |
| 26 | 0.684 | 0.856 | 1.058 | 1.315 | 1.706 | 2.056 | 2.479 | 2.779 | 3.435 | 3.707 |
| 27 | 0.684 | 0.855 | 1.057 | 1.314 | 1.703 | 2.052 | 2.473 | 2.771 | 3.421 | 3.690 |
| 28 | 0.683 | 0.855 | 1.056 | 1.313 | 1.701 | 2.048 | 2.467 | 2.763 | 3.408 | 3.674 |
| 29 | 0.683 | 0.854 | 1.055 | 1.311 | 1.699 | 2.045 | 2.462 | 2.756 | 3.396 | 3.659 |
| 30 | 0.683 | 0.854 | 1.055 | 1.310 | 1.697 | 2.042 | 2.457 | 2.750 | 3.385 | 3.646 |
| 40 | 0.681 | 0.851 | 1.050 | 1.303 | 1.684 | 2.021 | 2.423 | 2.704 | 3.307 | 3.551 |
| 50 | 0.679 | 0.849 | 1.047 | 1.299 | 1.676 | 2.009 | 2.403 | 2.678 | 3.261 | 3.496 |
| 60 | 0.679 | 0.848 | 1.045 | 1.296 | 1.671 | 2.000 | 2.390 | 2.660 | 3.232 | 3.460 |
| 70 | 0.678 | 0.847 | 1.044 | 1.294 | 1.667 | 1.994 | 2.381 | 2.648 | 3.211 | 3.435 |
| 80 | 0.678 | 0.846 | 1.043 | 1.292 | 1.664 | 1.990 | 2.374 | 2.639 | 3.195 | 3.416 |
| 90 | 0.677 | 0.846 | 1.042 | 1.291 | 1.662 | 1.987 | 2.368 | 2.632 | 3.183 | 3.402 |
| 100 | 0.677 | 0.845 | 1.042 | 1.290 | 1.660 | 1.984 | 2.364 | 2.626 | 3.174 | 3.390 |
| 110 | 0.677 | 0.845 | 1.041 | 1.289 | 1.659 | 1.982 | 2.361 | 2.621 | 3.166 | 3.381 |
| 120 | 0.677 | 0.845 | 1.041 | 1.289 | 1.658 | 1.980 | 2.358 | 2.617 | 3.160 | 3.373 |
| $\infty$ | 0.674 | 0.842 | 1.036 | 1.282 | 1.645 | 1.960 | 2.326 | 2.576 | 3.090 | 3.291 |

## 付表 4　$\chi^2$ 分布表

自由度 $f$, 上側確率 $p$ に対応する $\chi^2$ の値 $\chi^2(f, p)$ を与える.

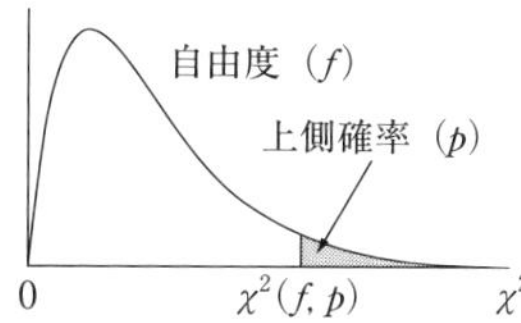


| $f$ \ $p$ | 0.995 | 0.990 | 0.975 | 0.950 | 0.900 | 0.100 | 0.050 | 0.025 | 0.010 | 0.005 |
|---|---|---|---|---|---|---|---|---|---|---|
| 1 | 0.000 | 0.000 | 0.001 | 0.004 | 0.016 | 2.706 | 3.841 | 5.024 | 6.635 | 7.879 |
| 2 | 0.010 | 0.020 | 0.051 | 0.103 | 0.211 | 4.605 | 5.991 | 7.378 | 9.210 | 10.597 |
| 3 | 0.072 | 0.115 | 0.216 | 0.352 | 0.584 | 6.251 | 7.815 | 9.348 | 11.345 | 12.838 |
| 4 | 0.207 | 0.297 | 0.484 | 0.711 | 1.064 | 7.779 | 9.488 | 11.143 | 13.277 | 14.860 |
| 5 | 0.412 | 0.554 | 0.831 | 1.145 | 1.610 | 9.236 | 11.070 | 12.833 | 15.086 | 16.750 |
| 6 | 0.676 | 0.872 | 1.237 | 1.635 | 2.204 | 10.645 | 12.592 | 14.449 | 16.812 | 18.548 |
| 7 | 0.989 | 1.239 | 1.690 | 2.167 | 2.833 | 12.017 | 14.067 | 16.013 | 18.475 | 20.278 |
| 8 | 1.344 | 1.646 | 2.180 | 2.733 | 3.490 | 13.362 | 15.507 | 17.535 | 20.090 | 21.955 |
| 9 | 1.735 | 2.088 | 2.700 | 3.325 | 4.168 | 14.684 | 16.919 | 19.023 | 21.666 | 23.589 |
| 10 | 2.156 | 2.558 | 3.247 | 3.940 | 4.865 | 15.987 | 18.307 | 20.483 | 23.209 | 25.188 |
| 11 | 2.603 | 3.053 | 3.816 | 4.575 | 5.578 | 17.275 | 19.675 | 21.920 | 24.725 | 26.757 |
| 12 | 3.074 | 3.571 | 4.404 | 5.226 | 6.304 | 18.549 | 21.026 | 23.337 | 26.217 | 28.300 |
| 13 | 3.565 | 4.107 | 5.009 | 5.892 | 7.042 | 19.812 | 22.362 | 24.736 | 27.688 | 29.819 |
| 14 | 4.075 | 4.660 | 5.629 | 6.571 | 7.790 | 21.064 | 23.685 | 26.119 | 29.141 | 31.319 |
| 15 | 4.601 | 5.229 | 6.262 | 7.261 | 8.547 | 22.307 | 24.996 | 27.488 | 30.578 | 32.801 |
| 16 | 5.142 | 5.812 | 6.908 | 7.962 | 9.312 | 23.542 | 26.296 | 28.845 | 32.000 | 34.267 |
| 17 | 5.697 | 6.408 | 7.564 | 8.672 | 10.085 | 24.769 | 27.587 | 30.191 | 33.409 | 35.718 |
| 18 | 6.265 | 7.015 | 8.231 | 9.390 | 10.865 | 25.989 | 28.869 | 31.526 | 34.805 | 37.156 |
| 19 | 6.844 | 7.633 | 8.907 | 10.117 | 11.651 | 27.204 | 30.144 | 32.852 | 36.191 | 38.582 |
| 20 | 7.434 | 8.260 | 9.591 | 10.851 | 12.443 | 28.412 | 31.410 | 34.170 | 37.566 | 39.997 |
| 21 | 8.034 | 8.897 | 10.283 | 11.591 | 13.240 | 29.615 | 32.671 | 35.479 | 38.932 | 41.401 |
| 22 | 8.643 | 9.542 | 10.982 | 12.338 | 14.041 | 30.813 | 33.924 | 36.781 | 40.289 | 42.796 |
| 23 | 9.260 | 10.196 | 11.689 | 13.091 | 14.848 | 32.007 | 35.172 | 38.076 | 41.638 | 44.181 |
| 24 | 9.886 | 10.856 | 12.401 | 13.848 | 15.659 | 33.196 | 36.415 | 39.364 | 42.980 | 45.559 |
| 25 | 10.520 | 11.524 | 13.120 | 14.611 | 16.473 | 34.382 | 37.652 | 40.646 | 44.314 | 46.928 |
| 26 | 11.160 | 12.198 | 13.844 | 15.379 | 17.292 | 35.563 | 38.885 | 41.923 | 45.642 | 48.290 |
| 27 | 11.808 | 12.879 | 14.573 | 16.151 | 18.114 | 36.741 | 40.113 | 43.195 | 46.963 | 49.645 |
| 28 | 12.461 | 13.565 | 15.308 | 16.928 | 18.939 | 37.916 | 41.337 | 44.461 | 48.278 | 50.993 |
| 29 | 13.121 | 14.256 | 16.047 | 17.708 | 19.768 | 39.087 | 42.557 | 45.722 | 49.588 | 52.336 |
| 30 | 13.787 | 14.953 | 16.791 | 18.493 | 20.599 | 40.256 | 43.773 | 46.979 | 50.892 | 53.672 |
| 40 | 20.707 | 22.164 | 24.433 | 26.509 | 29.051 | 51.805 | 55.758 | 59.342 | 63.691 | 66.766 |
| 50 | 27.991 | 29.707 | 32.357 | 34.764 | 37.689 | 63.167 | 67.505 | 71.420 | 76.154 | 79.490 |
| 60 | 35.534 | 37.485 | 40.482 | 43.188 | 46.459 | 74.397 | 79.082 | 83.298 | 88.379 | 91.952 |
| 70 | 43.275 | 45.442 | 48.758 | 51.739 | 55.329 | 85.527 | 90.531 | 95.023 | 100.425 | 104.215 |
| 80 | 51.172 | 53.540 | 57.153 | 60.391 | 64.278 | 96.578 | 101.879 | 106.629 | 112.329 | 116.321 |
| 90 | 59.196 | 61.754 | 65.647 | 69.126 | 73.291 | 107.565 | 113.145 | 118.136 | 124.116 | 128.299 |
| 100 | 67.328 | 70.065 | 74.222 | 77.929 | 82.358 | 118.498 | 124.342 | 129.561 | 135.807 | 140.169 |
| 110 | 75.550 | 78.458 | 82.867 | 86.792 | 91.471 | 129.385 | 135.480 | 140.917 | 147.414 | 151.948 |
| 120 | 83.852 | 86.923 | 91.573 | 95.705 | 100.624 | 140.233 | 146.567 | 152.211 | 158.950 | 163.648 |
| 130 | 92.222 | 95.451 | 100.331 | 104.662 | 109.811 | 151.045 | 157.610 | 163.453 | 170.423 | 175.278 |

## 付表 5（1）　$F$ 分布表（$p=0.05$）

分子の分散の自由度$f_1$，分母の分散の自由度$f_2$，上側確率 $p=0.05$ に対応する $F$ の値 $F(f_1, f_2, p)$を与える．

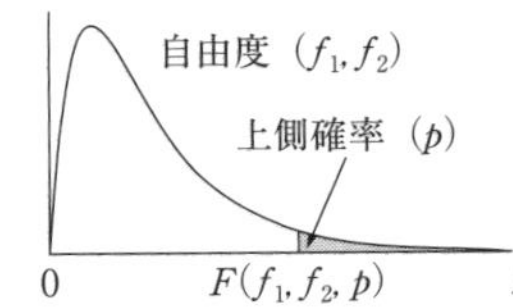


| $f_2$ \ $f_1$ | 1 | 2 | 3 | 4 | 5 | 6 | 7 | 8 | 9 | 10 | 20 | 30 | 40 | 50 | 100 | ∞ |
|---|---|---|---|---|---|---|---|---|---|---|---|---|---|---|---|---|
| 1 | 161.448 | 199.500 | 215.707 | 224.583 | 230.162 | 233.986 | 236.768 | 238.883 | 240.543 | 241.882 | 248.013 | 250.095 | 251.143 | 251.774 | 253.041 | 254.314 |
| 2 | 18.513 | 19.000 | 19.164 | 19.247 | 19.296 | 19.330 | 19.353 | 19.371 | 19.385 | 19.396 | 19.446 | 19.462 | 19.471 | 19.476 | 19.486 | 19.496 |
| 3 | 10.128 | 9.552 | 9.277 | 9.117 | 9.013 | 8.941 | 8.887 | 8.845 | 8.812 | 8.786 | 8.660 | 8.617 | 8.594 | 8.581 | 8.554 | 8.526 |
| 4 | 7.709 | 6.944 | 6.591 | 6.388 | 6.256 | 6.163 | 6.094 | 6.041 | 5.999 | 5.964 | 5.803 | 5.746 | 5.717 | 5.699 | 5.664 | 5.628 |
| 5 | 6.608 | 5.786 | 5.409 | 5.192 | 5.050 | 4.950 | 4.876 | 4.818 | 4.772 | 4.735 | 4.558 | 4.496 | 4.464 | 4.444 | 4.405 | 4.365 |
| 6 | 5.987 | 5.143 | 4.757 | 4.534 | 4.387 | 4.284 | 4.207 | 4.147 | 4.099 | 4.060 | 3.874 | 3.808 | 3.774 | 3.754 | 3.712 | 3.669 |
| 7 | 5.591 | 4.737 | 4.347 | 4.120 | 3.972 | 3.866 | 3.787 | 3.726 | 3.677 | 3.637 | 3.445 | 3.376 | 3.340 | 3.319 | 3.275 | 3.230 |
| 8 | 5.318 | 4.459 | 4.066 | 3.838 | 3.687 | 3.581 | 3.500 | 3.438 | 3.388 | 3.347 | 3.150 | 3.079 | 3.043 | 3.020 | 2.975 | 2.928 |
| 9 | 5.117 | 4.256 | 3.863 | 3.633 | 3.482 | 3.374 | 3.293 | 3.230 | 3.179 | 3.137 | 2.936 | 2.864 | 2.826 | 2.803 | 2.756 | 2.707 |
| 10 | 4.965 | 4.103 | 3.708 | 3.478 | 3.326 | 3.217 | 3.135 | 3.072 | 3.020 | 2.978 | 2.774 | 2.700 | 2.661 | 2.637 | 2.588 | 2.538 |
| 11 | 4.844 | 3.982 | 3.587 | 3.357 | 3.204 | 3.095 | 3.012 | 2.948 | 2.896 | 2.854 | 2.646 | 2.570 | 2.531 | 2.507 | 2.457 | 2.404 |
| 12 | 4.747 | 3.885 | 3.490 | 3.259 | 3.106 | 2.996 | 2.913 | 2.849 | 2.796 | 2.753 | 2.544 | 2.466 | 2.426 | 2.401 | 2.350 | 2.296 |
| 13 | 4.667 | 3.806 | 3.411 | 3.179 | 3.025 | 2.915 | 2.832 | 2.767 | 2.714 | 2.671 | 2.459 | 2.380 | 2.339 | 2.314 | 2.261 | 2.206 |
| 14 | 4.600 | 3.739 | 3.344 | 3.112 | 2.958 | 2.848 | 2.764 | 2.699 | 2.646 | 2.602 | 2.388 | 2.308 | 2.266 | 2.241 | 2.187 | 2.131 |
| 15 | 4.543 | 3.682 | 3.287 | 3.056 | 2.901 | 2.790 | 2.707 | 2.641 | 2.588 | 2.544 | 2.328 | 2.247 | 2.204 | 2.178 | 2.123 | 2.066 |
| 16 | 4.494 | 3.634 | 3.239 | 3.007 | 2.852 | 2.741 | 2.657 | 2.591 | 2.538 | 2.494 | 2.276 | 2.194 | 2.151 | 2.124 | 2.068 | 2.010 |
| 17 | 4.451 | 3.592 | 3.197 | 2.965 | 2.810 | 2.699 | 2.614 | 2.548 | 2.494 | 2.450 | 2.230 | 2.148 | 2.104 | 2.077 | 2.020 | 1.960 |
| 18 | 4.414 | 3.555 | 3.160 | 2.928 | 2.773 | 2.661 | 2.577 | 2.510 | 2.456 | 2.412 | 2.191 | 2.107 | 2.063 | 2.035 | 1.978 | 1.917 |
| 19 | 4.381 | 3.522 | 3.127 | 2.895 | 2.740 | 2.628 | 2.544 | 2.477 | 2.423 | 2.378 | 2.155 | 2.071 | 2.026 | 1.999 | 1.940 | 1.878 |
| 20 | 4.351 | 3.493 | 3.098 | 2.866 | 2.711 | 2.599 | 2.514 | 2.447 | 2.393 | 2.348 | 2.124 | 2.039 | 1.994 | 1.966 | 1.907 | 1.843 |
| 21 | 4.325 | 3.467 | 3.072 | 2.840 | 2.685 | 2.573 | 2.488 | 2.420 | 2.366 | 2.321 | 2.096 | 2.010 | 1.965 | 1.936 | 1.876 | 1.812 |
| 22 | 4.301 | 3.443 | 3.049 | 2.817 | 2.661 | 2.549 | 2.464 | 2.397 | 2.342 | 2.297 | 2.071 | 1.984 | 1.938 | 1.909 | 1.849 | 1.783 |
| 23 | 4.279 | 3.422 | 3.028 | 2.796 | 2.640 | 2.528 | 2.442 | 2.375 | 2.320 | 2.275 | 2.048 | 1.961 | 1.914 | 1.885 | 1.823 | 1.757 |
| 24 | 4.260 | 3.403 | 3.009 | 2.776 | 2.621 | 2.508 | 2.423 | 2.355 | 2.300 | 2.255 | 2.027 | 1.939 | 1.892 | 1.863 | 1.800 | 1.733 |
| 25 | 4.242 | 3.385 | 2.991 | 2.759 | 2.603 | 2.490 | 2.405 | 2.337 | 2.282 | 2.236 | 2.007 | 1.919 | 1.872 | 1.842 | 1.779 | 1.711 |
| 26 | 4.225 | 3.369 | 2.975 | 2.743 | 2.587 | 2.474 | 2.388 | 2.321 | 2.265 | 2.220 | 1.990 | 1.901 | 1.853 | 1.823 | 1.760 | 1.691 |
| 27 | 4.210 | 3.354 | 2.960 | 2.728 | 2.572 | 2.459 | 2.373 | 2.305 | 2.250 | 2.204 | 1.974 | 1.884 | 1.836 | 1.806 | 1.742 | 1.672 |
| 28 | 4.196 | 3.340 | 2.947 | 2.714 | 2.558 | 2.445 | 2.359 | 2.291 | 2.236 | 2.190 | 1.959 | 1.869 | 1.820 | 1.790 | 1.725 | 1.654 |
| 29 | 4.183 | 3.328 | 2.934 | 2.701 | 2.545 | 2.432 | 2.346 | 2.278 | 2.223 | 2.177 | 1.945 | 1.854 | 1.806 | 1.775 | 1.710 | 1.638 |
| 30 | 4.171 | 3.316 | 2.922 | 2.690 | 2.534 | 2.421 | 2.334 | 2.266 | 2.211 | 2.165 | 1.932 | 1.841 | 1.792 | 1.761 | 1.695 | 1.622 |
| 40 | 4.085 | 3.232 | 2.839 | 2.606 | 2.449 | 2.336 | 2.249 | 2.180 | 2.124 | 2.077 | 1.839 | 1.744 | 1.693 | 1.660 | 1.589 | 1.509 |
| 60 | 4.001 | 3.150 | 2.758 | 2.525 | 2.368 | 2.254 | 2.167 | 2.097 | 2.040 | 1.993 | 1.748 | 1.649 | 1.594 | 1.559 | 1.481 | 1.389 |
| 80 | 3.960 | 3.111 | 2.719 | 2.486 | 2.329 | 2.214 | 2.126 | 2.056 | 1.999 | 1.951 | 1.703 | 1.602 | 1.545 | 1.508 | 1.426 | 1.325 |
| 100 | 3.936 | 3.087 | 2.696 | 2.463 | 2.305 | 2.191 | 2.103 | 2.032 | 1.975 | 1.927 | 1.676 | 1.573 | 1.515 | 1.477 | 1.392 | 1.283 |
| ∞ | 3.841 | 2.996 | 2.605 | 2.372 | 2.214 | 2.099 | 2.010 | 1.938 | 1.880 | 1.831 | 1.571 | 1.459 | 1.394 | 1.350 | 1.243 | 1.000 |

## 付表 5 (2)　$F$ 分布表 ($p=0.025$)

分子の分散の自由度 $f_1$, 分母の分散の自由度 $f_2$, 上側確率 $p=0.025$ に対応する $F$ の値 $F(f_1, f_2, p)$ を与える.

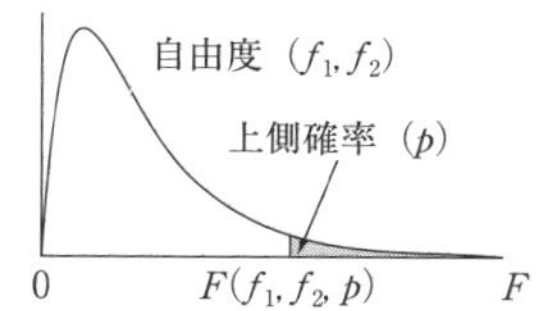


| $f_2$ \ $f_1$ | 1 | 2 | 3 | 4 | 5 | 6 | 7 | 8 | 9 | 10 | 20 | 30 | 40 | 50 | 100 | ∞ |
|---|---|---|---|---|---|---|---|---|---|---|---|---|---|---|---|---|
| 1 | 647.789 | 799.500 | 864.163 | 899.583 | 921.848 | 937.111 | 948.217 | 956.656 | 963.285 | 968.627 | 993.103 | 1001.414 | 1005.598 | 1008.117 | 1013.175 | 1018.258 |
| 2 | 38.506 | 39.000 | 39.165 | 39.248 | 39.298 | 39.331 | 39.355 | 39.373 | 39.387 | 39.398 | 39.448 | 39.465 | 39.473 | 39.478 | 39.488 | 39.498 |
| 3 | 17.443 | 16.044 | 15.439 | 15.101 | 14.885 | 14.735 | 14.624 | 14.540 | 14.473 | 14.419 | 14.167 | 14.081 | 14.037 | 14.010 | 13.956 | 13.902 |
| 4 | 12.218 | 10.649 | 9.979 | 9.605 | 9.364 | 9.197 | 9.074 | 8.980 | 8.905 | 8.844 | 8.560 | 8.461 | 8.411 | 8.381 | 8.319 | 8.257 |
| 5 | 10.007 | 8.434 | 7.764 | 7.388 | 7.146 | 6.978 | 6.853 | 6.757 | 6.681 | 6.619 | 6.329 | 6.227 | 6.175 | 6.144 | 6.080 | 6.015 |
| 6 | 8.813 | 7.260 | 6.599 | 6.227 | 5.988 | 5.820 | 5.695 | 5.600 | 5.523 | 5.461 | 5.168 | 5.065 | 5.012 | 4.980 | 4.915 | 4.849 |
| 7 | 8.073 | 6.542 | 5.890 | 5.523 | 5.285 | 5.119 | 4.995 | 4.899 | 4.823 | 4.761 | 4.467 | 4.362 | 4.309 | 4.276 | 4.210 | 4.142 |
| 8 | 7.571 | 6.059 | 5.416 | 5.053 | 4.817 | 4.652 | 4.529 | 4.433 | 4.357 | 4.295 | 3.999 | 3.894 | 3.840 | 3.807 | 3.739 | 3.670 |
| 9 | 7.209 | 5.715 | 5.078 | 4.718 | 4.484 | 4.320 | 4.197 | 4.102 | 4.026 | 3.964 | 3.667 | 3.560 | 3.505 | 3.472 | 3.403 | 3.333 |
| 10 | 6.937 | 5.456 | 4.826 | 4.468 | 4.236 | 4.072 | 3.950 | 3.855 | 3.779 | 3.717 | 3.419 | 3.311 | 3.255 | 3.221 | 3.152 | 3.080 |
| 11 | 6.724 | 5.256 | 4.630 | 4.275 | 4.044 | 3.881 | 3.759 | 3.664 | 3.588 | 3.526 | 3.226 | 3.118 | 3.061 | 3.027 | 2.956 | 2.883 |
| 12 | 6.554 | 5.096 | 4.474 | 4.121 | 3.891 | 3.728 | 3.607 | 3.512 | 3.436 | 3.374 | 3.073 | 2.963 | 2.906 | 2.871 | 2.800 | 2.725 |
| 13 | 6.414 | 4.965 | 4.347 | 3.996 | 3.767 | 3.604 | 3.483 | 3.388 | 3.312 | 3.250 | 2.948 | 2.837 | 2.780 | 2.744 | 2.671 | 2.595 |
| 14 | 6.298 | 4.857 | 4.242 | 3.892 | 3.663 | 3.501 | 3.380 | 3.285 | 3.209 | 3.147 | 2.844 | 2.732 | 2.674 | 2.638 | 2.565 | 2.487 |
| 15 | 6.200 | 4.765 | 4.153 | 3.804 | 3.576 | 3.415 | 3.293 | 3.199 | 3.123 | 3.060 | 2.756 | 2.644 | 2.585 | 2.549 | 2.474 | 2.395 |
| 16 | 6.115 | 4.687 | 4.077 | 3.729 | 3.502 | 3.341 | 3.219 | 3.125 | 3.049 | 2.986 | 2.681 | 2.568 | 2.509 | 2.472 | 2.396 | 2.316 |
| 17 | 6.042 | 4.619 | 4.011 | 3.665 | 3.438 | 3.277 | 3.156 | 3.061 | 2.985 | 2.922 | 2.616 | 2.502 | 2.442 | 2.405 | 2.329 | 2.247 |
| 18 | 5.978 | 4.560 | 3.954 | 3.608 | 3.382 | 3.221 | 3.100 | 3.005 | 2.929 | 2.866 | 2.559 | 2.445 | 2.384 | 2.347 | 2.269 | 2.187 |
| 19 | 5.922 | 4.508 | 3.903 | 3.559 | 3.333 | 3.172 | 3.051 | 2.956 | 2.880 | 2.817 | 2.509 | 2.394 | 2.333 | 2.295 | 2.217 | 2.133 |
| 20 | 5.871 | 4.461 | 3.859 | 3.515 | 3.289 | 3.128 | 3.007 | 2.913 | 2.837 | 2.774 | 2.464 | 2.349 | 2.287 | 2.249 | 2.170 | 2.085 |
| 21 | 5.827 | 4.420 | 3.819 | 3.475 | 3.250 | 3.090 | 2.969 | 2.874 | 2.798 | 2.735 | 2.425 | 2.308 | 2.246 | 2.208 | 2.128 | 2.042 |
| 22 | 5.786 | 4.383 | 3.783 | 3.440 | 3.215 | 3.055 | 2.934 | 2.839 | 2.763 | 2.700 | 2.389 | 2.272 | 2.210 | 2.171 | 2.090 | 2.003 |
| 23 | 5.750 | 4.349 | 3.750 | 3.408 | 3.183 | 3.023 | 2.902 | 2.808 | 2.731 | 2.668 | 2.357 | 2.239 | 2.176 | 2.137 | 2.056 | 1.968 |
| 24 | 5.717 | 4.319 | 3.721 | 3.379 | 3.155 | 2.995 | 2.874 | 2.779 | 2.703 | 2.640 | 2.327 | 2.209 | 2.146 | 2.107 | 2.024 | 1.935 |
| 25 | 5.686 | 4.291 | 3.694 | 3.353 | 3.129 | 2.969 | 2.848 | 2.753 | 2.677 | 2.613 | 2.300 | 2.182 | 2.118 | 2.079 | 1.996 | 1.906 |
| 26 | 5.659 | 4.265 | 3.670 | 3.329 | 3.105 | 2.945 | 2.824 | 2.729 | 2.653 | 2.590 | 2.276 | 2.157 | 2.093 | 2.053 | 1.969 | 1.878 |
| 27 | 5.633 | 4.242 | 3.647 | 3.307 | 3.083 | 2.923 | 2.802 | 2.707 | 2.631 | 2.568 | 2.253 | 2.133 | 2.069 | 2.029 | 1.945 | 1.853 |
| 28 | 5.610 | 4.221 | 3.626 | 3.286 | 3.063 | 2.903 | 2.782 | 2.687 | 2.611 | 2.547 | 2.232 | 2.112 | 2.048 | 2.007 | 1.922 | 1.829 |
| 29 | 5.588 | 4.201 | 3.607 | 3.267 | 3.044 | 2.884 | 2.763 | 2.669 | 2.592 | 2.529 | 2.213 | 2.092 | 2.028 | 1.987 | 1.901 | 1.807 |
| 30 | 5.568 | 4.182 | 3.589 | 3.250 | 3.026 | 2.867 | 2.746 | 2.651 | 2.575 | 2.511 | 2.195 | 2.074 | 2.009 | 1.968 | 1.882 | 1.787 |
| 40 | 5.424 | 4.051 | 3.463 | 3.126 | 2.904 | 2.744 | 2.624 | 2.529 | 2.452 | 2.388 | 2.068 | 1.943 | 1.875 | 1.832 | 1.741 | 1.637 |
| 60 | 5.286 | 3.925 | 3.343 | 3.008 | 2.786 | 2.627 | 2.507 | 2.412 | 2.334 | 2.270 | 1.944 | 1.815 | 1.744 | 1.699 | 1.599 | 1.482 |
| 80 | 5.218 | 3.864 | 3.284 | 2.950 | 2.730 | 2.571 | 2.450 | 2.355 | 2.277 | 2.213 | 1.884 | 1.752 | 1.679 | 1.632 | 1.527 | 1.400 |
| 100 | 5.179 | 3.828 | 3.250 | 2.917 | 2.696 | 2.537 | 2.417 | 2.321 | 2.244 | 2.179 | 1.849 | 1.715 | 1.640 | 1.592 | 1.483 | 1.347 |
| ∞ | 5.024 | 3.689 | 3.116 | 2.786 | 2.567 | 2.408 | 2.288 | 2.192 | 2.114 | 2.048 | 1.708 | 1.566 | 1.484 | 1.428 | 1.296 | 1.000 |

## 付表 5 (3) $F$ 分布表（$p=0.01$）

分子の分散の自由度$f_1$，分母の分散の自由度$f_2$，上側確率 $p=0.01$ に対応する $F$ の値 $F(f_1, f_2, p)$を与える．

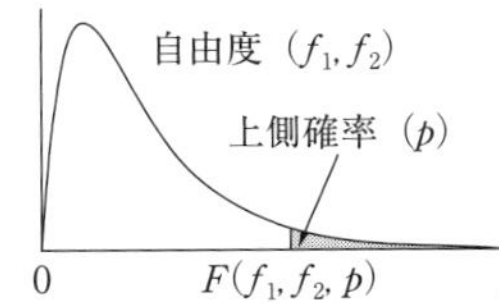


| $f_2$ \ $f_1$ | 1 | 2 | 3 | 4 | 5 | 6 | 7 | 8 | 9 | 10 | 20 | 30 | 40 | 50 | 100 | ∞ |
|---|---|---|---|---|---|---|---|---|---|---|---|---|---|---|---|---|
| 1 | 4052.181 | 4999.500 | 5403.352 | 5624.583 | 5763.650 | 5858.986 | 5928.356 | 5981.070 | 6022.473 | 6055.847 | 6208.730 | 6260.649 | 6286.782 | 6302.517 | 6334.110 | 6365.861 |
| 2 | 98.503 | 99.000 | 99.166 | 99.249 | 99.299 | 99.333 | 99.356 | 99.374 | 99.388 | 99.399 | 99.449 | 99.466 | 99.474 | 99.479 | 99.489 | 99.499 |
| 3 | 34.116 | 30.817 | 29.457 | 28.710 | 28.237 | 27.911 | 27.672 | 27.489 | 27.345 | 27.229 | 26.690 | 26.505 | 26.411 | 26.354 | 26.240 | 26.125 |
| 4 | 21.198 | 18.000 | 16.694 | 15.977 | 15.522 | 15.207 | 14.976 | 14.799 | 14.659 | 14.546 | 14.020 | 13.838 | 13.745 | 13.690 | 13.577 | 13.463 |
| 5 | 16.258 | 13.274 | 12.060 | 11.392 | 10.967 | 10.672 | 10.456 | 10.289 | 10.158 | 10.051 | 9.553 | 9.379 | 9.291 | 9.238 | 9.130 | 9.020 |
| 6 | 13.745 | 10.925 | 9.780 | 9.148 | 8.746 | 8.466 | 8.260 | 8.102 | 7.976 | 7.874 | 7.396 | 7.229 | 7.143 | 7.091 | 6.987 | 6.880 |
| 7 | 12.246 | 9.547 | 8.451 | 7.847 | 7.460 | 7.191 | 6.993 | 6.840 | 6.719 | 6.620 | 6.155 | 5.992 | 5.908 | 5.858 | 5.755 | 5.650 |
| 8 | 11.259 | 8.649 | 7.591 | 7.006 | 6.632 | 6.371 | 6.178 | 6.029 | 5.911 | 5.814 | 5.359 | 5.198 | 5.116 | 5.065 | 4.963 | 4.859 |
| 9 | 10.561 | 8.022 | 6.992 | 6.422 | 6.057 | 5.802 | 5.613 | 5.467 | 5.351 | 5.257 | 4.808 | 4.649 | 4.567 | 4.517 | 4.415 | 4.311 |
| 10 | 10.044 | 7.559 | 6.552 | 5.994 | 5.636 | 5.386 | 5.200 | 5.057 | 4.942 | 4.849 | 4.405 | 4.247 | 4.165 | 4.115 | 4.014 | 3.909 |
| 11 | 9.646 | 7.206 | 6.217 | 5.668 | 5.316 | 5.069 | 4.886 | 4.744 | 4.632 | 4.539 | 4.099 | 3.941 | 3.860 | 3.810 | 3.708 | 3.602 |
| 12 | 9.330 | 6.927 | 5.953 | 5.412 | 5.064 | 4.821 | 4.640 | 4.499 | 4.388 | 4.296 | 3.858 | 3.701 | 3.619 | 3.569 | 3.467 | 3.361 |
| 13 | 9.074 | 6.701 | 5.739 | 5.205 | 4.862 | 4.620 | 4.441 | 4.302 | 4.191 | 4.100 | 3.665 | 3.507 | 3.425 | 3.375 | 3.272 | 3.165 |
| 14 | 8.862 | 6.515 | 5.564 | 5.035 | 4.695 | 4.456 | 4.278 | 4.140 | 4.030 | 3.939 | 3.505 | 3.348 | 3.266 | 3.215 | 3.112 | 3.004 |
| 15 | 8.683 | 6.359 | 5.417 | 4.893 | 4.556 | 4.318 | 4.142 | 4.004 | 3.895 | 3.805 | 3.372 | 3.214 | 3.132 | 3.081 | 2.977 | 2.868 |
| 16 | 8.531 | 6.226 | 5.292 | 4.773 | 4.437 | 4.202 | 4.026 | 3.890 | 3.780 | 3.691 | 3.259 | 3.101 | 3.018 | 2.967 | 2.863 | 2.753 |
| 17 | 8.400 | 6.112 | 5.185 | 4.669 | 4.336 | 4.102 | 3.927 | 3.791 | 3.682 | 3.593 | 3.162 | 3.003 | 2.920 | 2.869 | 2.764 | 2.653 |
| 18 | 8.285 | 6.013 | 5.092 | 4.579 | 4.248 | 4.015 | 3.841 | 3.705 | 3.597 | 3.508 | 3.077 | 2.919 | 2.835 | 2.784 | 2.678 | 2.566 |
| 19 | 8.185 | 5.926 | 5.010 | 4.500 | 4.171 | 3.939 | 3.765 | 3.631 | 3.523 | 3.434 | 3.003 | 2.844 | 2.761 | 2.709 | 2.602 | 2.489 |
| 20 | 8.096 | 5.849 | 4.938 | 4.431 | 4.103 | 3.871 | 3.699 | 3.564 | 3.457 | 3.368 | 2.938 | 2.778 | 2.695 | 2.643 | 2.535 | 2.421 |
| 21 | 8.017 | 5.780 | 4.874 | 4.369 | 4.042 | 3.812 | 3.640 | 3.506 | 3.398 | 3.310 | 2.880 | 2.720 | 2.636 | 2.584 | 2.475 | 2.360 |
| 22 | 7.945 | 5.719 | 4.817 | 4.313 | 3.988 | 3.758 | 3.587 | 3.453 | 3.346 | 3.258 | 2.827 | 2.667 | 2.583 | 2.531 | 2.422 | 2.305 |
| 23 | 7.881 | 5.664 | 4.765 | 4.264 | 3.939 | 3.710 | 3.539 | 3.406 | 3.299 | 3.211 | 2.781 | 2.620 | 2.535 | 2.483 | 2.373 | 2.256 |
| 24 | 7.823 | 5.614 | 4.718 | 4.218 | 3.895 | 3.667 | 3.496 | 3.363 | 3.256 | 3.168 | 2.738 | 2.577 | 2.492 | 2.440 | 2.329 | 2.211 |
| 25 | 7.770 | 5.568 | 4.675 | 4.177 | 3.855 | 3.627 | 3.457 | 3.324 | 3.217 | 3.129 | 2.699 | 2.538 | 2.453 | 2.400 | 2.289 | 2.169 |
| 26 | 7.721 | 5.526 | 4.637 | 4.140 | 3.818 | 3.591 | 3.421 | 3.288 | 3.182 | 3.094 | 2.664 | 2.503 | 2.417 | 2.364 | 2.252 | 2.131 |
| 27 | 7.677 | 5.488 | 4.601 | 4.106 | 3.785 | 3.558 | 3.388 | 3.256 | 3.149 | 3.062 | 2.632 | 2.470 | 2.384 | 2.330 | 2.218 | 2.097 |
| 28 | 7.636 | 5.453 | 4.568 | 4.074 | 3.754 | 3.528 | 3.358 | 3.226 | 3.120 | 3.032 | 2.602 | 2.440 | 2.354 | 2.300 | 2.187 | 2.064 |
| 29 | 7.598 | 5.420 | 4.538 | 4.045 | 3.725 | 3.499 | 3.330 | 3.198 | 3.092 | 3.005 | 2.574 | 2.412 | 2.325 | 2.271 | 2.158 | 2.034 |
| 30 | 7.562 | 5.390 | 4.510 | 4.018 | 3.699 | 3.473 | 3.304 | 3.173 | 3.067 | 2.979 | 2.549 | 2.386 | 2.299 | 2.245 | 2.131 | 2.006 |
| 40 | 7.314 | 5.179 | 4.313 | 3.828 | 3.514 | 3.291 | 3.124 | 2.993 | 2.888 | 2.801 | 2.369 | 2.203 | 2.114 | 2.058 | 1.938 | 1.805 |
| 60 | 7.077 | 4.977 | 4.126 | 3.649 | 3.339 | 3.119 | 2.953 | 2.823 | 2.718 | 2.632 | 2.198 | 2.028 | 1.936 | 1.877 | 1.749 | 1.601 |
| 80 | 6.963 | 4.881 | 4.036 | 3.563 | 3.255 | 3.036 | 2.871 | 2.742 | 2.637 | 2.551 | 2.115 | 1.944 | 1.849 | 1.788 | 1.655 | 1.494 |
| 100 | 6.895 | 4.824 | 3.984 | 3.513 | 3.206 | 2.988 | 2.823 | 2.694 | 2.590 | 2.503 | 2.067 | 1.893 | 1.797 | 1.735 | 1.598 | 1.427 |
| ∞ | 6.635 | 4.605 | 3.782 | 3.319 | 3.017 | 2.802 | 2.639 | 2.511 | 2.407 | 2.321 | 1.878 | 1.696 | 1.592 | 1.523 | 1.358 | 1.000 |

## 付表 5 (4)　$F$ 分布表 ($p = 0.005$)

分子の分散の自由度 $f_1$，分母の分散の自由度 $f_2$，上側確率 $p = 0.005$ に対応する $F$ の値 $F(f_1, f_2, p)$ を与える．

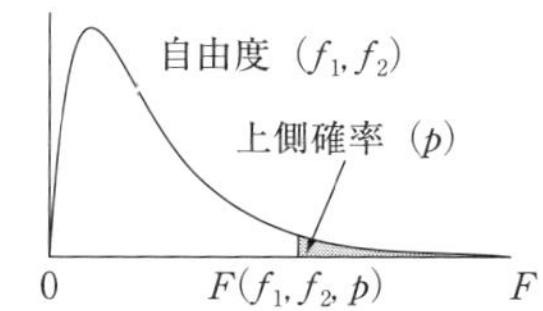


| $f_2$ \ $f_1$ | 1 | 2 | 3 | 4 | 5 | 6 | 7 | 8 | 9 | 10 | 20 | 30 | 40 | 50 | 100 | ∞ |
|---|---|---|---|---|---|---|---|---|---|---|---|---|---|---|---|---|
| 1 | 16210.723 | 19999.500 | 21614.741 | 22499.583 | 23055.798 | 23437.111 | 23714.566 | 23925.406 | 24091.004 | 24224.487 | 24835.971 | 25043.628 | 25148.153 | 25211.089 | 25337.450 | 25464.445 |
| 2 | 198.501 | 199.000 | 199.166 | 199.250 | 199.300 | 199.333 | 199.357 | 199.375 | 199.388 | 199.400 | 199.450 | 199.466 | 199.475 | 199.480 | 199.490 | 199.500 |
| 3 | 55.552 | 49.799 | 47.467 | 46.195 | 45.392 | 44.838 | 44.434 | 44.126 | 43.882 | 43.686 | 42.778 | 42.466 | 42.308 | 42.213 | 42.022 | 41.828 |
| 4 | 31.333 | 26.284 | 24.259 | 23.155 | 22.456 | 21.975 | 21.622 | 21.352 | 21.139 | 20.967 | 20.167 | 19.892 | 19.752 | 19.667 | 19.497 | 19.325 |
| 5 | 22.785 | 18.314 | 16.530 | 15.556 | 14.940 | 14.513 | 14.200 | 13.961 | 13.772 | 13.618 | 12.903 | 12.656 | 12.530 | 12.454 | 12.300 | 12.144 |
| 6 | 18.635 | 14.544 | 12.917 | 12.028 | 11.464 | 11.073 | 10.786 | 10.566 | 10.391 | 10.250 | 9.589 | 9.358 | 9.241 | 9.170 | 9.026 | 8.879 |
| 7 | 16.236 | 12.404 | 10.882 | 10.050 | 9.522 | 9.155 | 8.885 | 8.678 | 8.514 | 8.380 | 7.754 | 7.534 | 7.422 | 7.354 | 7.217 | 7.076 |
| 8 | 14.688 | 11.042 | 9.596 | 8.805 | 8.302 | 7.952 | 7.694 | 7.496 | 7.339 | 7.211 | 6.608 | 6.396 | 6.288 | 6.222 | 6.088 | 5.951 |
| 9 | 13.614 | 10.107 | 8.717 | 7.956 | 7.471 | 7.134 | 6.885 | 6.693 | 6.541 | 6.417 | 5.832 | 5.625 | 5.519 | 5.454 | 5.322 | 5.188 |
| 10 | 12.826 | 9.427 | 8.081 | 7.343 | 6.872 | 6.545 | 6.302 | 6.116 | 5.968 | 5.847 | 5.274 | 5.071 | 4.966 | 4.902 | 4.772 | 4.639 |
| 11 | 12.226 | 8.912 | 7.600 | 6.881 | 6.422 | 6.102 | 5.865 | 5.682 | 5.537 | 5.418 | 4.855 | 4.654 | 4.551 | 4.488 | 4.359 | 4.226 |
| 12 | 11.754 | 8.510 | 7.226 | 6.521 | 6.071 | 5.757 | 5.525 | 5.345 | 5.202 | 5.085 | 4.530 | 4.331 | 4.228 | 4.165 | 4.037 | 3.904 |
| 13 | 11.374 | 8.186 | 6.926 | 6.233 | 5.791 | 5.482 | 5.253 | 5.076 | 4.935 | 4.820 | 4.270 | 4.073 | 3.970 | 3.908 | 3.780 | 3.647 |
| 14 | 11.060 | 7.922 | 6.680 | 5.998 | 5.562 | 5.257 | 5.031 | 4.857 | 4.717 | 4.603 | 4.059 | 3.862 | 3.760 | 3.698 | 3.569 | 3.436 |
| 15 | 10.798 | 7.701 | 6.476 | 5.803 | 5.372 | 5.071 | 4.847 | 4.674 | 4.536 | 4.424 | 3.883 | 3.687 | 3.585 | 3.523 | 3.394 | 3.260 |
| 16 | 10.575 | 7.514 | 6.303 | 5.638 | 5.212 | 4.913 | 4.692 | 4.521 | 4.384 | 4.272 | 3.734 | 3.539 | 3.437 | 3.375 | 3.246 | 3.112 |
| 17 | 10.384 | 7.354 | 6.156 | 5.497 | 5.075 | 4.779 | 4.559 | 4.389 | 4.254 | 4.142 | 3.607 | 3.412 | 3.311 | 3.248 | 3.119 | 2.984 |
| 18 | 10.218 | 7.215 | 6.028 | 5.375 | 4.956 | 4.663 | 4.445 | 4.276 | 4.141 | 4.030 | 3.498 | 3.303 | 3.201 | 3.139 | 3.009 | 2.873 |
| 19 | 10.073 | 7.093 | 5.916 | 5.268 | 4.853 | 4.561 | 4.345 | 4.177 | 4.043 | 3.933 | 3.402 | 3.208 | 3.106 | 3.043 | 2.913 | 2.776 |
| 20 | 9.944 | 6.986 | 5.818 | 5.174 | 4.762 | 4.472 | 4.257 | 4.090 | 3.956 | 3.847 | 3.318 | 3.123 | 3.022 | 2.959 | 2.828 | 2.690 |
| 21 | 9.830 | 6.891 | 5.730 | 5.091 | 4.681 | 4.393 | 4.179 | 4.013 | 3.880 | 3.771 | 3.243 | 3.049 | 2.947 | 2.884 | 2.753 | 2.614 |
| 22 | 9.727 | 6.806 | 5.652 | 5.017 | 4.609 | 4.322 | 4.109 | 3.944 | 3.812 | 3.703 | 3.176 | 2.982 | 2.880 | 2.817 | 2.685 | 2.546 |
| 23 | 9.635 | 6.730 | 5.582 | 4.950 | 4.544 | 4.259 | 4.047 | 3.882 | 3.750 | 3.642 | 3.116 | 2.922 | 2.820 | 2.756 | 2.624 | 2.484 |
| 24 | 9.551 | 6.661 | 5.519 | 4.890 | 4.486 | 4.202 | 3.991 | 3.826 | 3.695 | 3.587 | 3.062 | 2.868 | 2.765 | 2.702 | 2.569 | 2.428 |
| 25 | 9.475 | 6.598 | 5.462 | 4.835 | 4.433 | 4.150 | 3.939 | 3.776 | 3.645 | 3.537 | 3.013 | 2.819 | 2.716 | 2.652 | 2.519 | 2.377 |
| 26 | 9.406 | 6.541 | 5.409 | 4.785 | 4.384 | 4.103 | 3.893 | 3.730 | 3.599 | 3.492 | 2.968 | 2.774 | 2.671 | 2.607 | 2.473 | 2.330 |
| 27 | 9.342 | 6.489 | 5.361 | 4.740 | 4.340 | 4.059 | 3.850 | 3.687 | 3.557 | 3.450 | 2.928 | 2.733 | 2.630 | 2.565 | 2.431 | 2.287 |
| 28 | 9.284 | 6.440 | 5.317 | 4.698 | 4.300 | 4.020 | 3.811 | 3.649 | 3.519 | 3.412 | 2.890 | 2.695 | 2.592 | 2.527 | 2.392 | 2.247 |
| 29 | 9.230 | 6.396 | 5.276 | 4.659 | 4.262 | 3.983 | 3.775 | 3.613 | 3.483 | 3.377 | 2.855 | 2.660 | 2.557 | 2.492 | 2.357 | 2.210 |
| 30 | 9.180 | 6.355 | 5.239 | 4.623 | 4.228 | 3.949 | 3.742 | 3.580 | 3.450 | 3.344 | 2.823 | 2.628 | 2.524 | 2.459 | 2.323 | 2.176 |
| 40 | 8.828 | 6.066 | 4.976 | 4.374 | 3.986 | 3.713 | 3.509 | 3.350 | 3.222 | 3.117 | 2.598 | 2.401 | 2.296 | 2.230 | 2.088 | 1.932 |
| 60 | 8.495 | 5.795 | 4.729 | 4.140 | 3.760 | 3.492 | 3.291 | 3.134 | 3.008 | 2.904 | 2.387 | 2.187 | 2.079 | 2.010 | 1.861 | 1.689 |
| 80 | 8.335 | 5.665 | 4.611 | 4.029 | 3.652 | 3.387 | 3.188 | 3.032 | 2.907 | 2.803 | 2.286 | 2.084 | 1.974 | 1.903 | 1.748 | 1.563 |
| 100 | 8.241 | 5.589 | 4.542 | 3.963 | 3.589 | 3.325 | 3.127 | 2.972 | 2.847 | 2.744 | 2.227 | 2.024 | 1.912 | 1.840 | 1.681 | 1.485 |
| ∞ | 7.879 | 5.298 | 4.279 | 3.715 | 3.350 | 3.091 | 2.897 | 2.744 | 2.621 | 2.519 | 2.000 | 1.789 | 1.669 | 1.590 | 1.402 | 1.000 |

## 付表 6　$r$ 分布表（$\rho=0$ の場合）

自由度 $f$，両側あるいは片側確率 $p$ に対応する $r$ の絶対値を与える．$r=t(f,p)/\sqrt{f+t(f,p)^2}$ による．

| $f$ | 両側<br>片側 | 0.2<br>0.1 | 0.1<br>0.05 | 0.05<br>0.025 | 0.02<br>0.01 | 0.01<br>0.005 | 0.002<br>0.001 | 0.001<br>0.0005 |
|---|---|---|---|---|---|---|---|---|
| 1 | | 0.9511 | 0.9877 | 0.9969 | 0.9995 | 0.9999 | 1.0000 | 1.0000 |
| 2 | | 0.8000 | 0.9000 | 0.9500 | 0.9800 | 0.9900 | 0.9980 | 0.9990 |
| 3 | | 0.6870 | 0.8054 | 0.8783 | 0.9343 | 0.9587 | 0.9859 | 0.9911 |
| 4 | | 0.6084 | 0.7293 | 0.8114 | 0.8822 | 0.9172 | 0.9633 | 0.9741 |
| 5 | | 0.5509 | 0.6694 | 0.7545 | 0.8329 | 0.8745 | 0.9350 | 0.9509 |
| 6 | | 0.5067 | 0.6215 | 0.7067 | 0.7887 | 0.8343 | 0.9049 | 0.9249 |
| 7 | | 0.4716 | 0.5822 | 0.6664 | 0.7498 | 0.7977 | 0.8751 | 0.8983 |
| 8 | | 0.4428 | 0.5494 | 0.6319 | 0.7155 | 0.7646 | 0.8467 | 0.8721 |
| 9 | | 0.4187 | 0.5214 | 0.6021 | 0.6851 | 0.7348 | 0.8199 | 0.8470 |
| 10 | | 0.3981 | 0.4973 | 0.5760 | 0.6581 | 0.7079 | 0.7950 | 0.8233 |
| 11 | | 0.3802 | 0.4762 | 0.5529 | 0.6339 | 0.6835 | 0.7717 | 0.8010 |
| 12 | | 0.3646 | 0.4575 | 0.5324 | 0.6120 | 0.6614 | 0.7501 | 0.7800 |
| 13 | | 0.3507 | 0.4409 | 0.5140 | 0.5923 | 0.6411 | 0.7301 | 0.7604 |
| 14 | | 0.3383 | 0.4259 | 0.4973 | 0.5742 | 0.6226 | 0.7114 | 0.7419 |
| 15 | | 0.3271 | 0.4124 | 0.4821 | 0.5577 | 0.6055 | 0.6940 | 0.7247 |
| 16 | | 0.3170 | 0.4000 | 0.4683 | 0.5425 | 0.5897 | 0.6777 | 0.7084 |
| 17 | | 0.3077 | 0.3887 | 0.4555 | 0.5285 | 0.5751 | 0.6624 | 0.6932 |
| 18 | | 0.2992 | 0.3783 | 0.4438 | 0.5155 | 0.5614 | 0.6481 | 0.6788 |
| 19 | | 0.2914 | 0.3687 | 0.4329 | 0.5034 | 0.5487 | 0.6346 | 0.6652 |
| 20 | | 0.2841 | 0.3598 | 0.4227 | 0.4921 | 0.5368 | 0.6219 | 0.6524 |
| 21 | | 0.2774 | 0.3515 | 0.4132 | 0.4815 | 0.5256 | 0.6099 | 0.6402 |
| 22 | | 0.2711 | 0.3438 | 0.4044 | 0.4716 | 0.5151 | 0.5986 | 0.6287 |
| 23 | | 0.2653 | 0.3365 | 0.3961 | 0.4622 | 0.5052 | 0.5879 | 0.6178 |
| 24 | | 0.2598 | 0.3297 | 0.3882 | 0.4534 | 0.4958 | 0.5776 | 0.6074 |
| 25 | | 0.2546 | 0.3233 | 0.3809 | 0.4451 | 0.4869 | 0.5679 | 0.5974 |
| 26 | | 0.2497 | 0.3172 | 0.3739 | 0.4372 | 0.4785 | 0.5587 | 0.5880 |
| 27 | | 0.2451 | 0.3115 | 0.3673 | 0.4297 | 0.4705 | 0.5499 | 0.5790 |
| 28 | | 0.2407 | 0.3061 | 0.3610 | 0.4226 | 0.4629 | 0.5415 | 0.5703 |
| 29 | | 0.2366 | 0.3009 | 0.3550 | 0.4158 | 0.4556 | 0.5334 | 0.5620 |
| 30 | | 0.2327 | 0.2960 | 0.3494 | 0.4093 | 0.4487 | 0.5257 | 0.5541 |
| 40 | | 0.2018 | 0.2573 | 0.3044 | 0.3578 | 0.3932 | 0.4633 | 0.4896 |
| 50 | | 0.1806 | 0.2306 | 0.2732 | 0.3218 | 0.3542 | 0.4188 | 0.4432 |
| 60 | | 0.1650 | 0.2108 | 0.2500 | 0.2948 | 0.3248 | 0.3850 | 0.4079 |
| 70 | | 0.1528 | 0.1954 | 0.2319 | 0.2737 | 0.3017 | 0.3583 | 0.3798 |
| 80 | | 0.1430 | 0.1829 | 0.2172 | 0.2565 | 0.2830 | 0.3364 | 0.3568 |
| 90 | | 0.1348 | 0.1726 | 0.2050 | 0.2422 | 0.2673 | 0.3181 | 0.3375 |
| 100 | | 0.1279 | 0.1638 | 0.1946 | 0.2301 | 0.2540 | 0.3025 | 0.3211 |
| 110 | | 0.1220 | 0.1562 | 0.1857 | 0.2196 | 0.2425 | 0.2890 | 0.3068 |
| 120 | | 0.1168 | 0.1496 | 0.1779 | 0.2104 | 0.2324 | 0.2771 | 0.2943 |
| 130 | | 0.1123 | 0.1438 | 0.1710 | 0.2023 | 0.2235 | 0.2666 | 0.2832 |

## 付表 7　ウィルコクソンの符号付順位和検定の有意点

対の数 $n$, 下側確率 $p$ に対応する $T$ の値 $T_L(n, p)$ を与える. 上側確率 $p$ に対応する $T$ の値は $T_U(n, p) = n(n+1)/2 - T_L(n, p)$ によって計算できる. 括弧内の数値は正確な確率を示す.

| $n$ \ $p$ | 0.05 | 0.025 | 0.01 | 0.005 |
|---|---|---|---|---|
| 1 | — | — | — | — |
| 2 | — | — | — | — |
| 3 | — | — | — | — |
| 4 | — | — | — | — |
| 5 | 0(.0312) | — | — | — |
| 6 | 2(.0469) | 0(.0156) | — | — |
| 7 | 3(.0391) | 2(.0234) | 0(.0078) | — |
| 8 | 5(.0391) | 3(.0195) | 1(.0078) | 0(.0039) |
| 9 | 8(.0488) | 5(.0195) | 3(.0098) | 1(.0039) |
| 10 | 10(.0420) | 8(.0244) | 5(.0098) | 3(.0049) |
| 11 | 13(.0415) | 10(.0210) | 7(.0093) | 5(.0049) |
| 12 | 17(.0461) | 13(.0212) | 9(.0081) | 7(.0046) |
| 13 | 21(.0471) | 17(.0239) | 12(.0085) | 9(.0040) |
| 14 | 25(.0453) | 21(.0247) | 15(.0083) | 12(.0043) |
| 15 | 30(.0473) | 25(.0240) | 19(.0090) | 15(.0042) |
| 16 | 35(.0467) | 29(.0222) | 23(.0091) | 19(.0046) |
| 17 | 41(.0492) | 34(.0224) | 27(.0087) | 23(.0047) |
| 18 | 47(.0494) | 40(.0241) | 32(.0091) | 27(.0045) |
| 19 | 53(.0478) | 46(.0247) | 37(.0090) | 32(.0047) |
| 20 | 60(.0487) | 52(.0242) | 43(.0096) | 37(.0047) |
| 21 | 67(.0479) | 58(.0230) | 49(.0097) | 42(.0045) |
| 22 | 75(.0492) | 65(.0231) | 55(.0095) | 48(.0046) |
| 23 | 83(.0490) | 73(.0242) | 62(.0098) | 54(.0046) |
| 24 | 91(.0475) | 81(.0245) | 69(.0097) | 61(.0048) |
| 25 | 100(.0479) | 89(.0241) | 76(.0094) | 68(.0048) |
| 26 | 110(.0497) | 98(.0247) | 84(.0095) | 75(.0047) |
| 27 | 119(.0477) | 107(.0246) | 92(.0093) | 83(.0048) |
| 28 | 130(.0496) | 116(.0239) | 101(.0096) | 91(.0048) |
| 29 | 140(.0482) | 126(.0240) | 110(.0095) | 100(.0049) |
| 30 | 151(.0481) | 137(.0249) | 120(.0098) | 109(.0050) |
| 32 | 175(.0492) | 159(.0249) | 140(.0097) | 128(.0050) |
| 34 | 200(.0488) | 182(.0242) | 162(.0098) | 148(.0048) |
| 36 | 227(.0489) | 208(.0248) | 185(.0096) | 171(.0050) |
| 38 | 256(.0493) | 235(.0247) | 211(.0099) | 194(.0048) |
| 40 | 286(.0486) | 264(.0249) | 238(.0100) | 220(.0049) |
| 42 | 319(.0496) | 294(.0245) | 266(.0098) | 247(.0049) |
| 44 | 353(.0495) | 327(.0250) | 296(.0097) | 276(.0049) |
| 46 | 389(.0497) | 361(.0249) | 328(.0098) | 307(.0050) |
| 48 | 426(.0490) | 396(.0244) | 362(.0099) | 339(.0050) |
| 50 | 466(.0495) | 434(.0247) | 397(.0098) | 373(.0050) |

## 付表 8　符号検定の有意点

対の数 $n$, 下側確率 $p$ に対応する $S$ の値 $S_L(n, p)$ を与える. 上側確率 $p$ に対応する $S$ の値は $S_U(n, p) = n - S_L(n, p)$ によって計算できる. 括弧内の数値は正確な確率を示す.

| $n$ \ $p$ | 0.05 | 0.025 |
|---|---|---|
| 1 | — | — |
| 2 | — | — |
| 3 | — | — |
| 4 | — | — |
| 5 | 0(.0313) | — |
| 6 | 0(.0156) | 0(.0156) |
| 7 | 0(.0078) | 0(.0078) |
| 8 | 1(.0352) | 0(.0039) |
| 9 | 1(.0195) | 1(.0195) |
| 10 | 1(.0107) | 1(.0107) |
| 11 | 2(.0327) | 1(.0059) |
| 12 | 2(.0193) | 2(.0193) |
| 13 | 3(.0461) | 2(.0112) |
| 14 | 3(.0287) | 2(.0065) |
| 15 | 3(.0176) | 3(.0176) |
| 16 | 4(.0384) | 3(.0106) |
| 17 | 4(.0245) | 4(.0245) |
| 18 | 5(.0481) | 4(.0154) |
| 19 | 5(.0318) | 4(.0096) |
| 20 | 5(.0207) | 5(.0207) |
| 21 | 6(.0392) | 5(.0133) |
| 22 | 6(.0262) | 5(.0085) |
| 23 | 7(.0466) | 6(.0173) |
| 24 | 7(.0320) | 6(.0113) |
| 25 | 7(.0216) | 7(.0216) |
| 26 | 8(.0378) | 7(.0145) |
| 27 | 8(.0261) | 7(.0096) |
| 28 | 9(.0436) | 8(.0178) |
| 29 | 9(.0307) | 8(.0121) |
| 30 | 10(.0494) | 9(.0214) |
| 32 | 10(.0251) | 9(.0100) |
| 34 | 11(.0288) | 10(.0122) |
| 36 | 12(.0326) | 11(.0144) |
| 38 | 13(.0365) | 12(.0168) |
| 40 | 14(.0403) | 13(.0192) |
| 42 | 15(.0442) | 14(.0218) |
| 44 | 16(.0481) | 15(.0244) |
| 46 | 16(.0270) | 15(.0129) |
| 48 | 17(.0297) | 16(.0147) |
| 50 | 18(.0325) | 17(.0164) |

## 付表 9 (1) ウィルコクソンの順位和検定の有意点 ($p=0.05$)

データ数 $m$ と $n(m \leqq n)$，下側確率 $p=0.05$ に対応する $T$ の値 $T_L(m, n, p)$ を与える．上側確率 $p$ に対応する $T$ の値は $T_U(m, n, p)=m(m+n+1)-T_L(m, n, p)$ によって計算できる．

| $n$ \ $m$ | 1 | 2 | 3 | 4 | 5 | 6 | 7 | 8 | 9 | 10 | 11 | 12 | 13 | 14 | 15 | 16 | 17 | 18 | 19 | 20 |
|---|---|---|---|---|---|---|---|---|---|---|---|---|---|---|---|---|---|---|---|---|
| 1 | — | | | | | | | | | | | | | | | | | | | |
| 2 | — | — | | | | | | | | | | | | | | | | | | |
| 3 | — | — | 6 | | | | | | | | | | | | | | | | | |
| 4 | — | — | 6 | 11 | | | | | | | | | | | | | | | | |
| 5 | — | 3 | 7 | 12 | 19 | | | | | | | | | | | | | | | |
| 6 | — | 3 | 8 | 13 | 20 | 28 | | | | | | | | | | | | | | |
| 7 | — | 3 | 8 | 14 | 21 | 29 | 39 | | | | | | | | | | | | | |
| 8 | — | 4 | 9 | 15 | 23 | 31 | 41 | 51 | | | | | | | | | | | | |
| 9 | — | 4 | 10 | 16 | 24 | 33 | 43 | 54 | 66 | | | | | | | | | | | |
| 10 | — | 4 | 10 | 17 | 26 | 35 | 45 | 56 | 69 | 82 | | | | | | | | | | |
| 11 | — | 4 | 11 | 18 | 27 | 37 | 47 | 59 | 72 | 86 | 100 | | | | | | | | | |
| 12 | — | 5 | 11 | 19 | 28 | 38 | 49 | 62 | 75 | 89 | 104 | 120 | | | | | | | | |
| 13 | — | 5 | 12 | 20 | 30 | 40 | 52 | 64 | 78 | 92 | 108 | 125 | 142 | | | | | | | |
| 14 | — | 6 | 13 | 21 | 31 | 42 | 54 | 67 | 81 | 96 | 112 | 129 | 147 | 166 | | | | | | |
| 15 | — | 6 | 13 | 22 | 33 | 44 | 56 | 69 | 84 | 99 | 116 | 133 | 152 | 171 | 192 | | | | | |
| 16 | — | 6 | 14 | 24 | 34 | 46 | 58 | 72 | 87 | 103 | 120 | 138 | 156 | 176 | 197 | 219 | | | | |
| 17 | — | 6 | 15 | 25 | 35 | 47 | 61 | 75 | 90 | 106 | 123 | 142 | 161 | 182 | 203 | 225 | 249 | | | |
| 18 | — | 7 | 15 | 26 | 37 | 49 | 63 | 77 | 93 | 110 | 127 | 146 | 166 | 187 | 208 | 231 | 255 | 280 | | |
| 19 | 1 | 7 | 16 | 27 | 38 | 51 | 65 | 80 | 96 | 113 | 131 | 150 | 171 | 192 | 214 | 237 | 262 | 287 | 313 | |
| 20 | 1 | 7 | 17 | 28 | 40 | 53 | 67 | 83 | 99 | 117 | 135 | 155 | 175 | 197 | 220 | 243 | 268 | 294 | 320 | 348 |

## 付表 9 (2) ウィルコクソンの順位和検定の有意点 ($p=0.025$)

データ数 $m$ と $n(m \leqq n)$，下側確率 $p=0.025$ に対応する $T$ の値 $T_L(m, n, p)$ を与える．上側確率 $p$ に対応する $T$ の値は $T_U(m, n, p)=m(m+n+1)-T_L(m, n, p)$ によって計算できる．

| $n$ \ $m$ | 1 | 2 | 3 | 4 | 5 | 6 | 7 | 8 | 9 | 10 | 11 | 12 | 13 | 14 | 15 | 16 | 17 | 18 | 19 | 20 |
|---|---|---|---|---|---|---|---|---|---|---|---|---|---|---|---|---|---|---|---|---|
| 1 | — | | | | | | | | | | | | | | | | | | | |
| 2 | — | — | | | | | | | | | | | | | | | | | | |
| 3 | — | — | — | | | | | | | | | | | | | | | | | |
| 4 | — | — | — | 10 | | | | | | | | | | | | | | | | |
| 5 | — | — | 6 | 11 | 17 | | | | | | | | | | | | | | | |
| 6 | — | — | 7 | 12 | 18 | 26 | | | | | | | | | | | | | | |
| 7 | — | — | 7 | 13 | 20 | 27 | 36 | | | | | | | | | | | | | |
| 8 | — | 3 | 8 | 14 | 21 | 29 | 38 | 49 | | | | | | | | | | | | |
| 9 | — | 3 | 8 | 14 | 22 | 31 | 40 | 51 | 62 | | | | | | | | | | | |
| 10 | — | 3 | 9 | 15 | 23 | 32 | 42 | 53 | 65 | 78 | | | | | | | | | | |
| 11 | — | 3 | 9 | 16 | 24 | 34 | 44 | 55 | 68 | 81 | 96 | | | | | | | | | |
| 12 | — | 4 | 10 | 17 | 26 | 35 | 46 | 58 | 71 | 84 | 99 | 115 | | | | | | | | |
| 13 | — | 4 | 10 | 18 | 27 | 37 | 48 | 60 | 73 | 88 | 103 | 119 | 136 | | | | | | | |
| 14 | — | 4 | 11 | 19 | 28 | 38 | 50 | 62 | 76 | 91 | 106 | 123 | 141 | 160 | | | | | | |
| 15 | — | 4 | 11 | 20 | 29 | 40 | 52 | 65 | 79 | 94 | 110 | 127 | 145 | 164 | 184 | | | | | |
| 16 | — | 4 | 12 | 21 | 30 | 42 | 54 | 67 | 82 | 97 | 113 | 131 | 150 | 169 | 190 | 211 | | | | |
| 17 | — | 5 | 12 | 21 | 32 | 43 | 56 | 70 | 84 | 100 | 117 | 135 | 154 | 174 | 195 | 217 | 240 | | | |
| 18 | — | 5 | 13 | 22 | 33 | 45 | 58 | 72 | 87 | 103 | 121 | 139 | 158 | 179 | 200 | 222 | 246 | 270 | | |
| 19 | — | 5 | 13 | 23 | 34 | 46 | 60 | 74 | 90 | 107 | 124 | 143 | 163 | 183 | 205 | 228 | 252 | 277 | 303 | |
| 20 | — | 5 | 14 | 24 | 35 | 48 | 62 | 77 | 93 | 110 | 128 | 147 | 167 | 188 | 210 | 234 | 258 | 283 | 309 | 337 |

## 付表 10　フリードマン検定の有意点

処理数 $m$，反復（ブロック）数 $n$，上側確率 $p$ に対応する $S$ の値 $S(m, n, p)$ を与える．括弧内の数値は正確な確率を示す．

| $m$ | $n$ | $p$ | |
|---|---|---|---|
| | | 0.05 | 0.01 |
| 3 | 3 | 6.000(.0278) | — |
| 3 | 4 | 6.500(.0417) | 8.000(.0046) |
| 3 | 5 | 6.400(.0394) | 8.400(.0085) |
| 3 | 6 | 7.000(.0289) | 9.000(.0081) |
| 3 | 7 | 7.143(.0272) | 8.857(.0084) |
| 3 | 8 | 6.250(.0469) | 9.000(.0099) |
| 3 | 9 | 6.222(.0476) | 8.667(.0100) |
| 3 | 10 | 6.200(.0456) | 9.600(.0075) |
| 4 | 2 | 6.000(.0417) | — |
| 4 | 3 | 7.400(.0330) | — |
| 4 | 4 | 7.800(.0364) | 9.600(.0069) |
| 4 | 5 | 7.800(.0443) | 9.960(.0087) |
| 4 | 6 | 7.600(.0433) | 10.200(.0096) |
| 5 | 3 | 8.533(.0455) | 10.133(.0078) |

## 付表 11　スピアマンの順位相関係数（$r_S$）の有意点

データ数 $n$，下側確率 $p$ に対応する $D$ の値 $D_L(n, p)$ を与える．上側確率 $p$ に対応する $D$ の値は $D_U(n, p) = (n^3 - n)/3 - D_L(n, p)$ によって計算できる．括弧内の数値は正確な確率を示す．

| $n$ | 0.1 | 0.05 | 0.025 | 0.01 | 0.005 |
|---|---|---|---|---|---|
| 4 | 0(.0417) | 0(.0417) | — | — | — |
| 5 | 4(.0667) | 2(.0417) | 0(.0083) | 0(.0083) | — |
| 6 | 12(.0875) | 6(.0292) | 4(.0167) | 2(.0083) | 0(.0014) |
| 7 | 24(.1000) | 16(.0440) | 14(.0240) | 6(.0062) | 4(.0034) |
| 8 | 40(.0983) | 30(.0481) | 22(.0229) | 14(.0077) | 10(.0036) |
| 9 | 62(.0969) | 48(.0484) | 36(.0216) | 26(.0086) | 20(.0041) |
| 10 | 90(.0956) | 72(.0481) | 58(.0245) | 42(.0087) | 34(.0044) |

## 付表 12　クラスカル-ウォリス検定の有意点

処理数 3，処理の反復数 $n_1, n_2, n_3$，上側確率 $p$ に対応する $H$ の値 $H(n_1, n_2, n_3, p)$ を与える．

| $n_1$ | $n_2$ | $n_3$ | $p$ | |
|---|---|---|---|---|
| | | | 0.05 | 0.01 |
| 2 | 2 | 2 | — | — |
| 2 | 2 | 3 | 4.717 | — |
| 2 | 2 | 4 | 5.333 | — |
| 2 | 2 | 5 | 5.160 | 6.533 |
| 2 | 2 | 6 | 5.436 | 6.655 |
| 2 | 2 | 7 | 5.143 | 7.000 |
| 2 | 2 | 8 | 5.356 | 6.664 |
| 2 | 2 | 9 | 5.260 | 6.897 |
| 2 | 2 | 10 | 5.120 | 6.537 |
| 2 | 2 | 11 | 5.164 | 6.766 |
| 2 | 2 | 12 | 5.173 | 6.761 |
| 2 | 2 | 13 | 5.199 | 6.792 |
| 2 | 3 | 3 | 5.361 | — |
| 2 | 3 | 4 | 5.444 | 6.444 |
| 2 | 3 | 5 | 5.251 | 6.909 |
| 2 | 3 | 6 | 5.349 | 6.970 |
| 2 | 3 | 7 | 5.357 | 6.839 |
| 2 | 3 | 8 | 5.316 | 7.022 |
| 2 | 3 | 9 | 5.340 | 7.006 |
| 2 | 3 | 10 | 5.362 | 7.042 |
| 2 | 3 | 11 | 5.274 | 7.094 |
| 2 | 3 | 12 | 5.350 | 7.113 |
| 2 | 4 | 4 | 5.455 | 7.036 |
| 2 | 4 | 5 | 5.273 | 7.205 |
| 2 | 4 | 6 | 5.340 | 7.340 |
| 2 | 4 | 7 | 5.376 | 7.321 |
| 2 | 4 | 8 | 5.393 | 7.350 |
| 2 | 4 | 9 | 5.400 | 7.364 |
| 2 | 4 | 10 | 5.345 | 7.357 |
| 2 | 4 | 11 | 5.365 | 7.396 |
| 2 | 5 | 5 | 5.339 | 7.339 |
| 2 | 5 | 6 | 5.339 | 7.376 |
| 2 | 5 | 7 | 5.393 | 7.450 |
| 2 | 5 | 8 | 5.415 | 7.440 |
| 2 | 5 | 9 | 5.396 | 7.447 |
| 2 | 5 | 10 | 5.420 | 7.514 |
| 2 | 6 | 6 | 5.410 | 7.467 |
| 2 | 6 | 7 | 5.357 | 7.491 |
| 2 | 6 | 8 | 5.404 | 7.522 |
| 2 | 6 | 9 | 5.392 | 7.566 |
| 2 | 7 | 7 | 5.398 | 7.491 |
| 2 | 7 | 8 | 5.403 | 7.571 |
| 3 | 3 | 3 | 5.600 | 7.200 |
| 3 | 3 | 4 | 5.791 | 6.746 |
| 3 | 3 | 5 | 5.649 | 7.079 |
| 3 | 3 | 6 | 5.615 | 7.410 |
| 3 | 3 | 7 | 5.620 | 7.228 |
| 3 | 3 | 8 | 5.617 | 7.350 |
| 3 | 3 | 9 | 5.589 | 7.422 |
| 3 | 3 | 10 | 5.588 | 7.372 |
| 3 | 3 | 11 | 5.583 | 7.418 |
| 3 | 4 | 4 | 5.599 | 7.144 |
| 3 | 4 | 5 | 5.656 | 7.445 |
| 3 | 4 | 6 | 5.610 | 7.500 |
| 3 | 4 | 7 | 5.623 | 7.550 |
| 3 | 4 | 8 | 5.623 | 7.585 |
| 3 | 4 | 9 | 5.652 | 7.614 |
| 3 | 4 | 10 | 5.661 | 7.617 |
| 3 | 5 | 5 | 5.706 | 7.578 |
| 3 | 5 | 6 | 5.602 | 7.591 |
| 3 | 5 | 7 | 5.607 | 7.697 |
| 3 | 5 | 8 | 5.614 | 7.706 |
| 3 | 5 | 9 | 5.670 | 7.733 |
| 3 | 6 | 6 | 5.625 | 7.725 |
| 3 | 6 | 7 | 5.689 | 7.756 |
| 3 | 6 | 8 | 5.678 | 7.796 |
| 3 | 7 | 7 | 5.688 | 7.810 |
| 4 | 4 | 4 | 5.692 | 7.654 |
| 4 | 4 | 5 | 5.657 | 7.760 |
| 4 | 4 | 6 | 5.681 | 7.795 |
| 4 | 4 | 7 | 5.650 | 7.814 |
| 4 | 4 | 8 | 5.779 | 7.853 |
| 4 | 4 | 9 | 5.704 | 7.910 |
| 4 | 5 | 5 | 5.666 | 7.823 |
| 4 | 5 | 6 | 5.661 | 7.936 |
| 4 | 5 | 7 | 5.733 | 7.931 |
| 4 | 5 | 8 | 5.718 | 7.992 |
| 4 | 6 | 6 | 5.724 | 8.000 |
| 4 | 6 | 7 | 5.706 | 8.039 |
| 5 | 5 | 5 | 5.780 | 8.000 |
| 5 | 5 | 6 | 5.729 | 8.028 |
| 5 | 5 | 7 | 5.708 | 8.108 |
| 5 | 6 | 6 | 5.765 | 8.124 |

# 重要語句日英対照表

| 日本語 | 英語 | 日本語 | 英語 |
|---|---|---|---|
| 閾値反応曲線 | threshold response curve | 繰り返し | repetition |
| 一般化線形混合モデル | generalized linear mixed model | 決定係数 | coefficient of determination |
| 一般化線形モデル | generalized linear model | ケンドールの一致係数 | Kendall's coefficient of concordance |
| 一般線形混合モデル | general linear mixed model | ケンドールの順位相関 | Kendall rank correlation |
| 一般線形モデル | general linear model | 交互作用 | interaction |
| 因子 | factor | 誤差 | error |
| 因子負荷量 | factor loading | 固定効果 | fixed effect |
| ウィルコクソンの順位和検定 | Wilcoxon rank sum test | 固有値 | eigen value |
| ウィルコクソンの符号付順位和検定 | Wilcoxon signed rank sum test | 最小値 | minimum |
| 上側信頼限界 | upper confidence limit | 最小有意差 | least significant difference |
| $F$ 検定 | $F$ test | 最大値 | maximum |
| $F$ 分布 | $F$ distribution | 最頻値 | mode |
| 円グラフ | pie chart, pie diagram | 三角グラフ | trilinear chart, trilinear diagram |
| 円周統計 | circular statistics, | 残差 | residual |
| | directional statistics | 散布図 | scatter plot, scatter diagram |
| 帯グラフ | component bar chart, | 時系列解析 | time series analysis |
| | component bar diagram | 試験区 | experimental plot |
| 折線グラフ | line chart | 指数曲線 | exponential curve |
| 回帰 | regression | 下側信頼限界 | lower confidence limit |
| 回帰係数 | regression coefficient | 実験計画法 | experimental design |
| 回帰式 | regression equation | 質的変数 | qualitative variable |
| 回帰定数 | regression constant, constant | 四分位数 | quartile |
| 階級 | class | 重回帰 | multiple regression |
| $\chi^2$（カイ２乗）検定 | chi-square test | 重相関係数 | multiple correlation coefficient |
| $\chi^2$（カイ２乗）分布 | chi-square distribution | 従属変数 | dependent variable |
| 角度統計 | circular statistics, | 自由度 | degree of freedom |
| | directional statistics | 自由度調整済決定係数 | coefficient of determination |
| 角度変換 | angular transformation | | adjusted for degree of freedom |
| 確率 | probability | 自由度調整済重相関係数 | multiple correlation coefficient |
| 確率分布 | probability distribution | | adjusted for degree of freedom |
| 片側検定 | one-tailed test, one-sided test | 主効果 | main effect |
| 傾き | slope | 主試験区 | main plot |
| 間隔尺度 | interval scale | 主成分分析 | principal component analysis, PCA |
| 観察値 | observed value | 順位相関 | rank correlation |
| 完全無作為化法 | completely randomized design | 順序尺度 | ordinal scale |
| 記述統計 | descriptive statistics | 処理 | treatment |
| 期待値 | expected value | 信頼区間 | confidence interval |
| 帰無仮説 | null hypothesis | 図 | figure |
| 逆正弦変換 | arc-sine transformation | 水準 | level |
| 逆変換 | back-transformation | 推測統計 | inferential statistics, |
| 共分散 | covariance | | inductive statistics |
| 寄与率 | contribution ratio | スピアマンの順位相関 | Spearman rank correlation |
| クラスカル-ウォリス検定 | Kruskal-Wallis test | 正規分布 | normal distribution |
| クラスター分析 | cluster analysis | 正弦曲線 | sine curve |
| グラフ | graph | 切片 | intercept |

| 日本語 | 英語 | 日本語 | 英語 |
|---|---|---|---|
| 説明変数 | predictor variable, explanatory variable | 標準正規分布 | standard normal distribution |
| 線形モデル | linear model | 標準偏回帰係数 | standard partial regression coefficient |
| 全数調査 | complete survey | 標準偏差 | standard deviation |
| 尖度 | kurtosis | 標本 | sample |
| 相関 | correlation | 標本調査 | sample survey |
| 相関係数 | correlation coefficient | 比率尺度 | ratio scale |
| 相対度数 | relative frequency | フィッシャーの正確確率検定 | Fisher's exact test |
| 第1四分位数 | first quartile | 複合グラフ | combined chart |
| 対応のあるデータの $t$ 検定 | paired sample $t$ test, paired $t$ test | 副試験区 | subplot |
| 対応のないデータの $t$ 検定 | unpaired sample $t$ test, unpaired $t$ test | 符号検定 | sign test |
| | | フリードマン検定 | Friedman test |
| 第3四分位数 | third quartile | 分割区法 | split-plot design |
| 対数曲線 | logarithmic curve | 分割表 | contingency table |
| 大数の法則 | law of large numbers | 分散 | variance |
| 対数変換 | log transformation | 分散比 | variance ratio |
| 第2四分位数 | second quartile | 分散分析 | analysis of variance, ANOVA |
| 対立仮説 | alternative hypothesis | 平均値 | mean |
| 多重比較 | multiple comparison | 平均平方 | mean square |
| 多変量解析 | multivariate analysis | 平方根変換 | square-root transformation |
| 単回帰 | simple regression | 平方和 | sum of squares |
| 地図グラフ | statistical map, cartogram | 偏回帰係数 | partial regression coefficient |
| 中央値 | median | 変動係数 | coefficient of variation |
| 中心極限定理 | central limit theorem | 変量効果 | random effect |
| 超幾何分布 | hypergeometric distribution | ポアソン分布 | Poisson distribution |
| 直線 | line | 棒グラフ | bar chart, bar diagram |
| 直角双曲線 | rectangular hyperbola | 母集団 | population |
| 対をなすデータの $t$ 検定 | paired sample $t$ test, paired $t$ test | 圃場試験区 | field plot |
| $t$ 検定 | $t$ test | マン-ホイットニーの $U$ 検定 | Mann-Whitney $U$ test |
| $t$ 分布 | $t$ distribution | 無作為抽出 | random sampling |
| 適合度 | goodness of fit | 名義尺度 | nominal scale |
| 独立変数 | independent variable | 目的変数 | criterion variable |
| 度数 | frequency | 有意水準 | significance level, level of significance |
| 度数分布 | frequency distribution | | |
| 度数分布図 | histogram | 要因実験 | factorial experiment |
| 2項分布 | binomial distribution | ラテン方格法 | Latin square design |
| 箱ひげ図 | box plot, box-and-whisker plot | 乱塊法 | randomized block design |
| 範囲 | range | 離散変数 | discrete variable |
| 反復 | replication | 両側検定 | two-tailed test, two-sided test |
| 反復測定分散分析 | repeated measures analysis of variance, repeated measures ANOVA | 量的変数 | quantitative variable |
| | | 累乗曲線 | power function curve |
| ピアソンの積率相関係数 | Pearson's product-moment correlation coefficient | 累積度数 | cumulative frequency |
| | | 連続変数 | continuous variable |
| ヒストグラム | histogram | レーダーチャート | radar chart, radar diagram |
| 表 | table | ロジスティック曲線 | logistic curve |
| 標準誤差 | standard error | 歪度 | skewness |

# 索　引

## た 行



## な 行



## は 行

## 編著者・著者略歴


**平田昌彦**（ひらた まさひこ）

1955年　兵庫県に生まれる
1982年　東京大学大学院農学系研究科修士課程修了
現　在　宮崎大学農学部畜産草地科学科教授
農学博士

**宇田津徹朗**（うだつ てつろう）

1965年　宮崎県に生まれる
1993年　鹿児島大学大学院連合農学研究科修了
現　在　宮崎大学農学部附属農業博物館教授
博士（農学）

**河原　聡**（かわはら さとし）

1969年　神奈川県に生まれる
1996年　九州大学大学院農学研究科修士課程修了
現　在　宮崎大学農学部応用生物科学科教授
博士（農学）

**榊原啓之**（さかきばら ひろゆき）

1974年　大阪府に生まれる
2002年　神戸大学大学院自然科学研究科修了
現　在　宮崎大学農学部応用生物科学科教授
博士（学術）



**生物・農学系のための統計学**
—大学での基礎学修から研究論文まで—　　定価はカバーに表示

2017年4月10日　初版第1刷
2022年4月5日　第6刷

編著者　平田昌彦
著　者　宇田津徹朗
河原　聡
榊原啓之
発行者　朝倉誠造
発行所　株式会社　朝倉書店

東京都新宿区新小川町6-29
郵便番号　162-8707
電　話　03(3260)0141
FAX　03(3260)0180
https://www.asakura.co.jp

〈検印省略〉





新日本印刷・渡辺製本

ISBN 978-4-254-12223-7　C 3041　Printed in Japan